大飞机出版工程

航空维修管理

Aviation Maintenance Management
（Second Edition）

【美】哈里·A.金尼森（Harry A. Kinnison）
塔里克·西迪基（Tariq Siddiqui）　著

郑弋源 等 译
侯慧卿 校

上海交通大学出版社
SHANGHAI JIAO TONG UNIVERSITY PRESS

内容提要

航空维修管理是安柏瑞德航空大学的公开课。本书是该课程的通用教材,主要包含五个部分的内容,第一部分阐述了有关基本维修原则的信息,以及对有效的维修和工程作业的基本要求。第二部分至第四部分介绍了各职能部门的详细情况,包括"技术服务""飞机管理、维修和航材保障",以及"监督职能"等方面。第五部分的附录提供了维修和工程活动各方面的重要信息。本书可以为航空专业的学生和工程师提供在航空业、航空公司管理、飞机维修基本原则、维修计划、FAA法规、维修大纲制订、航空安全以及需要改善的措施等方面的见解和看法。

上海市版权局著作权合同登记号: 09 - 2021 - 712

图书在版编目(CIP)数据

航空维修管理 / (美) 哈里·A. 金尼森
(Harry A. Kinnison), (美) 塔里克·西迪基
(Tariq Siddiqui) 著;郑弋源等译. 一上海:上海交通大学出版社,2022.8
书名原文:Aviation Maintenance Management
大飞机出版工程
ISBN 978 - 7 - 313 - 27005 - 4

Ⅰ.①航… Ⅱ.①哈… ②塔… ③郑… Ⅲ.①航空器—维修—管理 Ⅳ.①V267

中国版本图书馆 CIP 数据核字(2022)第 117040 号

航空维修管理
HANGKONG WEIXIU GUANLI

著　　者:【美】哈里·A. 金尼森(Harry A. Kinnison)　塔里克·西迪基(Tariq Siddiqui)
译　　者:郑弋源 等
出版发行:上海交通大学出版社　　　　　　　地　　址:上海市番禺路 951 号
邮政编码:200030　　　　　　　　　　　　电　　话:021 - 64071208
印　　制:上海盛通时代印刷有限公司　　　　经　　销:全国新华书店
开　　本:710 mm×1000 mm　1/16　　　　印　　张:20
字　　数:345 千字
版　　次:2022 年 8 月第 1 版　　　　　　　印　　次:2022 年 8 月第 1 次印刷
书　　号:ISBN 978 - 7 - 313 - 27005 - 4
定　　价:148.00 元

版权所有　侵权必究
告读者:如发现本书有印装质量问题请与印刷厂质量科联系
联系电话:021 - 37910000

谨以此书纪念纳杰马·贝古姆·西迪基
(Najma Begum Siddiqui)

作 者 简 介

哈里·A. 金尼森(Harry A. Kinnison)博士在波音公司工作了 20 年,其中有 10 年是作为一名专家,效力于波音公司客户服务部的维修与地面运营系统组。更确切地说,他是波音公司驻航空公司的代表,主要负责双发延程飞行(ETOPS)项目,并参与维修评估,帮助航空公司制订可靠性计划。后来,他一直受聘于佛罗里达州代托纳比奇的安柏瑞德航空大学,从事航空维修管理课程的教学工作。他之所以撰写本书,是因为当时没有适合其课程教学的教材。

塔里克·西迪基(Tariq Siddiqui)从安柏瑞德航空大学获得了航空/航天安全系统和管理专业的航空科学硕士学位。目前,他在一家商业航空公司担任飞机维修经理,也在安柏瑞德航空大学兼职授课。他的航空事业开始于泛美航空公司。他在航空维修、管理、项目管理、环境法规和事故调查方面拥有20 多年经验。

第二版前言

大约五年前,我开始在安柏瑞德航空大学任教。维修管理是这些年来我教过的课程之一。我已经在课堂上使用本书,这是这门课最好的教材。书中提供了关于航空公司管理的最佳见解和知识。但自第一版出版以来,航空业经历了翻天覆地的变化,在机队规模和管理上也有所调整。FAA 的咨询通告和符合性方法也发生了各种变化。因此,我向出版社提出想要修订本书,为航空专业的师生编制一本更好的教科书。

本书是我在哈里·A. 金尼森博士编制的原版教材基础之上稍加修改而成的。目的是为航空专业的学生提供在航空业、航空公司管理、飞机维修基本原则、维修计划、FAA 法规、维修大纲制订、航空安全以及需要改善的措施等方面的见解和看法。

感谢安柏瑞德航空大学的教授们给予我的鼓励和支持,尤其是迈阿密校区的前学术支持主任利奥·黑格利。泛美航空公司的大家庭让我明白了航空业喜忧参半。我还要感谢家人对我的爱与支持。

塔里克·西迪基

于佛罗里达州迈阿密湖

第 一 版 前 言

在我亲自写书之前,我从未读过书籍前面的"序"。当我知道写一本书到底需要什么时,毫不夸张地说,我感到相当惊讶。虽然书上可能只有一个人署名为"作者",但要获得可以使用的终稿,需要许多人的帮助以及借鉴大量的书籍、文章和经验。本书也不例外。

早在多年前,我就已经开始筹备该项目,当时我还在密西西比州基斯勒空军基地的电子学校,那里的教师名不见经传,但他们的努力没有白费,他们为我将来的收获播下了种子。之后,我在德国威斯巴登做了几年机载导航设备维修工。戈特利布·R.施耐德中士对我进行了航线维修、机库维修和车间维修活动方面的训练,还教会了我关于排故的艺术与科学。我的同事罗恩·赖特、汤姆·卡明斯和吉恩·哈克特在训练中给了我莫大的帮助。我们相互学习,他们教我雷达系统,我教他们导航系统,我们都受益匪浅。

在获得电气工程学士学位后,我在空军雷达基地做了几年的维修专员。然后,我在 FAA 和波音公司担任文职工作。我在波音公司工作了大约 20 年,正是在这里,我接触到了维修领域的监管、管理和行政管理方面。我的同事们,还有许多其他人,都对我认识和了解维修领域提供了帮助,我在本书中做了介绍。艾萨克·泽尔、劳埃德·威尔逊和李·麦克埃克伦是我在这方面最直接的老师,他们是我多次参观航空公司时的领队。其他以各种方式对我提供帮助的人包括彼德·安斯德尔、纳西姆·马哈茂德、詹姆斯·博迪、罗恩·梅里、特里·加里斯、洛里·中原、吉姆·格罗夫、赫纳南·诺贝纳、何塞·葛梅兹-埃利吉多、约翰·太田、吉恩·兰格、纳瓦尔·兰丁、威廉·兰金博士、维克托·王、乔治·塔特、R.德里克·怀特、比尔·蔡、埃里克·怀斯曼、库尔特·奥特巴其。

特别要感谢安柏瑞德航空大学扩建校区的领导，他们不仅聘请我教这门课，还允许我使用自己的教材，本书是原系列讲座的衍生物。此外，安柏瑞德航空大学西雅图教学中心的教职工不仅在必要时为我提供了联系方式和信息方面的协助，其中一些人还阅读了本书的手稿，并给出了意见。这些人包括中心运营主任理查德·格洛弗博士、中心教职工主任兼安全教授汤姆·格洛弗、国家教职工顾问厄尼·达米耶博士，还有整个扩建校区航空维修管理课程的课程监督员特里·科布。厄尼·达米耶博士还两次阅读了我的手稿。他们的意见和建议相当有用。

一些航空公司的人员也对我提供了帮助。首先是国内外航空公司的员工（人数众多，无法一一提及），他们是我对航空公司进行技术考察时的关键人物，他们和我讨论了各种维修管理问题。特别要感谢的是美国联合航空公司维修主管卡尔·佩普博士，他已经退休，现任安柏瑞德航空大学西区的区域副教务长，他阅读了手稿的第一稿，并提供了很多信息和指导。还要感谢加利福尼亚州安大略市联合包裹服务公司的飞机维修主管莱斯·罗斯在百忙之中抽空与我讨论了他的部门运作情况，并让我测量他的一架货机的内部。

我还与美国航空运输协会（ATA）的人员进行了讨论，并获得了一些信息，包括出版与技术通信部部长维多利亚·戴、维修与材料部部长瑞克·安德森。在 FAA 西北分局，飞机评估组（AEG）的汤姆·纽科姆和制造检验地区办公室（MIDO）的凯文·穆林向我提供了一些 FAA 证书的副本，作为说明资料。波音公司的伦顿图书馆还允许我使用其设施进行一些基本的文献研究。

就像我所感谢的所有这些协助一样（这一次可能漏掉了很多名字，我真诚地向这些人致歉），他们的努力和贡献与上面提到的同样重要，同样值得赞赏。

虽然许多人在本书的撰写过程中提供了帮助，但作者应对文中的任何错误或疏漏承担全部责任。对于这些不准确之处，我深表歉意。

哈里·A.金尼森博士

于华盛顿肯特

目　　录

第二部分　技　术　服　务

第三部分　飞机管理、维修和航材保障

第四部分 监 督 职 能

0 绪 论

航空业的开端

1996 年 6 月 5 日至 7 日,第二十四届国际航空运输大会在美国肯塔基州路易斯维尔召开。与会者可以参加的众多晚间活动之一就是参观联合包裹服务公司在路易斯维尔国际机场的主要设施。大约有 15 人报名参观。我们先是看着一群年轻的大学生匆匆忙忙地卸货、分拣和装货,听导游讲解这一独特的分配系统,然后被送到航线停机坪参观飞机。导游带我们登上登机梯,进入一个巨大的机舱——波音 747 货机机舱。她在那里站了一会儿,静静地环视着这个巨大的空机舱。同行的参观者也是如此。终于,她开口说话了。

"这架 747 货机里的货舱比莱特兄弟的第一次飞行距离还要长,"她有些自豪地说道,"我们现在站的地板比第一次飞行的离地高度还要高。"①

当然,自 1903 年 12 月的那个大风天,威尔伯·莱特和奥维尔·莱特在北卡罗来纳州基蒂霍克附近的屠魔山创造历史以来,航空业已经取得了长足的进步。同样,航空维修领域也取得了重大发展。航空业早期充满了大胆尝试、冒险和炫耀技能的人,他们被称为"巡回飞行表演队"。原因很明显,他们试图通过特技飞行和其他滑稽动作,向公众证明这种新奇的机器——飞机的安全性和实用性。向好奇的人兜售"乘风翱翔"的快乐成了一种副业。起初,航空业更像是一种娱乐而不是交通事业,但这很快就发生了改变。正如现代喷气式客机自诩尺寸超过莱特兄弟第一次的飞行距离一样,在随后的一百多年里,航空业的技术进步也同样令人印象深刻,对这些复杂的飞行器进行维修的方法也与时俱进。今天,航

---

① 莱特兄弟第一次飞行时,在大约 12 秒内飞行了 120 英尺(1 英尺≈0.304 8 米),高度不到 10 英尺。波音 747 货机内部高约 150 英尺,地板距离地面 16 英尺(空载)。

空运输是世界上最安全的运输方式。①　这种安全记录在很大程度上要归功于从事航空维修领域的机械师、技术员、工程师和管理人员的努力。

航空业简史②

飞行最初是一种消遣，一项运动，一种奇思妙想。就像许多新的和"过了理性边缘"的发明一样，飞行被认为是一项狂热运动。人们都说它的好景不会太长，因为它不合乎自然规律。"如果上帝要让人飞翔，他就会给我们翅膀。"嗯，从某种意义上说，他已经给了我们翅膀。

通过孟格菲兄弟、奥克塔夫·沙努特、奥托·李林塔尔、塞缪尔·P. 兰利、格伦·柯蒂斯、莱特兄弟等人的努力，我们"有了翅膀"，我们可以飞了。

所有这些人都为解决载人飞行的问题投入了时间、思想和大量金钱。甚至那些因其他伟大作品而出名的人——列奥纳多·达·芬奇、乔治·凯莱、海勒姆·马克西姆、托马斯·爱迪生等，也为此做出了贡献。但将人类长期以来"像鸟儿一样飞翔"的渴望变成现实的是俄亥俄州代顿的两位自行车制造和修理工，他们对一切都充满好奇。许多人都做了大量工作，但第一次受控的载人飞行是由莱特兄弟实现的。③　虽然他们的飞行距离只有 120 英尺（1 英尺 ≈ 0.304 8 米），而且离地高度不超过 10 英尺，但他们的第一次飞行是全力以赴的结果，他们努力掌控着其他人只是想要获得的东西。④　许多航空实验者都未能应对这一挑战，其中一些人比莱特兄弟拥有更高的学术或工程造诣。不幸的是他们中的一些人在尝试中失去了生命。

莱特兄弟是早期的系统工程师。他们坚持认为，在选择进入他们的"飞机"之前，必须克服某些障碍，证明关于载人飞行的某些想法。这是其他实验者应该注意到的一个想法。尽管奥托·李林塔尔在空气动力学方面做了大量研究，并发布了升力系数表供他人使用，但莱特兄弟发现这些表有错误，便自行更正。他们建了一个小风洞，做了一些测试，并制订了自己的升力系数表。

---

①　1999 年，5.69 亿英里（1 英里 ≈ 1.609 34 千米）的航程中有 17 起商业航空死亡事件，1 亿英里死亡率为 0.003。与同年的其他交通方式对比如下：汽车，20 763 起，1 亿英里死亡率为 0.83；铁路，14 起，1 亿英里死亡率为 0.10；公交车辆，1 起，1 亿英里死亡率为 0.005。

②　雷·布雷德伯里的短篇小说《伊卡路斯·蒙特高尔菲·怀特》可能是航空史中最短的一部，推荐航空专业的学生阅读；其他选集亦可。

③　至于究竟谁是第一个，还存在争议，但总的来说，荣誉归于莱特兄弟。

④　莱特兄弟在第一天（1903 年 12 月 17 日）总共进行了四次飞行。第四次飞行持续了 59 秒，飞行了 852 英尺。

莱特兄弟最早的一些飞行尝试基本上是"放风筝"。① 他们在飞机上系上绳索,将其放到基蒂霍克海滩的大风中,通过拉动这些绳索,从而扭转翼面。他们确信,通过有策略地引导风从机翼上方和下方流过,这套装备,也就是这架飞机,不仅可以飞行,还可以人为地控制和改变飞行方向。只有到那时,他们才会自己爬进这个奇妙的装置。莱特兄弟对能够控制滑翔机感到很满意,于是他们开始寻找一种功率重量比合适的发动机,以便成功地为他们的发明提供动力。他们很快发现没有这样的发动机,所以他们自己设计了规格最适合飞行的发动机。②

接下来,兄弟俩需要一个螺旋桨。他们认为造船业最有可能解决这个问题,但事实却让他们大失所望。造船工告诉他们,在大多数情况下,螺旋桨是在反复试验的基础上设计而成的——没有精确的科学依据。莱特兄弟对此毫不畏惧,设计并制造了自己的螺旋桨。他们没有时间使用反复试验的方法来研发合适的螺旋桨,所以莱特兄弟用新制订的空气动力学表设计了理想的螺旋桨。他们成功了。

尽管在 1903 年之后的几年里,其他许多人在航空领域取得了巨大进步,并改善了载人飞行的性能、安全性和便利性,但正是莱特兄弟的系统化方法,以及他们为把整个系统设计成可供人使用的装置而付出的努力,才使飞机成为一项可行的重要发明。下一步就是让公众相信它的价值。

飞行的推广

起初,飞行是为爱冒险的人准备的。许多飞行员通过为观众表演杂技特技和其他大胆的动作来炫耀他们的技能和新玩具,并经常以每人三到五美元的价格向勇敢的围观者兜售"乘风翱翔"的快乐。但这种表演方式很快就为想要飞机发挥更实际用途的人让了路,而运送美国邮件就是它的第一种切实的用途。

美国第一条提供定期载客服务的航线是圣彼得堡—坦帕,该航线于 1914 年1 月开始运营,但每次只载一名乘客。由于旅游旺季的结束和第一次世界大战的爆发,该服务在 3 个月后终止。

第一次世界大战后,航空邮件服务开始出现并主导了航空业。企业家们为这一特定用途建立了航空业务。偶尔会有乘客乘坐,如果有空间,就坐在邮袋上。但后来,飞机上增加了座位,客运成为更常见的收入来源。美国政府鼓励运

---

① 直到今天,西雅图地区的老前辈仍称波音公司为"风筝工厂"。
② 莱特兄弟设计并制造了一台汽油发动机来运行他们车间里的钻床和车床。

营人使用更大的飞机,搭载更多的乘客,这样他们就不必只依靠政府的邮务合同来维持运营。

在飞行的早期,并不存在助航设备,飞行员使用铁路、公路和普通的汽车路线图来找路。早期的飞行员也不能在夜间飞行,直到有人决定沿预定路线点燃篝火来指引方向。在 20 世纪 20 年代末开始使用空对地无线电之前,人们通过观测和电话来获取天气状况。然而,到 1929 年底,已经有超过 10 000 英里(1 英里≈1.609 34 千米)装有灯标设备的航路、275 个有照明的机场以及 1 352 个旋转灯标。

虽然第一次世界大战后美国的航空旅行发展落后于欧洲,但第二次世界大战后情况正好相反。飞机变得更大,飞得"更高、更快、更远",1958 年,我们进入了"喷气时代",先是有了波音 707,然后有了道格拉斯 DC－8 和洛克希德 L1011。随着飞机和发动机技术的重大改进,地面和飞机(以及后来的地球轨道卫星)上的助航设备彻底改变了航空业。今天,在莱特兄弟完成历史性首航一百多年后,航空业已经发展成熟。人们可以实现飞行,而且是非常舒适和安全的飞行。

早期航空维修

在航空业发展初期,维修是"按需"进行的,机器每飞行一小时,往往需要数小时的维修。重大维修活动包括定期大修飞机上的几乎所有部件。尽管飞机及其系统起初都很简单,但以这种方式进行的维修费用相当高昂。在随后的几年里,由于飞机及其机载系统日益复杂,维修费用也相应增加。

现代的维修方法更加复杂。飞机采用安全、适航和可维修设计,每架新机型或现有机型的衍生品都有详细的维修大纲。初始维修大纲可由每家航空公司定制,以适应其各自业务的特性,这确保了在任何情况下都能够保持持续适航运营。制造商、航空公司和监管机构不断努力改进设计和维修技术,保持航空业的领先地位,以支持这项独立工作。

当然,无论是在初始维修大纲的制订过程中,还是在航空公司中,这种复杂的维修方法都需要精细化管理,以便完成所有必要的工作,从而保持前面提到的优秀安全记录。

技术管理

航空公司维修活动的正确实施通常需要多个专业领域的协调:① 维修,完成实际维修工作所需的实践、"具体"劳动;② 工程,支持维修工作所需的设计、分析和技术援助;③ 管理,维修业务所涉各个方面的组织、控制和管理;④ 生产计划,计划概念和组织活动,以便有效支持维修,计划所有规定的工作;⑤ 后勤,了解飞机库存范围,包括实际的和未来的,以满足成功的维修作业对零件的持续需求;⑥ 技术培训,有效满足所有规定维修培训的需求。

本书的独特之处在于,它将涵盖维修、工程、管理这些主题,但是比分别讨论这些主题的课程粗略。我们将着眼于"全貌",把维修、工程和管理作为一个整体来看待。我们将研究所有这些专业如何相互结合和协调,以实现航空维修的目标和目的。虽然这三个主题的一些细节可能不在讨论之列,但本书将强调这三个专业要如何协调,才能达到预期效果。

本书面向的是拥有航空维修背景和经验的人,以及希望担任航空公司维修和工程部门中低层管理岗位的人。当然,没有技术背景的管理者仍然可以从这本书中受益,因为它可以把他们的视野拓展到技术领域。希望进入维修管理层的机械师和技术员将获得有关维修和工程部门整体运作的宝贵信息。

航空业互动

航空业不同于其他任何一种运输方式。在航空运输中,我们不能一遇到问题就把飞机停在路边,等待拖车。根据美国 FAA 的规定,必须满足所有维修要求,才能将飞机投入使用。而其他商业运输方式往往并非如此。在航空运输中,我们与重力的关系明显不同于其他任何运输方式。此外,我们面临着极端温度问题(例如,发动机温度极高、高空空气极其寒冷)。

航空业有一群积极互动的人,他们决心要让航空运输成为一项安全、高效和愉悦的活动。飞机制造商、机载设备和系统制造商、航空公司、行业协会、监管机构、飞行机组和维修人员齐心协力,确保航空安全,从飞机及其系统的设计,到维修大纲的制订和修改,贯穿飞机的整个生命周期。

这些部门之间的合作及其在各个层面和各个方向上提供的反馈,使航空业能够为公众提供不断改进的系统和服务。航空业是最早采用这种"持续质量改进"概念的行业之一,甚至在这句口号流行起来之前就已采用。

本书的组织结构

本书分为五个部分。第一部分包含有关基本维修原则的信息,以及对有效的维修和工程作业的基本要求。第一部分末尾讨论了典型的中型航空公司的组织结构。第二部分至第四部分介绍了这种结构中各职能部门的详细情况。第五部分是附录,提供了维修和工程活动各方面的重要信息。这些附录应作为本书其余部分的背景或辅导材料来阅读和理解。

第一部分: 维修的基本原则

第1章"我们为什么必须要维修"讨论了一些关于设计和制造复杂设备的基本理论,以及我们为何不能构建完美的系统。该章还讨论了组件和系统的常见失效模式和失效率,以及尽量减少服务中断的方法,如航线可更换单元(LRU)、冗余系统和最低设备清单(MEL)。其中确定了维修必须要有计划、有组织、有系统的基本原因。

第2章"维修大纲的制订"讨论了为一个特定机型制订维修大纲的过程,以及在投入使用后,运营人如何根据需要修改该大纲。该章还定义了基本的维修间隔。

第3章"定义、目标和目的"定义了维修和其他一些选定的术语,包括目标和目的。然后,该章确定了维修的具体目标和目的。文中讨论了这些目标和目的是如何制订的,以及它们对航空公司维修管理的意义。

第4章"航空业认证要求"讨论了FAA对飞机设计和制造的要求,以及运输公司成为航空公司并将飞机投入商业服务必须遵守的要求。

第5章"维修文件"讨论了由飞机制造商和供应商提供的手册、航空公司为定义维修活动需编写的文件,以及FAA和其他监管机构发布的与维修相关的规定和通告。

第6章"维修大纲要求"涵盖FAA咨询通告AC-120-16E中概述的维修大纲的监管要求,以及FAA的其他要求:计划内和计划外维修、检查、大修和记录保存。该章还讨论了航空公司管理者认为必要的其他管理要求,例如,对工程、可靠性、质量保证(简称"质保")、计算机支持和培训的要求。

第7章"维修与工程部门"根据第6章确定的要求,讨论了典型中型航空公司的维修和工程职能部门的组织结构。该章还讨论了大型和小型航空公司、拥有多个维修基地的运营人以及将部分或全部重大维修工作外包出去的运营人在这种组织结构上的变化。

第二部分: 技术服务

第8章"工程"包含维修部门技术专家的职责和责任。这包括根据机身制造商的数据制订航空公司的维修大纲,并制订监管该大纲执行情况的政策和程序。

工程部门还帮助维修部门解决疑难问题,并对可靠性计划指出的维修问题以及机械师或质量控制(简称"质控")部门和质量保证部门人员提出的问题进行调查。

第 9 章"生产计划与控制"讨论了在所有维修活动中处于中心地位的部门的组织结构和运作。生产计划与控制(PP&C)部门负责对飞机进行所有维修活动。该部门的职责和责任包括预测未来的维修要求和活动,计划和安排对当前运行情况的重大检查,并对正在进行的维修进行控制。他们负责确保有人员、零件、设施、专用工具和测试设备可用于每项计划维修活动,并确保成功和按时完成该活动。

第 10 章"技术出版物"讨论了各个维修和工程部门所需全部文件的出版和分发。这包括由制造商、供应商和监管机构提供的文件,以及由航空公司制订的文件。

第 11 章"技术培训"包含机械师、技术员、质控(QC)检验员和质保(QA)审核员的培训要求。该章还讨论了由航空公司进行的培训以及由外部机构进行的培训。FAA 还要求技术培训部门保存每个员工完成的所有培训记录。

第三部分:飞机管理、维修和航材保障

第 12 章"飞机维修管理"介绍了飞机维修管理组织结构、管理者在航空业中的角色、协调活动、基层管理者及其职责、行业趋势的保持、航空管理领域的新发展,以及飞机维修中的管理问题。

第 13 章"航线维修(机上)"讨论了负责维修和维护所有在役飞机的航线维修部门的活动。这包括在基地、在航空公司定期停靠的外站进行的维修活动,以及负责协调所有在役飞机维修活动的维修控制中心的组织和运营。

第 14 章"机库维修(机上)"讨论了与退役飞机(即目前不在航班计划上的飞机)维修活动有关的部门。机库维修部负责所有重大维修活动,包括重大改装。航线维修和机库维修均由地面保障设备(GSE)单位支持,该单位将为维修提供动力装置、工作台架以及其他各种设备和设施,从而确保高效的维修和维护。"大修车间作业"讨论了在航线维修或机库维修活动中对从飞机上拆下的系统和组件进行维修的各个车间。这些车间有时称为返修车间,包括航空电子设备、机械和液压系统以及其他各种专业车间。也可能执行第三方的维修活动。该部分讨论了这些车间的组织结构及其职责和数据收集工作。

第 15 章"航材保障"讨论了与采购、发放、库存控制、借用零件和未经批准零

件以及储存维修作业所需零件和用品相关的过程和职能。航材部确定了使用率和再订购点，以确保随时都有足够的库存。该部门还负责通过维修处理有缺陷的设备，并负责处理设备保修请求。

第四部分：监督职能

第 16 章"质量保证"讨论了航空公司为确保顶级运营所需的主要监督职能部门之一。质保部负责制订航空公司的维修标准，同时也是维修和工程部门与监管当局之间的联系点。质保部还对包括外部供应商和承包商在内的所有维修和工程职能部门进行年度审核，以确保其符合航空公司和监管机构的要求。

第 17 章"质量控制"讨论了直接监督维修行动执行情况的检查员的职责和责任。质量保证关注的是对规章制度的总体遵守情况，而质量控制关注的是日常工作活动是否符合良好的维修实践和程序。质控部还负责进行无损检测和检验活动，以及工具和测试设备的校准。

第 18 章"可靠性"讨论了可靠性的类型和可靠性计划的概念，以监测航空公司维修活动的有效性。监测维修行动的数据收集情况，如失效、拆卸等，以便掌握趋势。对可能存在问题的地方进行调查，以便采取纠正措施。可靠性跟进活动决定了纠正措施的有效性和进一步行动的需要（如有）。

第 19 章"维修安全"讨论了航空公司制订的与维修和工程有关的安全计划，包括吸烟规定、火灾探测和预防、坠落保护、危险品的处理等。该章还讨论了材料安全数据表（MSDS）以及提醒工人注意危险的"知情权"计划。

第五部分：附录

附录 A"系统工程"讨论了系统工程的概念，以及如何将其应用于航空维修与工程。其中讨论了各种系统工程术语，如内部和外部组件、输入和输出、系统边界以及系统边界的变化，以便分析。还讨论了系统化方法和系统研究法的区别。

附录 B"维修中的人为因素"讨论了人为因素在维修领域中的应用。由于人会不断地与复杂的航空设备交互，因此，在设计系统时，应将这些人视为系统的一部分。该附录首先从总体上介绍了人为因素，然后讨论了与系统工程有关的人为因素。最后讨论了制造商和航空公司层面的人为因素活动。

附录 C"排故的艺术与科学"讨论了既困难又难以捉摸的维修活动的基本原则之一。要想在排故的艺术中得到充分发展，需要具备一定的经验，但也有一些基本概念是首先应该了解的。该附录提供了故障排除过程的基本原则,维修机械师和技术员、工程人员和管理人员都可以利用这些原则来查找和查明问题。

附录 D"可靠性警告调查"提供了详细信息,说明工程部将如何着手调查由可靠性计划确定的维修问题。这是故障排除过程的延伸。机械师关注的是特定的系统及其接口设备,而工程师研究的不仅仅是特定的电气、电子或机械系统,必要时,还必须将整个航空环境纳入对问题的分析之中。该附录包括一张跨职能流程图,展示了各个维修与工程部门在这些调查过程中的互动,还包含一系列指导调查人员确定特定问题领域的流程图。

附录 E"双发延程飞行"(ETOPS)讨论了双发飞机的"60 分钟限制"(FAR-121.161),并提供了一些关于双发延程飞行发展的历史背景。此外,还包括航空公司为获得 FAA 关于偏离"60 分钟限制"(即双发延程飞行)的许可而必须满足的要求。

附录 F"术语"提供了本书所用术语和缩略语的清单。

第一部分
维修的基本原则

"……维修是一门科学,因为它的实施迟早都要依赖于大多数甚至所有科学。维修是一门艺术,因为看似相同的问题经常需要采用不同的解决方法和措施,还因为部分管理者、主管和机械师在这方面展现出的才能比其他人展现的甚至达到的都要高。维修首先是一门哲学,因为它是一门可以广泛应用、谨慎应用或根本不用的学科,这取决于许多不同的可变因素,这些因素经常胜过更直接和明显的解决方案。"

——林德莱·R. 希金斯,《维修工程手册》,麦格劳·希尔公司,

纽约,1990 年

这些开篇的章节包含了与航空维修领域相关的基本信息,提供了维修管理工作的背景。第 1 章首先讨论了必须要维修的基本原因。毕竟,在 100 多年的飞行历史中,我们的技能和技术有了巨大的进步,但还没有达到 100% 完美。而且,考虑到现代飞机上组件的数量,我们很早就意识到维修是一个复杂的、持续不断的过程。因此,我们需要系统地对待。

我们需要制订周密的维修大纲来阐述在维修中会遇到的各种活动,所以在第 2 章中,我们研究了制订初始维修大纲的行业规程。我们将讨论用于执行维修任务的各种维修检查包(48 小时和短停检查、每月"A"检、每年"C"检等)。然后,我们将讨论在设备的生命周期内不断调整维修大纲的过程。

在第 3 章中,我们确立了实际操作中将使用的航空公司维修大纲的目标和目的。

第 4 章讨论了航空业的广泛适航要求,从飞机的原始设计到商业运营人以及运行人员的确定均涵盖在内。

第 5 章讨论了有关飞机、飞机运行和维修的文件,包括由设备制造商、监管当局和航空公司自身制订的文件。

第 6 章确定了 FAA 规定的完成维修需要执行的活动,以及运营商认为为协调和执行有效的维修与工程计划而有必要遵守的额外要求。

第 7 章定义了典型的中型航空公司的维修和工程组织结构,还讨论了大型和小型航空公司在这种结构中的变化。

因此,第一部分可作为本书其余部分的背景,如有需要,也可作为航空维修管理方面的第一门课或入门课程的基础。

1 我们为什么必须要维修

1.1 引言

为什么必须要维修？原因很简单："维修为飞机的安全性、可靠性和适航性提供了保证。"飞机维修部门负责按照飞机制造商和航空公司的要求完成所有的维修任务，目标是确保飞机的安全性、可靠性和适航性。

飞机维修部门提供维修和预防性维修，确保飞机的可靠性，从而转化为飞机的可用性。这些职能并不能防止任何零件或系统的随机失效或退化，但日常维修和检查将防止这些情况的发生，并使飞机保持良好的飞行状态。

1.2 重新审视热力学

几乎所有工程专业的学生在本科阶段都必须学习热力学课程。对于部分学生，如空气动力学者和动力装置工程师，热力学是主修课。对于其他学生，如电气工程师，该课程则是必修课。当然，热力学和其他许多课程是所有工程师的"必修课"，因为这些课程涵盖各种科学和工程理论，必须了解这些理论才能有效地将"大学学习的知识"应用于现实世界。毕竟，工程就是要弥合理论与现实之间的差距。

热力学中有一个概念常常使学生们感到困惑。这个概念称为"熵"。有一天，热力学领域的学术专家们聚在一起（正如一位热力学教授所述），旨在创建一个描述系统（可以是任何系统）所有能量的经典热力学方程。最终，他们得到了一个包含多个项的方程；除了其中一个项外，其他所有项都很容易解释。他们确定了表示热能、势能、动能等的项，但还剩下一个项。他们对它的含义迷惑不解。他们知道先前的计算都是正确的，这个项肯定表示能量。因此，在深思熟虑之后，这些专家将其称为"不可用能"，即不可利用的能量。这种解释满足热力学的基本定律，即能量既不能被创造也不能被消灭，而只能被转化。这也有助于验证他们的方程。

下面让我们进一步阐述这一点。能量可用来操纵、处理和组织宇宙中的各种元素，从而创建一个系统。系统完成其规定的工作需要使用更多能量。而每当系统运行时，系统输出能量的总和小于总输入能量。虽然这可部分归因于通过摩擦和其他类似的可追踪行为造成的热损失，但仍然存在着能量不平衡。将熵定义为一个系统的"不可用能"可以修正这种不平衡。

已故的生物物理学家、多产的科学纪实和科幻小说作家艾萨克·阿西莫夫(Isaac Asimov)博士[①]具有独特的能力，能够用浅显易懂的术语向普通人解释最难的科学。阿西莫夫博士指出，如果你想在实践中理解熵的概念，可以把它看作是在绘图板上设计的理论上完美的系统与实体系统之间的差异。换言之，我们可以在纸上设计完美的系统，但我们无法在现实世界中建造完美的系统。我们设计的系统与能够建造的系统之间的差异就构成了系统的自然熵。

1.3　锯条有宽度

熵(不可用能)的概念可以用一个简单的例子来说明。在数学上，可以重复取一个数字的一半，直到永远。也就是说，1 的一半是 1/2；1/2 的一半是 1/4，1/4 的一半是 1/8，以此类推，直到永远。虽然每次做除法得到的数字都越来越小，但只要你能坚持下去，你就可以继续该过程，而且永远不会到达终点。

现在，拿一块 2 英尺×4 英尺的木板和一把横切锯。将木板锯成两半(切短边)。然后取其中一块，再锯成两半。你可以一直重复该过程，直至再也拿不住木板来锯它为止。即使你能找到某种方法在锯切时固定住它，你剩下要切的那块很快就会变得比锯条本身还要薄。如果你再锯一次，除了地板上的那堆锯屑，就什么都不剩了。锯切的次数将远远少于理论上可以用一个数字除以 2 的次数，因为这是无限的。

锯片有宽度，而且锯切在木板上产生的切口比锯条本身要宽，这一事实构成了该系统的熵。无论你把锯条做得多薄，它有宽度这一事实将限制可以进行的锯切次数。即使是激光束也有宽度。这是一个相当简单的例子，但你可以看到现实世界与科学家和一些工程师所处的理论世界是不一样的。没有事情是完美的。

1.4　设计工程师的角色

系统或组件的设计不仅受限于物理世界(即系统的自然熵)的不完美，还受

---

① 艾萨克·阿西莫夫博士一生写了 400 多本书。

限于许多其他因素,我们可以称之为"人为熵"。设计中的一种常见情况是设计师可能会受限于技术或设计工作中任何方面的技术水平,而无法做出完美的设计。设计师可能会受到能力或方法的限制,或者通常会受到经济的限制,也就是说,没有足够的资金来建造绘图板上或其头脑中那个近乎完美的系统。尽管设计师受制于许多因素,根据良好的工程实践传统,设计师仍有义务在给定的约束条件下设计尽可能好的系统。

设计中的另一种常见情况是当设计师设计出自己心目中的最佳系统时,负责预算的老板会问:"这个系统需要多少钱?"设计师精心计算了一下,这些组件能够以每个 1 200 美元的成本大量生产。"很好,"老板说,"现在你重新设计一下,把制造成本降低为 1 000 美元以下。"这意味着必须重新设计,而这通常伴随着更小的公差、更便宜的材料以及更多的熵。更多的熵有时会转化为更大的维修需求。因此,设计师的主要关注点是在规定的约束范围内,尽量减少(而不是消除)所设计的系统的熵。

1.5　机械师的角色

此外,机械师(飞机维修技术员、修理工或维修工)面临着不同的问题。让我们再次以热力学领域为例。需要理解的一个重要点是熵不仅存在于每个系统中,而且一个系统的熵总是在增加。这表明设计的完美(不完美)水平并不是永恒不变的。一些组件或系统会因使用而劣化,一些会因不常使用而劣化(与时间或环境有关)。操作人员或使用者的错误使用也可能导致系统的过早劣化或退化,甚至是彻底损坏。系统的这种劣化或退化代表了系统总熵的增加。因此,工程师的工作是在设计过程中尽量减少系统的熵,而机械师的工作则是在系统的使用寿命中防止系统熵的自然、持续增加。

总而言之,工程师的责任是在合理的限制范围内设计尽可能完美(熵尽可能低)的系统。机械师的责任是拆卸和更换零件,排除系统故障,按照故障隔离手册(在第 5 章中讨论)隔离系统中的故障,并恢复系统的预期用途。

1.6　两种类型的维修

图 1-1 显示了一个典型系统的完美水平。y 轴最顶端表示 100% 完美,x 轴表示时间。两个轴上都没有刻度,因为实际数值在这种理论探讨中没有意义。曲线的左端显示了我们现实世界系统的设计师所达到的完美水平。请注意,随着时间的推移,曲线开始下行。这是系统的熵随着时间的推移而自然增加

的表现,即系统随着时间的推移而自然劣化。当系统劣化到较低的(任意设定的)完美水平时,我们会采取一些纠正措施:调整、优化、维护或其他形式的维修,使系统恢复到其设计的完美水平。也就是说,我们把熵减少到原来的水平,这称为"预防性维修",通常定期进行。这样做是为了防止系统劣化到无法使用的程度,并使其保持在运行状态。这种维修有时也称为计划内维修。维修可以安排在每天、每次飞行、每 200 个飞行小时或每 100 个周期(一次起飞和一次降落为一个周期)进行。

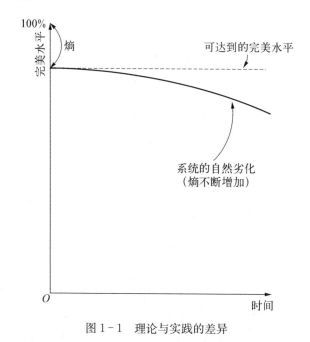

图 1-1　理论与实践的差异

图 1-2 显示了恢复到正常完美水平的系统(曲线 a 和 b)。当然,有时,系统在运行中会迅速劣化到较低的完美水平(曲线 c);有时甚至会完全崩溃(曲线 d)。在这些情况下,恢复系统所需采取的维修行动更加明确,通常需要大量的测试、故障排除、调整,并且经常需要更换、恢复或全面检修零件或子系统。由于这些故障以不同的、不可预测的时间间隔发生,因此为纠正问题而采取的维修行动称为"计划外维修"。

1.7　可靠性

我们一直在谈论的完美水平也可以称为"系统的可靠性"。设计的完美水平称为该系统的"固有可靠性"。这实际上是系统在现实世界运行所能达到的最高

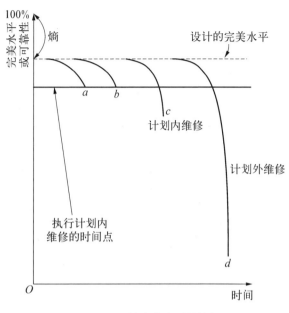

图 1-2　系统完美水平的恢复

水平。再多的维修都不能使系统的可靠性高于这一固有水平。但操作人员最好能始终保持这一可靠性水平(或这一完美水平)。我们将在第 13 章、第 14 章和第 18 章中更详细地讨论可靠性和维修。但还有一个重要的问题要讨论——设备的重新设计。

1.8　重新设计

图 1-3 显示了我们理论上的系统的原始曲线,即曲线 A。水平的虚线显示了系统最初的完美水平。然而,经过重新设计,我们的系统现在已达到更高的完美水平;也就是说,具有更高的可靠性,同时总熵相应减少。在重新设计过程中,可能使用了新组件、新材料或新技术,以减少系统的自然熵。在部分情况下,由于设计师采用了更紧密的公差、提高了设计技能或改变了设计理念,因此人为熵可能会减少。

尽管设计师减少了系统的熵,但系统仍然会劣化。劣化的速度很有可能与原来的设计不同,这取决于诸多因素,因此,曲线的斜率可能增大、减小或保持不变。无论是哪种情况,系统的维修要求都会受到一定的影响。

若劣化曲线较为陡峭,如图 1-3 中的 B 所示,则需要进行预防性维修的时

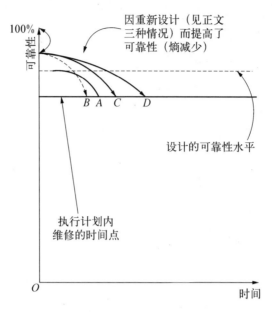

图 1-3　重新设计对系统可靠性的影响

间点可能会更早出现,而且后续行动的间隔会更短。结果就是需要更频繁地维修。在这种情况下,固有可靠性提高,但需要更多的维修来维持这一可靠性水平(完美水平)。除非系统的性能特征得到了改善,否则这种重新设计可能无法被接受。这时,必须做出决定,确定性能的改善是否能证明更多的维修和由此造成的维修成本增加是合理的。

相反,若劣化速度和以前一样,如图 1-3 中的曲线 C 所示,或者不那么陡峭,如曲线 D 所示,则维修间隔就会增加,预防性维修的总量可能会减少。那么,需要考虑如下问题:维修量的减少是否能证明重新设计的成本是合理的?当然,这个问题应该由设计师来考虑,而不是维修人员。

重新设计的一个主要因素就是成本。图 1-4 显示了两种常见的相反关系的曲线图。上面的曲线是对数曲线。它代表了通过更复杂的设计工作而达到的日益增加的完美水平。

我们越接近完美(图 1-4 顶部),就越难做出实质性的提高(我们永远做不到 100% 完美)。下面的曲线描述了不断努力改进系统的成本。遗憾的是这是一条指数曲线。我们越是想接近完美,付出的代价就越高。很明显,设计师追求完美的目标不仅受到熵的限制,还受到成本的限制。这两种限制结合在一起,基本上决定了我们的维修专业水平。

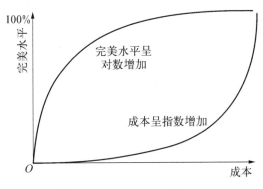

图 1-4　完美水平与成本的关系

1.9　失效率模式

当然,维修并不像我们可能从上述关于熵的讨论中得出的结论那样简单。必须承认的一个重要事实是不是所有系统或组件都具有相同的失效率,也不是所有系统或组件都表现出相同的磨损和失效模式。正如所料,这些组件和系统的维修特性与这些失效率和失效模式有关。

美国联合航空公司对生命周期失效率进行了一些研究,发现了六种基本模式,[①]如表 1-1 所示。纵轴表示失效率,横轴表示时间。刻度上没有显示任何数值,因为这些数值对讨论并不重要。

表 1-1　失效率模式

失效率曲线	说　明
失效率 O　　　　　　时间	曲线 A:有早期失效;失效率恒定或略微上升;有明确的磨损期(4%)
失效率 O　　　　　　时间	曲线 B:无早期失效;失效率略微上升;有明确的磨损期(2%)

---

① 斯坦利·诺兰和霍华德·希普,《以可靠性为中心的维修》,国家技术信息服务处,华盛顿特区,1978 年。

续　表

失效率曲线	说　　明
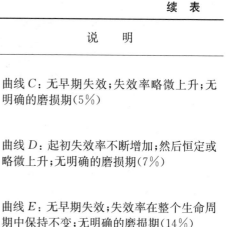	曲线 C：无早期失效；失效率略微上升；无明确的磨损期（5%） 曲线 D：起初失效率不断增加；然后恒定或略微上升；无明确的磨损期（7%） 曲线 E：无早期失效；失效率在整个生命周期中保持不变；无明确的磨损期（14%） 曲线 F：早期失效；失效率在整个生命周期中恒定；无明确的磨损期（68%）

资料来源：斯坦利·诺兰与霍华德·希普合著的《以可靠性为中心的维修》，国家技术信息服务处，华盛顿特区，1978 年。

　　曲线 A 通常被称为"浴缸曲线"，原因很明显。这种失效率模式在组件生命周期的早期阶段表现出很高的失效率，被称为"早期失效"。这是工程中的一大难题。一些组件在早期出现失效有多种原因：设计不良、零件不合适或使用不当。一旦这些不足之处得到解决，并且设备适应了其模式，失效率就会趋于平稳，或随着时间的推移而略有上升，也就是说，直到组件生命周期的末期。曲线 A 中在组件生命周期末期出现的快速上升是磨损的一个迹象，该组件的材料已经达到了物理极限。

　　曲线 B 显示组件没有早期失效，但在组件的整个生命周期中，失效率平稳或略微上升，直到最后出现一个明确的磨损期。

　　曲线 C 显示组件失效率略微上升，没有早期失效，也没有可识别的磨损期，但在某一时间点，组件变得无法使用。

　　曲线 D 显示新的（或刚出厂的）组件失效率较低，然后上升到某一稳定水平，并在组件的大部分生命周期中保持不变。

　　曲线 E 显示的是一个理想组件：没有早期失效，也没有磨损期，失效率在整个生命周期中保持稳定（或略微上升）。

　　曲线 F 显示组件具有早期失效，随后失效率平稳或略微上升，没有磨损期。

美国联合航空公司的研究显示,实验包含的项目中只有大约 11%(表 1-1 中曲线 A、B 和 C)可以从设定极限工况或重复检查磨损情况中受益。其余的 89% 则不能。因此,只有 11% 的项目(表 1-1 中的曲线 A、B 和 C)可以预测超出项目可用水平的失效或劣化时间。其余的 89%(表 1-1 中的曲线 D、E 和 F)需要一些其他的方法。这种差异表明,具有明确寿命限制和/或磨损期的组件将受益于计划内维修。这些组件需要维修或更换的时间并不相同,但可以计划,并且所需的维修活动可以在可用时间内分散进行,从而避免工作量出现峰谷。其余 89% 的组件必须一直使用到发生失效,才会进行更换或修理。由于不可预测,这就需要不定期和以不同的时间间隔维修,即计划外维修。

失效的这些特征使得有必要以一种系统化方式进行维修,以减少计划外维修的高峰期。航空业已经考虑到了这一点,并在飞机和系统的设计与制造中采用了几种方法来解决这一问题,这将在下一节中讨论。

1.10 维修的其他考虑因素

航空业已经提出了三种管理方法,以解决必须使用到发生失效才能维修的项目所造成的使用中失效问题。这三种方法分别是设备冗余、航线可更换单元和最低放行要求。

在需要高可靠性的系统工程设计中,特定组件或系统的冗余概念相当常见。对于冗余系统——通常称为主系统和备用系统,若一个系统发生失效,则另一个可以接管其功能。例如,在航空领域,大多数商用喷气式飞机都有两个高频(HF)无线电系统,通信只需要一个,第二个是备份,以防第一个发生失效。

冗余系统的独特特征也会影响维修要求。一方面,若主系统和备用系统装有测量仪器,使飞行机组能够发现任意失灵,则无须进行任何事先维修检查来指示失灵。另一方面,若两个系统均未安装测量仪器,则维修人员需要对主系统和备用系统进行一些检查(短停检查或其他检查),以确定可用性。

但通常情况下,其中一个系统(通常是备用系统)会安装测量仪器,向机组人员显示可用性。若对另一个系统(即主系统)进行维修检查,则可保证该系统可用。发生失效时,它们通过仪器提供准确指示,表明备用系统可用。这种设置的目的是在为确保系统可用性而使用的仪器数量和需要的维修量之间达到平衡。在部分情况下,当主系统发生失效时,备用系统会自动投入运行。在飞行期间,飞行机组的需求是做出这种决定的主要考虑因素。

航空领域中使用的另一个常见概念是航线可更换单元。航线可更换单元是一种组件或系统,它的设计确保可以在飞机上快速拆卸和更换最常发生失效的零件。这使飞机能够返回到定期航线运行中,而不会因维修造成不必要的延误。然后,失效零件可以直接报废,或根据需要在车间内修理,而不会进一步导致航班延误。

尽量减少因航空维修而造成延误的第三个概念称为最低设备清单(MEL)。该清单让飞机能够在特定项目失效的情况下获准放行,只要相应功能的丧失不影响航班的安全性和运营。这些项目将由制造商在飞机设计和测试的早期阶段仔细确定,并经监管当局批准。制造商将发布主最低设备清单(MMEL),其中包括为这种机型提供的所有设备和附件。然后,航空公司根据自己的构型调整该文件,从而生成最低设备清单(详见第 5 章)。最低设备清单中的许多项目都与冗余系统相关。"最低设备清单"概念允许在不扰乱任务需求的情况下延迟维修。但维修必须在规定期限内进行,通常是 1、3、10 或 30 天,这取决于系统的工作需求。

这些项目由飞行机组在新机研制的后期通过主最低设备清单进行确定。因此,机组人员将确定即使缺失或处于劣化状态也不会影响安全执行飞行任务的系统。他们还将确定自己可以忍耐这种状况多长时间(1、3、10 或 30 天)。虽然这一般是在飞机交付之前确定的,但飞机上的飞行机组会根据放行时的实际情况做出最终决定。机长可根据现况,决定在修理完成前不放行,或根据航空公司的最低设备清单选择推迟维修。维修必须遵守这一决定。

缺件放行指南(DDG)与最低设备清单相关,其中包含对航线维修人员的指示,说明了当需要对缺件采取维修行动而该行动对机械师而言不一定明显时应该如何处理。缺件放行指南将由飞机制造商发布,以指导机械师处理缺件情况。该指南包含以下相关信息:捆绑电缆,盖住已拆设备的连接器,断开断路器并张贴危险告示以防特定设备在飞行期间意外通电,以及为预防目的而需要采取的任何其他维修行动。外形缺损清单(CDL)与最低设备清单相似。该清单提供了当特定壁板缺失或发现了其他不会影响安全性的构型差异时与飞机放行有关的一些信息。非必需设备和装备(NEF)清单提供了最常推迟维修而不会影响飞机适航性或飞行安全性的项目。该清单是最低设备清单的一部分。

虽然这些复杂飞机上的失效可能随机发生,也可能在不合适的时间出现,但这三种管理方法,即设备冗余、航线可更换单元和最低放行要求,可帮助减轻工作量,并减少服务中断。

1.11 制订维修大纲

尽管在 100 多年的航空历史中,我们在飞机组件和系统的质量与可靠性以及航材和程序方面取得了相当大的进步,但仍未达到 100% 的完美。航空设备,无论质量有多好或有多可靠,仍然需要随时关注。

还需要进行计划内维修和维护,确保设计的完美水平(可靠性)。由于现实世界的性质,其中一些组件和系统迟早会劣化到超出可容忍的水平,甚至完全失效。在其他情况下,与这些组件和系统交互的使用者、操作人员甚至维修人员都可能误用甚至滥用这些设备,导致设备受损或劣化,从而需要采取某种维修行动。

我们已经知道,组件和系统以不同的方式和不同的失效率发生失效。这就导致了对计划外维修的需求具有不稳定性和不确定性。在这种情况下,通常会有一波又一波的工作周期和非工作周期需要管理,以减少工作量并稳定人力需求。

具有寿命限制或可计量磨损特性的组件,可构成系统化的计划内维修大纲的一部分。我们已经确定了三种管理方法,即设备冗余、航线可更换单元和最低放行要求,以减少维修工作量。但飞机上有很多组件和系统不便于进行这种调整。有时,航空监管机构和制造商会要求在规定时限内完成设备的检查和/或改装。因此,航空公司的维修与工程部门就有必要准备好通过制订和充分执行周密的维修大纲,来解决飞机和飞机系统的维修问题。本书的其余部分将讨论一个多面性过程,即飞机维修和工程。

这里讨论的维修大纲是许多飞行员、航空公司、维修人员、制造商、组件和系统供应商、监管当局以及航空业内的专业和商业组织多年来齐心协力的结晶。并非每家航空公司都需要以相同的方式或风格来组织和运营,但本书所讨论的大纲和活动将适用于所有航空公司。

2 维修大纲的制订

2.1 引言

商业航空目前使用的维修大纲是由业界采用两种基本方法制订的：过程导向型方法和任务导向型方法。这两种方法有两个不同之处：① 对维修行为的态度；② 确定维修行为并将其分配给组件和系统的方式。尽管商业航空最近倾向于采用任务导向型方法来制订最新的机型维修大纲，但还有许多仍在服役的老飞机使用的是由过程导向型方法制订的维修大纲。近年来，麦克唐纳-道格拉斯公司（现为波音公司的一部分）和波音公司为其中一些老机型制订了新的任务导向型维修大纲。航空公司可以向制造商购买这些新大纲。

过程导向型维修方法使用三个主要的维修过程来完成计划内维修行为，分别为定时维修（HT）、视情维修（OC）和状态监测（CM）。定时维修和视情维修过程适用于具有明确寿命限制或可检测磨损期的组件或系统，也就是第1章中讨论并在表1-1中阐明的 A、B、C 类曲线项目。状态监测过程用于监测不能使用定时维修或视情维修过程的系统和组件。这些项目需要使用到发生失效，并且需要跟踪失效率来帮助预测或预防失效，也就是表1-1中 D、E、F 类曲线"使用到发生失效"的项目。

任务导向型维修方法通过预定的维修任务来避免使用中失效。设备冗余有时容许发生使用中失效，而不会对安全性和运营造成不利影响。而可靠性计划（与状态监测过程类似，但更为复杂）通常用于失效率不可预测以及没有计划内维修任务的组件或系统。可靠性计划将在第18章中讨论。

下面将对这两种维修原则（即过程导向和任务导向）以及制订维修大纲的基本方法进行综合讨论。如何确定维修任务和任务间隔也将在后面的章节中详细讨论。

2.2 维修指导小组方法

1968 年,波音公司开始将现代的维修大纲制订方法应用到当时最大的商用飞机波音 747 上。这标志着一个航空新时代——大型喷气式客机时代的开始,波音公司认为,这个新时代应该以更复杂的维修大纲制订方法为开端。他们安排波音公司的设计和维修大纲团队、供应商以及有兴趣购买飞机的航空公司委派各自的代表,组建维修指导小组(MSG),其中还包括 FAA,以确保满足监管要求。

所用的制订过程涉及六个行业工作小组(IWG):① 结构;② 机械系统;③ 发动机和辅助动力系统(APU);④ 电气和航空电子系统;⑤ 飞行控制和液压系统;⑥ 分区维修。每个工作组都以相同的方式分析各自的特定系统,以制订适当的初始维修大纲。借助系统运行、重要维修项目(MSI)及其相关功能、失效模式、失效影响和失效原因等方面的信息,各工作组使用逻辑树分析了每个项目,从而确定需求。

这种制订维修大纲的方法称为"自下而上法",因为它将组件视为最可能引起设备失效的原因。分析的目的是确定需要执行三个过程中的哪一个来修理该项目并恢复其使用。这三个过程是指上文定义的定时维修、视情维修和状态监测过程。

成立维修指导小组(MSG)来制订维修大纲的方法在波音 747 上大获成功,只经过细微修改,便应用到了其他飞机上。在删除具体提到波音 747 的地方后,一种新的通用方法就产生了,它适用于所有飞机。这种方法被重新命名为"MSG-2",洛克希德公司的 L-1011 和麦克唐纳-道格拉斯公司的 DC-10 就采用了该方法制订维修大纲。1972 年,欧洲制造商对该方法进行了其他细微修改,由此产生的新方法在欧洲被称为"EMSG"。

MSG-2 在所研究的三个领域略有不同:① 系统和组件;② 结构;③ 发动机。表 2-1 总结了每个领域对应的方法步骤。

表 2-1 MSG-2 方法步骤

步骤编号			分析活动
系统/组件	结构	发动机	
1		1	确定系统及其重要项目
	1		确定重要结构项目

续　表

步骤编号			分　析　活　动
系统/组件	结构	发动机	
2			确定其功能、失效模式和可靠性
	2		确定失效模式和失效影响
		2	确定其功能、失效模式和失效影响
3		3	定义在运行可靠性的控制上具有潜在效能的计划内维修任务
	3		评估计划内结构检查的潜在效能
4		4	评估安排具有潜在效能的维修任务是否可取
	4		评估具有潜在效能的结构检查是否可取
	5		确定初始抽样阈值是否合适

资料来源：《航空公司/制造商维修大纲文件 MSG-2》，R&M 小组委员会，航空运输协会，1970 年 3 月 25 日。

注：第 1 步——确定需要分析的维修或结构项目。
　　第 2 步——确定与该项目相关的功能和失效模式以及失效影响。
　　第 3 步——确定可能具有潜在效能的维修任务。
　　第 4 步——评估这些任务的适用性，并选择有必要执行的任务。
　　第 5 步——评估初始抽样阈值（只针对结构而言）。

　　MSG-2 文件中的方法流程图过于复杂，无法在此复现，特别是因为 MSG-2 方法已不再使用。但了解如何将维修过程分配给选定的任务至关重要。图 2-1 给出了该方法的简化图。简言之，若单元的失效与安全相关（框 1），并且维修检查能够检测到抗失效能力降低（框 4），则该项目应归入视情维修。若没有这种维修检查，则该项目应归入定时维修。对于其他情况，可遵循图 2-1 的逻辑。

　　一旦确定了维修行动，就有必要定义实施这种维修的频率。然后，使用有关该项目失效率、拆卸率等的可用数据来确定维修频率。

2.3　过程导向型维修

　　过程导向型维修大纲专为航空领域制订，使用了由美国航空运输协会（ATA）开发的决策逻辑程序。MSG-2 方法是一种自下而上的方法，用于分析

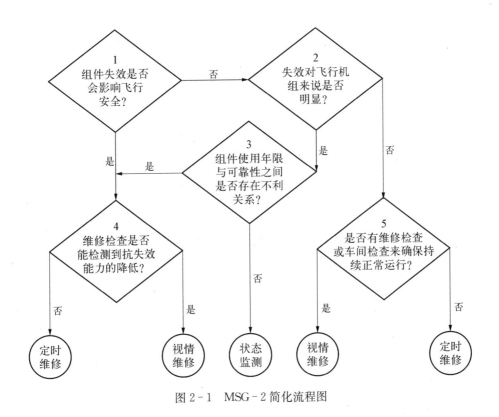

图 2-1　MSG-2 简化流程图

飞机上的每个单元(系统、组件或装置)并将其分配到其中一个主要维修过程(定时维修、视情维修或状态监测)之中。

　　一般而言,定时维修是指按预定的间隔(通常以飞行小时数或飞行周期来指定),拆下项目进行维修。在部分情况下,定时维修间隔可能以日历时间指定。视情维修是指按规定的间隔(以飞行时数、周期或日历时间来指定)检查项目,以确定其剩余可用性。状态监测是指监测失效率、拆卸率等,以便制订维修计划。下面将详细分析每个过程。

2.3.1　定时维修过程

　　定时维修(HT)是一种失效预防过程,需要在超出规定间隔之前,从飞机上拆下项目,并对其进行彻底检修、部分检修(恢复)或将其报废。定时维修间隔可能以日历时间、发动机或飞机检查间隔(发动机更换、"C"检等)、着陆或运行周期、飞行小时数、轮挡飞行小时数、指定飞行(水上、终止飞行等)或与其他过程(如视情维修)联合指定。

　　当规定定时维修时,须从飞机上拆下组件,并对其进行检修、恢复或将其报废,视情况而定。这将在组件超出规定时间间隔之前完成。组件的检修或恢复将使组件恢复到能够合理保证良好运行至下一次计划拆卸的状态。理想情况下,定时维修适用于在工作 X 小时后总是会发生失效的组件。然后,该组件将在累积到 X 小时之前的最后一个计划内维修期更换。因此,操作人员可以使用该组件至最长工时,且该组件在使用过程中不会出现失效(理想情况下)。

定时维修还适用于对安全性有直接不利影响的项目,以及随着使用年限的增加可靠性下降但没有维修检查来检测该情况的项目。正如我们稍后将讨论的,由于安全问题,前一种组件不符合状态监测的条件。后一种组件,如橡胶制品,不适合接受任何定期状态检查,即没有视情检查来确定其剩余可用性。

例如,结构检查、起落架大修以及更换有寿命限制的发动机零件,都是由定时维修来控制的。通常,机械联动装置和执行机构、液压泵和液压马达、电动机和发电机,以及具有明确磨损周期的类似项目也将归入定时维修。对于具有明确磨损期的项目,定时维修可能是最经济的方法。但这些项目也可归入视情维修或状态监测,具体取决于操作人员,前提是它们与安全无关。

2.3.2　视情维修过程

视情维修(OC)是一种失效预防过程,需要根据适当的物理标准(磨损或劣化极限)对项目进行定期检查或测试,以确定项目是否可以继续使用。未通过视情检查时,必须对组件进行检修或恢复,至少要更换超差零件。检修或修理必须使组件恢复到这样的状态,即能够合理保证至少再运行一个视情检查间隔。若项目无法检修或恢复,或无法恢复到能够再运行一个视情检查期的状态,则应将其报废。

视情维修仅限于可通过测量、测试或其他方法确定持续适航性而无须进行拆卸检查的组件、设备或系统。这些视情检查应在每次检查的规定时间范围内(间隔)进行。持续适航性的视情确定是一种定量检查,必须在操作人员的维修手册中说明指定公差和/或磨损极限。

定期的计划视情检查必须能有效确定项目是否适合在另一个计划视情检查间隔内持续运行。若所进行的检查提供了有关项目状态和抗失效能力的足够信息,能够合理保证其在下一个检查期内的持续适航性,则该项目应归入视情维修。若检查只构成一项维修任务,如维护、调整或适航性的确定,而并未有效披露实际状态,则该项目实际上是受到状态监测的项目。因此,应归入状态监测而不是视情维修。在部分情况下,甚至可归入定时维修。简单的运行检查并不是允许进入视情维修过程的必要条件。视情检查必须测量或评估项目的磨损和/或劣化状况。

视情维修过程还包含定期收集显示组件、系统或发动机物理状态的数据。通过分析和评估，视情维修数据必须能够确定持续适航性和/或抗失效能力的下降程度以及失效的危急程度。视情维修数据必须指向单个组件、系统或发动机（按序号）。这是一种先验（事前）失效数据，可用来衡量预期寿命的减少和/或预测失效的危急程度。例如，视情检查包括如下几方面：① 轮胎面和刹车片；② 发动机的计划孔探检查；③ 发动机油分析；④ 飞行中发动机性能分析（即发动机状态监测）。在上述每一种情况下，我们都可以测量退化程度，并根据既定标准确定剩余的寿命或可用性。

美国的大多数商用飞机运营人都使用视情维修过程来控制发动机的大修。拆卸发动机的时间将根据发动机状态监测计划收集的发动机数据来确定。显示发动机性能退化的数据，如燃油和燃料消耗、孔探检查结果、记录的飞行中仪表读数的趋势、燃油分析等，将与标准进行比较，以预测发动机可靠性的下降程度和失效的危急程度。发动机数据收集计划试图提供数据，表明是否需要拆卸发动机，以免发生空中停车（IFSD），也就是说，它们属于失效预防过程。

关于视情维修过程，有两点需要牢记：① 如果能够完成符合规定的视情检查，以合理的概率确保能够使用至下一次视情检查，或如果对收集的视情维修数据进行评估，能够预测失效的危急程度，则视情维修过程将使组件和发动机接近其最长寿命；② 视情维修的适用性受限于对符合规定的状态检测的要求或相关的失效预测数据。

下面列举了一些适用于视情维修的组件。

（1）刹车磨损指示销：将刹车磨损状况与规定的标准或限制相比较。由于操作条件和人员习惯的不同，刹车磨损会因操作人员不同而相差甚远，但磨损指示销的视情检查将有助于达到每组刹车接近的最大使用率。

（2）控制电缆：测量其直径、张力及断股。

（3）联动装置、控制杆、滑轮、滚轮轨、顶丝等：测量其磨损状况、端隙或侧隙或齿隙。

2.3.3　状态监测过程

当定时维修和视情维修过程都不可用时，应使用状态监测（CM）过程。状态监测过程包括对没有明确寿命或明显磨损期的单个组件或系统的失效率、拆卸等进行监测。与定时维修和视情维修不同,状态监测不是一个失效预防过程。其中没有适合评估 CM 项目预期寿命的维修任务,也不要求在发生失效之前就将该项目换掉。定时维修或视情维修标准都不能用于控制 CM 项目,因为这些组件没有这类标准。因此,CM 组件会一直使用到失效,并且这些项目的替换属于计划外维修行动。

由于 CM 项目要一直使用到失效,因此,航空运输协会规定这些项目必须满足下列条件:①

(1) CM 项目在失效时对安全性没有直接的不利影响,即飞机能够继续飞行,直至安全着陆。通常,由于系统冗余,CM 项目对安全性只有间接的非不利影响。

(2) CM 项目不得有任何在失效后可能对安全性产生直接不利影响的隐性功能(即对飞行机组来说不显著的失效)。但若存在隐性功能,且飞行机组或维修人员通过计划内运行测试或其他非计量测试验证了该功能的可用性或可运行性,则仍可使用状态监测过程。

(3) CM 项目必须包含在运营人的状态监测或可靠性计划中,即必须对这些项目进行某种形式的维修数据收集和分析,以便更好地了解这些组件或系统的失效特性。

除了航空运输协会的上述规定外,CM 项目的使用年限和可靠性之间不存在不利关系(即没有可预测的预期寿命)。这些项目具有随机失效模式。

状态监测过程最适用于复杂系统,如航空电子和电子元件,以及无法预测失效的任何其他组件或系统。适合状态监测的典型组件和系统包括导航和通信设备、灯、仪器,以及其他无法通过测试或更换来预测即将发生的失效和提高预期寿命的项目。在航空领域,状态监测经常用于由于存在冗余而在失效后不会对安全性或适航性造成严重影响的组件,以及根本不影响适航性的项目,如咖啡机、卫生间、乘客娱乐系统等。

状态监测系统包括数据收集和数据分析程序,其中将描述对飞机安全状况做出判断所依据的信息。状态监测计划包含评估计划,这些计划将利用飞机或其系统和组件的披露能力,确保可以使用这些披露信息对飞机及其系统、发动机和组件的持续安全状况做出判断。在状态监测行动中,可能会根据飞行机组报

---

① 《航空公司/制造商维修大纲文件 MSG - 2》,R&M 小组委员会,航空运输协会;1970 年 3 月 25 日(航空运输协会已不再更新该文件)。

告执行评估,并使用机载数据系统和系统性能的地面检查设备。状态监测计划的基本要素可能包括有关计划外拆卸的数据、维修日志记录、飞行员报告、抽检报告、机械可靠性报告、车间检验报告和其他维修数据来源。这些数据和其他数据可能表明了问题所在,因而表明了调查该问题的需要(见第18章)。

状态监测主要是一个数据收集和分析程序,也可用于HT和OC组件,以验证或调整定时维修和视情维修间隔。例如,若HT项目刚好在其保质期届满前被拆除,且大修活动表明,几乎完全不需要维修就可以恢复组件,则或许可以延长定时维修间隔。同样,若视情检查表明几乎完全没有维护需求,或组件的生命周期比最初预期的长,则可以更改视情检查间隔。但如果没有在一定周期内(几个定时维修周期或视情维修间隔)收集数据,就没有任何可靠的理由来改变间隔。出于同样的原因,收集的状态监测数据可能表明需要缩短部分组件的定时维修或视情维修间隔。状态监测程序还会提供数据来表明组件监测过程是否是最合适的。

2.3.4 技术纯化论者须知

状态监测实际上并不是监测组件的"状态"。该过程主要监测组件的失效或拆卸统计数据。可使用视情维修过程来监测组件状态。

2.4 任务导向型维修

任务导向型维修大纲专为航空领域制订,使用了由美国航空运输协会开发的决策逻辑程序。MSG-3方法是对MSG-2方法的修改和改进。

MSG-3是一种自上而下的失效后果分析方法,其中,失效分析是在飞机系统的最高管理层级进行,而在MSG-2中,分析是在组件层级进行。MSG-3用于确定适当的计划内维修任务,以防止失效,并维持系统的固有可靠性水平。通过MSG-3方法开展的任务分为三类:机身系统维修任务、结构项目维修任务、分区维修任务。

2.4.1 机身系统维修任务

MSG-3方法定义了八项机身系统的维修任务。这些任务按照决策分析结果和所涉系统、组件等的具体需求进行分配。下面定义和列出了这八项任务:

(1)润滑。补充润滑油、润滑脂或其他物质来减少摩擦和/或传导热量从而保持固有设计能力的行为。

(2)维护。为维持固有设计能力而注重组件和/或系统基本需求的行为。

（3）检查。检查一个项目并将其与特定标准进行比较。

（4）功能检查。一种定量检查,旨在确定一个项目的每种功能是否都在规定限制内执行。这种检查可能需要使用额外设备。

（5）运行检查。用于确定一个项目是否在实现其预期目的的任务。该任务旨在发现失效,不需要定量公差或除项目本身以外的任何设备。

（6）目视检查。观察确定一个项目是否在实现其预期目的。该任务旨在发现失效,不需要定量公差。

（7）恢复。按特定标准恢复一个项目所必需的工作。恢复可能包括设备清洁、更换单个零件甚至大修。

（8）报废。按规定寿命限制,停止使用任何项目。

2.4.2　结构项目维修任务

飞机易受如下三种结构劣化的影响:

（1）环境恶化。由于与气候或环境的化学相互作用而导致项目强度或抗失效能力发生变化的物理劣化。环境恶化可能与时间相关。

（2）意外损坏。由于与不属于飞机一部分的物体接触或碰撞或受到飞机以外的影响而导致的项目物理劣化,或由于制造、飞机运行或维修过程中的人为差错而造成的损坏。

（3）疲劳损伤。由于循环载荷而引起的一条或多条裂纹以及这些裂纹的后续扩展。

为确定是否已经发生因上述原因导致的劣化,飞机结构的检查需要在不同详细程度上进行。MSG-3方法定义了下列三种结构检查方法:

（1）一般目视检查。一种目视检查,可以发现明显的、不符合要求的情况或差异。这种检查可能需要拆下嵌条,打开或拆下检修门或盖板。可能还需要工作台和梯子,以便接近一些组件。

（2）详细检查。对特定的细节、组件或装置进行的深入目视检查。这是使用充足的照明和必要的检查辅助设备(如镜子、放大镜等)寻找缺陷迹象的一个过程。可能还需要表面清洁和详细的接近程序。

（3）专项详细检查。对特定位置的深入检查,类似于详细检查,只是纳入了特殊方法。这种检查可能需要诸如无损检验(NDI)等方法:着色渗透检验、高倍放大检验、磁粉检验、涡流检验等(有关这些检验方法的详细信息见第17章)。专项详细检查可能还需要拆卸特定装置。

2.4.3　分区维修任务①

分区维修大纲可确保飞机上指定区域内的所有系统、线路、机械控制装置、组件和装置得到充分监视,以确定装置的安全性和总体状况。分区维修过程通常由型号合格证(TC)和补充型号合格证(STC)持有者用于开展各自的分区维修和分区维修检查工作,具体做法是使用 MSG - 3 方法执行一系列检查。在分析时,该过程会为每个分区分配一个数字参考号。由于飞机老化,FAA 通过检查飞机运营人的持续适航性计划,制定了具体的损伤容限标准。AC 120 - 93 针对影响飞机疲劳关键结构的修理和改装,规定了详细的损伤容限检查(DTI)要求。损伤容限检查过程涵盖要检查的区域、检查方法和技术以及检查程序。

分区维修大纲将大量目视检查任务(针对系统维修大纲中的项目生成)打包成一或多项分区监视任务。分区维修和检查方法分为下列两种:一般目视检查和详细目视检查。

2.5　现行 MSG 方法——MSG - 3 方法

1980 年,美国航空运输协会发布了文件,对 MSG - 2 方法进行了修改。② 该文件指出,"MSG - 3 方法与 MSG - 2 方法没有本质差异,而是建立在 MSG - 2 方法的现有框架之上,飞机通过使用基于 MSG - 2 方法的维修大纲所获得的 10 年可靠运行记录确认了该方法的有效性。"

MSG - 3 方法调整了决策逻辑,旨在通过该逻辑提供更直接和线性的改进。MSG - 3 方法是一种自上而下的方法或失效后果分析方法。换言之,该方法分析的是失效对飞机运行有何影响,系统、子系统或组件是否失效或劣化都无关紧要。失效分为两个基本类别:安全类和经济类。图 2 - 2 显示了 MSG - 3 方法一级分析"失效类别"的简图。③

MSG - 3 方法产生的维修任务可能包括定时维修、视情维修和状态监测,这些任务与 MSG - 2 方法类似,只是说法不同。MSG - 3 方法在总体维修大纲的

---

①　电气线路互联系统(EWIS)和 AC 120 - 102 飞机系统/油箱安全增强区域分析程序操作大纲的持续适航性的电气线路互联系统说明,发布于 2010 年 5 月 4 日。AC 25 - 27A,该维修大纲为环球航空 800 号班机(TWA800)失事后开始制订。

②　《航空公司/制造商维修大纲文件》发布于 1980 年 9 月 30 日,修订数次(1988 年 3 月,1993 年 9 月,2000 年 3 月,2001 年 3 月)。最新版是《运营人/制造商定期维修文件》,修订版 2000 年 1 月。最新变更包括修订版 2001 年 1 月、2002 年 1 月和 2003 年 1 月。2002 年 1 月和 2003 年 1 月纳入了经修订的容错系统程序。最新修订版 2005 年 1 月涉及飞机系统和动力装置分析程序。

③　图 2 - 2 中的每个方框都有编号,输出方框上的数字(5 至 9)之后用于识别失效类别(隐性、显性、安全等)。这些编号将在后文的讨论中引用。

制订上更加灵活。图 2-2 的流程图用于确定失效对飞行机组来说是显性还是隐性的(一级分析)。显性失效进一步分为安全相关失效和运行相关失效,后者又分为具经济意义和不具经济意义的失效,这些类别以 5、6、7 编号,其意义将在后面讨论。隐性失效分为安全相关失效和非安全相关失效,这些类别以 8 和 9 编号。

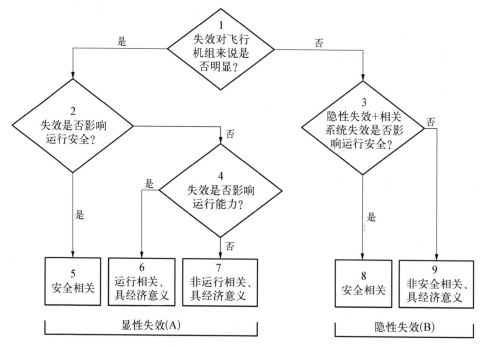

图 2-2　MSG-3 方法一级分析"失效类别"

(资料来源:美国航空运输协会,经许可重印。美国航空运输协会 2003 版权所有。保留所有权利)

　　图 2-3 和图 2-4 的二级分析用于确定处理功能失效所需的维修任务。虽然问题相似,但在处理显性失效和隐性失效的方式上有细微差别。请注意,图 2-3 和图 2-4 中的部分流程线标明了仅第 5 类或仅第 8 类适用。这里需要做出解释。

　　图 2-3 和图 2-4 中的第一个问题都与润滑或维护有关,对于所有功能失效(第 5 类至第 9 类),必须提出该问题。无论该问题的答案为"是"或"否",分析人员都必须提出下一个问题。对于图 2-3 中的第 6 类和第 7 类以及图 2-4 中的第 9 类,依次提出这些问题,直至得到的答案为"是"。至此,分析停止。但对于第 5 类和第 8 类(安全相关),所有问题都必须回答,无论这些问题的答案为

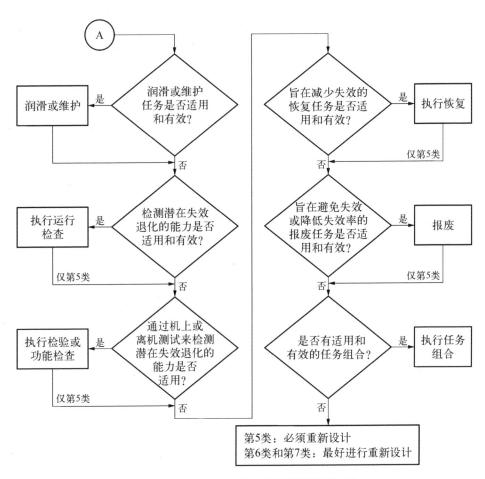

图 2-3　MSG-3 方法二级分析"显性失效"

(资料来源：美国航空运输协会，经许可重印。美国航空运输协会 2003 版权所有。保留所有权利)

"是"还是"否"。

图 2-3 和图 2-4 的最后一个方框也需要做出解释。这些流程图可用于为新机型或衍生机型制订维修大纲。若对于第 6、7、9 类，整张图的进程在最后一个方框结束，则设计工程师可能需要考虑重新设计所涉设备。若为安全相关失效，即第 5 类或第 8 类，则必须重新设计。一旦制订了初始维修大纲，航空公司机械师将使用该维修大纲。机械师没有权利选择重新设计，除非在第 18 章所讨论的可靠性计划中另有说明。

逐步解释工作小组在给定分析中的具体任务有助于更好地了解 MSG-3 方法。各工作小组将收到各自所负责的系统和组件的相关信息：① 运行理论；

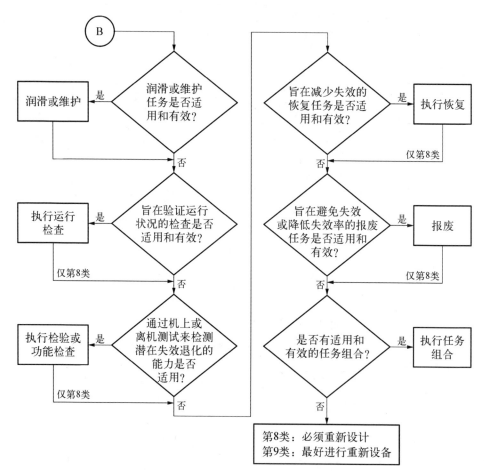

图 2‐4　MSG‐3 方法二级分析"隐性失效"

② 每种运行模式的说明（如有多个模式）；③ 每种运行模式的失效模式；④ 关于失效率、拆卸率等任何可用数据（实际或估计数据）〔如可修复件的平均失效间隔时间（MTBF）、平均计划外拆卸间隔时间（MTBUR），以及不可修复件的平均修理时间（MTTR）〕。

　　若系统与现有机型上使用的系统相同或相似，则工作小组成员可能只需要接受有关运行和失效模式的复习训练。若设备属于新型设备，或针对新机型进行了大范围改装，则学习过程可能更长。机身制造商将负责为工作小组提供这方面的培训，并负责向工作小组提供任何可用的性能和失效率数据。

　　一旦工作小组确认了这些信息，他们就会开始浏览这些逻辑图，恰当地回答这些问题,并确定最适合解决问题的维修方法。所有运行模式中的失效都会得到解决。工作小组首先确定失效对飞行机组来说是隐性还是显性的(见图2-2中的方框1)。然后确定问题是否与安全相关,若为显性失效,还会确定是否对运行有影响。接下来,使用图2-3和图2-4(二级分析)确定应运用哪种维修任务。最后,确定应按哪种维修间隔来执行该维修任务。这需要运用失效率数据和工作小组成员的经验。

2000年,航空运输协会的技术信息和通信委员会(TICC)将ATA 100和ATA 2100规范纳入iSpec 2200《航空维修信息标准》。[①] 该规范目前在航空航天领域用于内容、结构、技术文件的编制以及飞机工程、维修和航班运行信息的电子交换。它还用在维修要求、程序、飞机构型控制和航班运行规范中。一如既往地,它的目的是尽量降低运营人和制造商的成本,提高信息质量,这可以促进制造商提供数据来满足运行需要。

2.6　维修大纲文件

MSG-3方法分析的结果将构成新机型的原始维修大纲和该机型的新运营人将使用的维修大纲。在MSG方法中选择的任务将由机身制造商发布在FAA核准的"维修审查委员会报告"(MRBR)中。该报告包含美国认证运营人的初始计划内维修大纲。这些运营人将使用该报告来制订各自运行规范中规定的FAA核准维修大纲(见第4章)。

维修审查委员会报告包含系统和动力装置维修大纲、结构检查计划和分区检查计划。它还包含飞机分区图、术语表和缩略语表。

除维修审查委员会报告之外,制造商还将发布自己的维修计划文件。在波音公司和空客公司,该文件称为"维修计划数据(MPD)文件"。麦克唐纳-道格拉斯公司称之为"机上维修计划(OAMP)文件"。

我们将使用MPD/OAMP来指代所有这类文件。这些文件包含维修审查委员会报告中的所有维修任务信息以及机身制造商建议的额外任务。MPD/OAMP还以不同方式对任务进行排序,以帮助制订计划。这类文件通常按字母检、飞行小时数、飞行周期数和日历时间分组。

这些制造商文件还包含显示检修门和盖板的位置与编号、飞机尺寸和其他信息的示意图,以帮助制订维修大纲和维修检查计划。后者包含每项任务的工

---

① ATA 100和ATA 2100规范自1999年修订版起不再更新。

时需要。这些数据只是完成规定的实际工作所需的估计时间,并不包括打开和关闭检修门或盖板、设置工作台、分析或解决问题、纠正任务执行期间发现的任何偏差所需的时间。当规划任何给定的检查活动时,运营人必须更改这些估计时间,以满足实际任务需求。

2.7　维修间隔的定义

维修工作间隔由飞机制造商和航空公司运营人共同决定。MSG-3方法对不同维修检查进行了命名和定义,应将这些检查视作标准。许多航空公司都有自己定义和命名的维修间隔,但这种做法的前提是要保持原始维修所需任务的完整性或获得FAA对偏差的批准。飞机维修检查通常由总飞行时间(TAT)、飞机飞行小时数、总着陆周期数(CYC,飞机着陆一次视为一个周期)决定。在FAA的监督下,航空公司和飞机运营人必须根据其运行规范制订持续适航维修大纲(CAMP)。该大纲会概述常规检验和详细检验。航空公司、飞机运营人和适航当局通常将这些类型的检验称为"检查",即"A"检、"B"检、"C"检、"D"检(见第9章)。

下面给出了标准检查间隔的示例。

1) 日常检查

日常检查包括油位检查。在飞机发动机停车后,必须在15到30分钟内检查发动机上的油位,以获得准确读数。这意味着不能在当天的第一次飞行之前检查和补充油位,只能在着陆不久后进行。若必须在第一次飞行前检查油位,则发动机必须运行2分钟或更久,以对燃油进行预热。在停车15分钟后,检查油位。这不属于常规程序,但在部分情况下有必要执行。

日常检查还涵盖任何延期维修项目,如油位处于受监视状态的飞机发动机。双发延程飞行飞机还需要接受出发前服务检查,这也是日常检查的一部分。

2) 48小时检查

就大多数机型而言,48小时检查可以取代以往的日常检查。这种检查每48小时执行一次,具体取决于航空公司的运行规范。48小时检查可能包括比日常检查更详细的任务,例如,机轮和刹车检查、发动机机油和液压油等流体的补充、辅助动力系统用油的补充和检查,以及机身、机翼、内饰和驾驶舱的一般目视检查。

3) 飞行小时数检查

通过MSG分析确定的特定检查具有按单元或系统运行的时数分配的维修

任务：100 小时、200 小时、250 小时等。这种方法用于发动机、飞机飞行控制装置和许多其他在飞行过程中或在地面上一直持续运行的系统。

4）运行周期数检查

其他飞机系统按照由其运行周期数所决定的时间表进行维修。例如，起落架只在起飞和降落时使用，起降次数将随航班计划变化。机身结构、动力装置/发动机组件（如低压和高压叶轮、高压涡轮叶片）和其他一些组件还会受到循环应力的影响，并且在这类检查中会涉及许多任务。

5）字母检

在研制波音 777 之前，采用 MSG‑3 方法制订的所有飞机的维修大纲中都规定了不同的字母检。这些检查称为"A"检、"B"检、"C"检、"D"检。使用改良的 MSG‑3 方法（即 MSG‑3 第 2 版）的波音 777 取消了字母检。[①] 未涵盖在短停检查中的每项任务都只按飞行小时数或运行周期数来识别，并且与先前机型不同，这些任务不归入字母检。这就产生了最优的维修大纲，因为这允许在最合适的时间对设备或系统进行维修。对运营人来说，这使得维修大纲更能满足其需要。但部分运营人仍会按特定时间或周期间隔安排分区维修。

2.8　更改基本维修间隔

运行条件通常需要运营人更改基本维修大纲，以便更好地满足组织需要，并实现维修大纲的第五个目的（见第 3 章）。例如，在炎热潮湿的气候中运行时，可能需要按照比 MRBR 规定的更高的频率执行防腐任务，而同一型飞机在干燥的沙漠气候中运行时，可以降低执行这些任务的频率。但在后一种情况下，维修大纲需要更加重视对沙尘敏感的项目。

预计运营人将按照在役维修经验来更改特定任务或全部字母检的原始维修间隔。但运营人必须有证据证明确实有必要，才能更改。可接受的证据形式包括通过运营人的状态监测计划或可靠性计划收集的数据。这方面的详细信息将在第 18 章中介绍。随着飞机的老化，特定项目的任务间隔可能会缩短，而其他项目的则可能会延长。维修是一个动态过程。

---

① 波音 737 新一代（NG）飞机以及其他在波音 737 NG 之后设计的飞机也是如此。

3　定义、目标和目的

3.1　重要术语的定义

在经典儿童读物《爱丽丝镜中奇遇记》中，一个名叫爱丽丝的小女孩（因《爱丽丝梦游仙境》而出名）和矮胖哈德就"词语"的含义发生了争执。①

"我在用一个词的时候"，矮胖哈德不屑一顾地说，"我想让它表达什么意思，它就表达什么意思，不多也不少。"

爱丽丝反驳道："问题是你能不能让这些词表达这么多不同的意思。"

"我认为，问题是谁在使用这些词。"矮胖哈德得意地说。

他们继续对一些词语的意思做了深入讨论，这里就不再赘述，但这段对话说明了一个重要观点。在整个科学和工程史上，作者们都习惯于在著作的正文之前对他们使用的词下定义。本书也不例外，也就是说，一个词的意思就是我们要它表达的意思——不多也不少，并且我们也是这样定义的。②

本节讨论了航空维修和工程中使用的一些基本术语。本书将修改或替换一些词的约定定义，以便更好地界定其含义和用途。航空领域中使用的一些词相对于常规用法是同义词，但在科学和工程领域（尤其是航空科学和工程领域），它们有细微的差别。本书也将对这些词对进行定义和讨论，以确保读者掌握其在下文中的确切含义。我们将从最重要的定义开始，即"维修"的定义。

3.2　维修

我们已经讨论了维修以及维修方法多年来的演变过程；但我们在使用"维修"一词时到底要表达什么意思呢？在第一部分的开篇，我们引用了林德莱·

---

① 刘易斯·卡罗尔，《爱丽丝梦游仙境》之《爱丽丝镜中奇遇记》等故事，纽约袖珍图书公司，1974 年。

② 在本书中，传统的定义将用引号表示。本文新增的定义将用方框表示。

R.希金斯的高雅定义,即维修是一门艺术、科学和哲学。但在本文中,我们将从更实际、不那么有诗意的角度来探讨维修的定义。

许多其他作者都定义了"维修"一词,但他们的定义有些不尽如人意。其中大部分定义并不是不准确,而是它们往往不足以描述维修工作的全部范围和意图。我们将考虑其中的几个定义,并探讨它们的区别。然后,我们将提供我们自己的定义,后面将依次列出本书中讨论的其他定义和概念。

1) 典型航空公司的定义

维修是指"将物品恢复或维修到可使用状态所需的行动,包括维护、修理、改造、大修、检查和状态的确定。"该定义摘自"典型"航空公司的技术政策和程序手册(TPPM)。这并不是不准确,但它只描述了维修人员的工作,并没有描述维修活动的意图或结果。

2) 莫布雷的定义

20世纪70年代中期,美国军方开发了一种方法,用于制订其装备的初始维修大纲,与用于民用飞机的MSG方法类似。该方法称为"以可靠性为中心的维修(RCM)"。[①] RCM方法主要用于计划内维修,并且只给出了"预防性维修"的定义:"……为确保设备的安全可靠运行所需的计划内维修任务计划。"

英国的一名工业顾问约翰·莫布雷提出了"以可靠性为中心的维修"概念,并将其应用到了一个典型制造厂的机器和设备维修中。他在《以可靠性为中心的维修(第2版)》[②]一书中给出了对维修的定义:"……确保实物资产继续发挥其使用者想要其发挥的作用。"

尽管我们很容易曲解该定义本身要表达的意思,但它的解释的确见仁见智。碰巧的是在极少数情况下,使用者想要工具、机器或系统发挥其预期用途以外的作用。用玻璃瓶当锤子就是一个很好的例子。世界上的所有维修都不能保证把玻璃瓶变成真正的锤子。就本书的目的而言,这一定义似乎有点模棱两可。

3) FAA的定义

联邦航空条例第1部分将维修定义为"零件的检查、大修、修理、保护和更换"。[③] 同样,这只描述了维修人员的工作,并没有明确说明维修要完成的任务。

---

① 斯坦利·诺兰和霍华德·希普,《以可靠性为中心的维修》,国家技术信息服务处,华盛顿特区,1978年。
② 约翰·莫布雷,《以可靠性为中心的维修(第2版)》,纽约工业出版社,1997年。
③ 联邦航空条例第1部分包含定义和缩略语。

4）赫斯伯格的定义

曾负责波音 777 设计工作的首席机械师杰克·赫斯伯格给出了维修的定义，让我们对这一领域有了更广泛的了解。"维修是维持或恢复飞机完整性和性能所需的行动。"①他继续解释道，维修"包括检查、大修、修理、保护和更换工作。"这一定义更加准确。

5）金尼森的定义

本书的作者认为，虽然上述定义有良好的出发点，并且在大多数情况下足以表达维修的大致含义，但并没有完全说明维修过程的内容。本书使用如下定义：

维修是确保系统在设计的可靠性和安全水平上持续执行其预期功能的过程。

该定义暗示维修包括维护、调整、更换、恢复、大修以及确保系统或设备正常持续运行所需的任何其他行动，但它强调了一个概念，即设备是为一个（若为多功能系统，则为多个）特定目的而设计的，具有固有或设计的可靠性和安全水平。但并非所有系统和组件都需要相同的精力来完成所需的维修。例如，一些项目需要持续维护和调整；另一些则需要更换或补充机油、润滑油或其他流体；还有一些可能需要大修或更换零件来实现这一最终目标。

无论我们进行多少维修，都无法使系统超越其设计能力。在发生劣化后，我们只能将其恢复到设计水平。因此，该定义更多地描述了维修的目的以及维修要为运营人完成的任务。

3.3　固有可靠性

"固有可靠性"一词在航空领域中经常使用，在本书第 1 章和第 2 章中也有所讨论。这里可能需要解释一下。诺兰和希普指出，"设备的固有可靠性不是指设备能够在不失效的情况下使用多久；准确地说，固有可靠性是指在预防性维修、适当维护和润滑的保护下，设备将表现出的可靠性水平。"②他们继续解释道，设备达到的可靠性水平取决于设备的设计特征和用于确定维修需求的方法（即 MSG 方法）。换言之，系统或组件的固有可靠性同时由设计和为该设计专

---

① 杰克·赫斯伯格，《MRO 手册》，麦格劳-希尔公司，纽约，2000 年，第 246 页。
② 斯坦利·诺兰和霍华德·希普，《以可靠性为中心的维修》，国家技术信息服务处，华盛顿特区，1978 年，第 103 页。

门制订的维修大纲决定,两者相互关联。

3.4 机械师、技术员、维修工、工程师

世界各地的航空公司用来识别维修人员的术语各不相同。机械师、技术员和维修工通常是指执行该单位飞机的计划内和计划外维修任务的人员。但有些组织称之为"工程师";而在另一些组织中,工程师是指拥有某一工程领域大学学位的人。这些人的工作职责通常与航线维修、机库维修和车间维修人员截然不同。

在本书中,为使讨论规范化,我们将从事计划内和计划外飞机维修任务(航线、机库或车间维修)的人员称为"机械师""技术员"或"维修工",同时将效力于第7章所述技术服务部门的人员称为"工程师"。

3.5 航空业中使用的词对

我们在航空业中使用的许多词对都有非常独特的含义,这些含义比字典中提到的更精确。下面列举了一些。

1) 验证(verification)与确认(validation)

在航空和铁路工业中,这两个词通常与确定维修过程和程序的充分性有关。尽管有些词典用其中一个词来定义另一个,但在工程和技术领域,它们有不同的定义,具体视应用场合而定。在航空业中,这两个词有着截然不同的含义。许多程序的目的都是测试或测量设备和系统的状态、准确度或可用性。"验证"与"确认"这两个词描述了用于确保已按照这些程序妥善安排维修的两种不同方法或概念。

验证是指试验或程序已经编制完成,在由具备相关知识的人阅读和理解后,确定其正确、充分且可用于其预期目的。

确认是指受过适当培训的维修人员在执行所编制的试验或程序后,确定该程序充分、可理解,而且最重要的是能够实现预期目的。

换句话说,验证是指程序已经存在,且在运用知识、了解相关设备和仔细阅读该程序后确定其可接受。确认是指在实际执行了所编制的程序之后,确定该程序充分且可接受。

2) 运行(operational)和功能(functional)

尽管这两个词在日常生活中经常可以互换使用,但在航空业中,它们截然不同。它们常与设备、系统或组件的检查过程一起使用;区别在于检查的复杂性。

运行检查是指照常运行设备、系统或组件（所有模式和功能），确定其是否可用于预期目的。这种检查不需要专用试验设备或工具，也不需要进行测量。运行检查的定义是"确定一个项目是否在实现其预期目的的任务。该任务旨在发现失效，不需要定量公差。"①

功能检查是指已使用必要设备和工具对设备、系统或组件进行检查，以测量特定参数的准确性（即电压、频率和物理量，如间隙大小、长度、重量等）。功能检查的官方定义是"一种定量检查，旨在确定一个项目的每种功能是否都在规定限制内执行。"其中"限制"一词暗指根据一定的标准检查或测量。

下面以收音机的检查为例说明这两种检查的区别。打开收音机后，调到一个电台（用耳朵听），并检查接收信号是否清晰、音量控制是否适当，这就是在进行运行检查。使用额外设备来检查频率刻度盘的准确性、音量大小、输入信号强度等，这就是在进行功能检查。运行检查只使用设备本身；功能检查会使用额外设备或工具来更准确地测量设备的各种参数。

3）功能失效（functional failure）和潜在失效（potential failure）

维修大纲的作用是减少失效。失效是指现在和未来都不可接受的所有不符合要求的情况。

功能失效是指项目无法满足具体的性能标准。它不再符合要求，可能已经损坏，或只是失去了满足标准的能力，必须予以纠正。

潜在失效是指一种可检测出的状态，表明即将发生或可能很快就会发生功能失效。如需防止功能失效，则必须执行维修。当检测到潜在失效时，它会提醒维修部门采取行动以降低功能失效的可能性。

功能失效和潜在失效都可以按检测方式进行分类。主要问题在于，操作人员能否识别问题是已经发生还是即将发生？这对用于制订维修大纲的决策逻辑而言至关重要。

4）目标（goals）和目的（objectives）

整个工程专业（或许其他领域也一样）似乎都对目标和目的之间的异同感到相当困惑。一些现代词典，就像是定义许多相似词对那样，经常用其中一个词来定义另一个词，使得这两个词几乎成了同义词。但"目标"和"目的"这两个词对作者和技术领域的许多其他人来说一直都有独特含义。我们冒昧地给出了自己对这两个词的定义，以便在本书中清晰地理解和运用它们。

---

① 美国航空运输协会（ATA），通用源数据字典（CSDD），修订版 2001 年 1 月。

目标是指你想要达成的时间点或空间点；你想要达到的成就水平。

目的是指为了帮助你实现特定目标而采取的行动或活动。

换言之，目标是你想到达的地方；目的是你计划如何到达那里。

例如，假设一个住在华盛顿州西雅图的人想去得克萨斯州达拉斯和家人一起过圣诞节。首先，他必须确定出行方式（如私家车、公共汽车、火车或飞机），然后根据选择的方式，确定预定的往返日期。当然，他必须做出许多决定，并且每种可能的选择都有利有弊。这必须提前解决。在这个简单的例子中，目标是在达拉斯过圣诞节。而目的是让这趟旅程得以发生，这涉及计划和决策活动，这些活动因所选的出行方式而异。

3.6 维修的目标和目的

在第 1 章中，我们已经确定了这一事实：我们无法建造完美的系统，我们拥有的系统会因各种原因在不同时间失效。我们还在第 1 章中确立了各种管理措施，以尽量减少这些失效导致的服务中断的影响（航线可更换单元、设备冗余、最低放行要求）。此外，制造商已经制订了维修大纲（见第 2 章），其中包含按预定间隔执行的许多任务，还提到了处理意外失效的其他任务和维修手册程序。但这些程序远远不够。为了制订有效的航空公司维修大纲，从而有效地执行这些任务，达到期望的可靠性和安全性标准，并继续运行足够的航班计划以维持业务，我们必须有一些附加指导原则。也就是说，我们需要为航空公司维修大纲设立一些目标和目的。

1）维修大纲的目标

所有运输公司的目标都是将人和/或货物从一个地方运送到另一个地方，这通常是为了盈利。这意味着，对部分人来说，运输公司的运营部门比维修部门更重要。正如下文将讨论的，就管理和行政管理而言，这两者实际上同样重要。但事实仍然是维修部门在业务上支持着公司的运营。维修部门必须确保运营部门有可用的飞机来执行航班计划，并且在完成所有所需维修的同时，应满足该计划。因此，航空公司维修大纲的目标可以描述如下：

1. 及时向飞行部交付适航飞机，以满足航班计划。
2. 交付这些飞机时，应完成或适当推迟所有必要的维修行动。

FAA 要求按照规定的间隔和可接受的标准进行维修，还要求在指定时间或之前完成维修工作。若存在妨碍维修的情况（如缺少零件或合格的维修人员、时间限制等），FAA 允许将维修推迟到更合适的时间。特定项目的维修可按照最低设备清单推迟，其他的可以通过 FAA 核准的维修大纲中规定的短期升级计划来推迟。可接受的标准包括制造商、监管机构和运营人的安全性和可靠性标准。时间限制是指核准维修大纲规定的最大运行小时数或周期数以及任何日历时间限制（如天、月等）。修理必须在规定的推迟时间内完成，并且不能延期。

2）维修大纲的目的

为了实现维修大纲的既定目标，我们需要确定目的。美国航空运输协会确定了维修大纲的四个目的。[①] FAA、机身制造商和航空公司在各自的文献中沿用了这些目的。这些目的是在研制新机型时与初始维修大纲一起制订的（即第 2 章的 MSG-3 方法）。一旦设备投入使用，对于运营人层面的良好、有效的维修大纲来说，这些目的还不够。对于这种在役维修活动，本书确立和阐述了维修大纲的五个目的。其中包含 ATA MSG-3 维修大纲制订手册中的目的，外加一个非常重要的目的，即其中的目的 3。航空公司在役维修大纲的目的如下：

1. 确保实现设备的固有安全性和可靠性水平。
2. 发生劣化时，将设备的安全性和可靠性恢复到固有水平。
3. 在无法达到这些固有水平时，获得调整和优化维修大纲所需的信息。
4. 获得对固有可靠性不足的设备进行设计改进所需的信息。
5. 以最低的总成本实现这些目的，包括维修成本和残余失效成本。

ATA MSG-3 手册中的描述如下："这些目的使人认识到维修大纲本身并不能纠正设备固有安全性和可靠性水平的欠缺。维修大纲只能防止这种固有水平的劣化。若发现固有水平不符合要求，则需要修改设计，以求改进。"

我们需要修改这种说法，以符合增加的目的 3。制造商制订的维修大纲只是供新设备的新的操作人员使用的一般指南。使用时，必须调整该大纲，以满足航空公司的具体运营需要。运营人的经验可能表明，制造商确立的维修间隔可能不是最适合该航空公司运营环境的。维修效果也可能因零件不良、程序不当或不充分，甚至是机械师缺乏适当培训而不及预期。所有这些都可能影响设备

---

① ATA MSG-3——运营人/制造商计划内维修文件，修订版，美国航空运输协会，华盛顿特区，2001 年。

的整体可靠性和安全性,正如目的 4 所示,航空公司应当先解决这些问题,再致电制造商并要求或请求重新设计该设备。这就是增加目的 3 的原因。①

与普遍的看法相反,一旦设备投入使用,设备出现的所有问题都不能归咎于制造商。因此,航空公司首先必须审视自身的运营。但需要牢记的是与航空公司实现其目的的能力相关的任何领域中的严重问题都可能影响运营人的 FAA 认证。因此,应始终密切监测这些条件,并在发现不足时予以纠正。

3.7   维修大纲的内容

ATA MSG‑3 手册讨论了维修大纲的内容,如下所述:

维修大纲由两组任务组成:一组需要按规定间隔完成的计划内维修任务和一组计划外维修任务,后者可能是以下各项的结果:① 计划内任务的执行;② 故障报告;③ 数据分析。

有效维修大纲是指只安排达到规定目的所需任务的大纲,而不安排会增加维修成本但不会相应地增强可靠性保护的额外任务。

因此,维修大纲包括用于使设备和系统处于最佳运行状态(目的 1)的计划内维修任务;用于解决使用中失效(目的 2)的计划外维修任务;通过改进维修大纲(目的 3)或要求重新设计设备(目的 4)来优化总体维修工作的持续分析和监督活动;尽量降低维修成本(目的 5)的活动。

3.8   关于五个目的的讨论

目的 1:确保实现设备的固有安全性和可靠性水平。该目的可以通过一系列的计划内维修任务来实现。计划内维修任务可能由设备制造商、航空公司的维修部门、第三方维修公司、一些行业支持的组织(行业协会)单独或联合制订。通常,制造商会向运营人提供关于设备工作原理的基本信息和一些基本的故障排除技术,以及维护、拆卸/安装程序和维修程序。

在商用航空业,制造商、供应商和运营人会聚集在一起,为计划内维修制订维修大纲。所制订的大纲将建立在对设备的了解以及对运营环境中设备的了解和经验之上。用于制订维修大纲的方法在第 2 章中做了讨论。

目的 2:发生劣化时,将设备的安全性和可靠性恢复到固有水平。该目的将通过使用 MSG 方法制订的和包含在制造商维修手册中的计划外维修任务来满

---

① 　更多关于未达到固有安全性和可靠性水平的原因的讨论请参阅第 18 章。

足。计划外维修任务是下列活动的共同结果：① 确定问题性质和原因的故障排除行为；② 拆卸和更换零件或组件，以便进行修理或恢复；③ 执行特定试验和调整，确保系统或设备在实施"修理"后能正常运行。操作人员有时会在现场凭经验修改制造商制订的计划外维修任务，但这种修改必须通过 FAA 的批准。

操作人员和使用者通过各种不同方式提供故障报告，通常是保存在飞机上的日志记录，或由操作人员、飞行机组、乘务员、使用者或维修人员做出的口头或书面报告。数据分析产生的维修任务通常是某种形式的可靠性计划中规定的行动或由质控部执行的其他失效率分析活动。

目的 3：在无法达到这些固有水平时，获得调整和优化维修大纲所需的信息。该目标涉及运营人对维修大纲的调整或优化。若无法满足系统的固有安全性和可靠性，或特定项目的失效率或拆卸率过高，则必须调查问题，以确定造成这种情况的原因。问题可能在于所执行的维修的质量、维修中所用的零件或组件质量低劣、所用维修过程和程序不充分或维修间隔本身。在部分情况下，问题可能是飞机中或地面上其他系统产生的电磁或机械干扰。由于这些调查，航空公司可能需要调整其维修大纲，为其人员提供额外的培训，或调整其零件控制程序，以实现设备的固有安全性和可靠性水平。

目的 4：获得对固有可靠性不足的设备进行设计改进所需的信息。当运营人因设计缺陷而无法达到预期的可靠性水平时，应采用该目的。若与目的 3 相关的调查显示运营人的维修大纲或机械师的表现没有任何不足之处，则也应采用目的 4。这通常涉及与使用相同设备的其他运营人和制造商进行协调。共同努力解决问题的结果通常是制造商重新设计，随后提出修改，运营人采纳。使用相同设备的其他运营人以及监管机构可能会参与调查和重新设计过程。当运营人认为给定系统需要更高的性能水平时，也可采用该目的。

目的 5：以最低的总成本来实现这些目的，包括维修成本和残余失效成本。① 该目的对制订良好、有效的维修大纲至关重要。该目的有一个宽泛的解释，即"不做任何不必要的维修，只需满足固有的安全性和可靠性水平；而且不减少任何为达到这些水平所必需的维修。"换言之，一个良好的维修大纲想要行之有效，就必须能够以合理的成本向运行部门提供适航的飞机。

举个例子，假设按照计划内维修大纲每天检查组件或系统，也许每两周或三

---

① 残余失效是指航空公司出于经济原因未采用某些维修任务或某些改造而发生的失效。在做出此类决定时，必须考虑所有成本，即采纳成本以及因未采纳而导致的持续维修（失效）成本。

周(甚至更少)才会发现一个问题。因此,明智的做法是将检查重新调整为每周一次甚至两周一次,以减少维修成本。

维修次数愈多愈好,但需要把握一定的度。维修次数过少可能导致过早退化,引发失效。相反,维修次数过多,超过恢复固有安全性和可靠性水平所需,不但不会带来额外益处,反而会导致维修成本的增加。

制造商或其他方在提出修改建议时还必须考虑到经济性。目的5要求航空公司权衡修改所需的成本与修改带来的好处。好处是或许会提高运行能力,同时降低维修成本。但有时,修改的成本可能不合理。若修改的成本超出节省的成本,这种修改就不合理,除非性能和/或安全性的显著增加能够证明该成本的合理性。

本章讨论了与维修工作相关的不同术语,本书其余部分将使用或引用这些术语。读者应具备的第二项能力是理解并使用这些术语及定义。

4 航空业认证要求

4.1 引言

　　航空业是所有运输方式中监管最严格的。除对营业执照、车辆牌照及驾驶证有特定要求外，人们可以轻易进入出租车行业。货车运输行业也是如此。公交车辆通常由非营利或政府实体运营，对车辆和司机有类似的牌照要求，但除安全性和空气污染方面外，车辆本身的制造和销售几乎不受政府监管。而铁路业则要接受较为严格的管控，商业船只的运营商同样如此。但在航空业，从飞机的设计到制造工作，再到飞机的运行和维修，都有相当多的规定。同时，业务方面也有监管要求。

4.2 飞机认证

　　飞机的全面认证需要取得三张证书，包括型号合格证、生产许可证和适航证，分别证明飞机设计、飞机制造过程和飞机本身的合格性。

　　1) 型号合格证

　　首先，每架为商业和私人运营而设计并制造的飞机必须持有一份核准型号合格证(TC)。一旦确定飞机的基本设计，飞机设计师即可申请该证书。型号合格证(FAA 表格 8110‑9)将界定机型及其发动机和/或螺旋桨，以及组成该机型的各种仪器、系统和设备。若一架飞机上配备的发动机类型超过一种(即现有发动机的衍生产品或来自不同制造商的发动机)，则型号合格证必须涵盖所有发动机的特征和局限性。其他设备、系统和配件也是如此。型号合格证还将界定飞机能力和限制，如载客和载货限制、飞行高度限制、燃料容量、最高速度和巡航速度。所有这些界定了机身/发动机组合的参数必须在该证书所附的数据表上标明。飞机/发动机组合的设计必须符合 FAA 制定的严格、安全的适航标准，并且必须通过检查和试飞的方式向 FAA 证明该设计合格。签发型号合格证前要进行最终试飞,向 FAA 证明该设计合格。

型号合格证在早期设计阶段即可申请,但在飞机实际建成、经过试飞并证明符合安全和适航标准之后才可签发。例如,波音公司在 1978 年就为波音 757-200 飞机申请了型号合格证,直到 1982 年,FAA 飞机合格审定办公室(ACO)才签发。

型号合格证可以根据给定机型的变体或衍生机型进行修改。假设制造商制造并销售一种客机,在该机型投入使用后,制造商决定生产该基本机型的全货运版本。由此产生的设计会有所不同:无乘客舱窗,地板材料不同(以承载托货板),以及其他改变飞机基本特征的变化。设计变更需要 FAA 的进一步批准,但 FAA 将会在原型号合格证的基础上进行补充,称为补充型号合格证(STC),而不是签发新的型号合格证。补充型号合格证(FAA 表格 8110-2)将说明现有飞机的设计变化,以及新修改对现有飞机的影响。该证书将加上新机型/型号,并附加一张数据表,以标明新机型的特征和差异。新设计需要进行试飞,以证明其合格,之后将签发补充型号合格证。FAA 只为在美国制造的产品或打算在美国注册使用或由美国运营人租用或包用的外国制造产品签发型号合格证(设计批准)。

型号合格证的范本如图 4-1 所示。这是证书的第一页,显示了所涉及的飞机。有关设计的更多信息载于型号合格证所附的数据表(在图 4-1 中未显示)上。在被取代、撤销或在 FAA 确定的终止日期之前,型号合格证一直有效。补充型号合格证的范本如图 4-2 所示。

2) 生产许可证

在型号合格证签发后,制造商向 FAA 的制造检验地区办公室(MIDO)提交 8110-12 申请表,以申请生产许可证(PC)。生产许可证(FAA 表格 8120-4)将在质量管理体系达到 FAA 要求后签发,该体系同时包括必要的制造和生产设施、符合 FAR-21 要求的有效质量体系,以及依照型号合格证标准建造的各个单元(飞机)的核准设计数据。其他行业可以手工制造产品的原型,通常与批量生产的产品不同。之后,该原型可用于展示该产品的能力。但在航空业却并非如此,飞机的每一架复制品必须按照型号合格证标准来建造。

一家制造商通常只取得一份生产许可证。其后续生产的每个机型都将由 FAA 添加至原生产许可证上。图 4-3 显示了典型生产许可证的第一页。生产许可证可能载有生产限制记录(PLR),如图 4-4 所示,其中列明了向该制造商签发的所有型号合格证、补充型号合格证以及所有限制。只要制造商遵守原签

美国

交通部

FAA

①

型号合格证

②

编号：＿＿＿＿＿＿ ③

本证书签发予　④，

特此证明符合联邦航空条例和《型号合格证数据表》中规定的工作限制和条件的下列产品在型号设计上满足联邦航空条例第　⑤　部的适航要求。

⑥

本证书以及属于本证书一部分的《型号合格证数据表》，在被交出、暂扣、吊销之前或在FAA局长另行确定的终止日期之前，一直有效。

申请日期：⑦

签发日期：⑧

由局长指示

（签名）＿＿＿＿＿＿＿＿＿ ⑨

（职务）＿＿＿＿＿＿＿＿＿

本证书如按背面规定背书，即可转让。

对本证书和/或型号合格证数据表做出任何更改，均可处以不超过 1 000 美元的罚款和/或不超过 3 年的监禁。

FAA 表格 8110 - 9(2 - 82)(图示)

注：① 产品类型(飞机、发动机、螺旋桨)；② "进口"(如适用)；③ 签发的型号合格证编号；④ 申请人名称；⑤ 适用的联邦航空条例；⑥ 产品型号："机型 120"及附加机型(如适用)；⑦ 原申请日期；⑧ 型号合格证签发日期，若添加了后续机型，则保留原日期，添加新日期；⑨ FAA 责任部门经理签名。

图 4 - 1　FAA 型号合格证(范本)

美国

交通部 FAA

补充型号合格证

编号：

本证书签发予　　，

特此证明符合本证书规定限制和条件的下列产品的型号设计变更，符合联邦航空条例第

部的适航要求。

原产品型号合格证编号：

制造商：

机型：

型号设计变更描述：

限制和条件：

本证书以及批准所依据的支持性数据，在被交出、暂扣、吊销之前或在 FAA 局长另行确

定的终止日期之前，一直有效。

申请日期：

签发日期：

再签发日期：

修改日期：

由局长指示

（签名）_____

（职务）_____

对本证书做出任何更改，均可处以不超过 1 000 美元的罚款和/或不超过 3 年的监禁。

本证书可依据 FAR - 21.47 的规定进行转让。

FAA 表格 8110 - 2(10 - 68)(图示)

图 4 - 2　FAA 补充型号合格证(范本)

发要求，生产许可证就一直有效。对于新技术、衍生产品或新飞机，如 FAA 认为有必要，则可对制造商的设施和制造流程进行额外检查。FAA 可在任意时间、出于正当理由取消、暂扣、取代或吊销生产许可证。

　　3) 适航证

　　第三份证书，即适航证(FAA 表格 8100 - 2)，由 FAA 的制造检验地区办公室为制造商生产的每一架飞机签发。该证书确认所涉飞机已通过检查，符合其

美国
交通部
FAA
生产许可证
编号：6CE

本证书签发予 ABC 飞机公司

公司办公地址：密苏里州堪萨斯城机场大道 4954 号

公司制造设施位于密苏里州圣路易斯报春大道 752 号

本证书授权公司在上述设施依照经认证数据(包括图纸)生产飞机的合理复制品，并为此签发现行相关生产限制记录中规定的型号合格证。1999 年 5 月 5 日，经证明，该制造商的设施、方法和程序足以生产此类飞机复制品。

期限：若制造商持续遵守原证书签发要求，则在本证书被取消、暂扣或吊销之前，本证书将一直有效。

由局长指示

签发日期： (签名)J. J. Jones

1999 年 8 月 10 日 制造检查办公室经理

本证书不可转让，若基本设施或其位置发生任何重大变化，应立即向 FAA 有关地区办事处报告。

图 4-3 FAA 生产许可证(示例)

美国
交通部
FAA
生产限制记录
第 6CE 号生产许可证

持有人

为按照下列型号合格证(编号：)所依据的数据生产的

飞机(或飞机螺旋桨、飞机发动机，视情况而定)

取得该生产许可证后，可享有由此带来的效益

型号合格证	机型	授权生产日期
A 920CE	ABC 2047R	1978 年 8 月 10 日
A 9CE	ABC 258D	1978 年 8 月 10 日
STC 492CE	图纸清单 HC-B2YK-6	1978 年 8 月 10 日

注：只要材料清晰易懂，栏数不限。必要时可附加生产限制记录。附加的生产限制记录应根据相应的页数适当编号为"第 1 页/共 2 页""第 2 页/共 2 页"。

限制：

(如有)

由局长指示

签发日期： (签名)J. J. Jones

1999 年 8 月 10 日 制造检验地区办公室经理

FAA 表格 8120-3(7-67)

图 4-4 FAA 生产限制记录(示例)

型号合格证,且处于适航状态。适航证由制造商申请,并由 FAA 签发,签发的前提是在即将交付客户前,飞机已通过所有检查且试飞成功(即飞机"滑出机位")。适航证包含飞机的唯一序列号(机尾编号)。

只要满足以下条件,标准适航证就一直有效:① 飞机符合其型号设计;② 飞机处于安全运行状态;③ 已纳入所有适用的适航指令;④ 依照适用的联邦航空条例进行维修和更改。若 FAA 认为违反了上述任何一个条件,则可取消、暂扣、取代或吊销适航证。

图 4-5 显示了典型的适航证。FAA 规定,该证书必须张贴在飞机内的显眼位置。客机的适航证通常张贴在主入口处。下次乘坐商用飞机时可以试着找一下。如果没有看到,可以询问机组人员。

美国 交通部 FAA 标准适航证			
1. 国籍和登记标志 N12345	2. 制造商与机型 波音 747-400	3. 飞机序列号 197142	4. 类别 运输
5. 签发机关和依据 本适航证根据 1958 年《联邦航空法案》签发,证明自签发之日起,所涉飞机已通过检查并符合其型号合格证,且处于安全运行状态,经证明符合《国际民用航空公约》附件 8 所规定的全面详细适航规范的要求,除非其中另有注明: 第 1013A FAR-25.471(b)号豁免:允许重心从飞机中心线侧移。			
6. 条款和条件 除非被提前交出、暂扣、吊销或局长另行确定了终止日期,只要飞机按照联邦航空条例第 21、43 和 91 部分(视情况而定)进行维修、预防性维修和改装,并在美国注册,本适航证就有效。			
签发日期 1992 年 11 月 29 日	FAA 代表 John Q. Publican		名称编号 DMIR ANM 1234
任何更改、复制或误用本证书的行为,均可处以不超过 1 000 美元的罚款和/或不超过 3 年的监禁。本证书必须按照适用的联邦航空条例张贴在飞机内的恰当位置。			
FAA 表格 8100-2			

图 4-5　FAA 适航证(示例)

FAA 表格 8100-2 同样适用于下列各类飞机,包括正常类、实用类、特技类、运输类和特殊类。特殊类适航证的 FAA 表格 8130-7 不适用于商用飞机/航空公司。在美国领空使用任何类型的飞行器均需获得 FAA 的授权。下面给出了各类飞机的示例:

(1) 主要类型。供娱乐和个人使用的飞机。

(2) 限制型。供农业、林业、野生动物运输、勘测、巡逻和气象探测使用的飞机。

(3) 轻型运动型。轻型运动飞机、超轻型飞机。

(4) 实验型。供研发、飞机竞速、机组人员训练、无人机系统使用。

4.3 出厂检验

向客户交付前,飞机通常要经过客户检验,确保飞机符合客户的规范和要求。检验范围包括基础设计、选件和客户提供的设备(如有),以及航空公司标志的形状、颜色和位置。运营人对飞机的检验可粗略,也可详细,通常包括由各自的飞行机组和乘务员进行的试飞。所发现的任何不符之处应由制造商在交付前纠正。检验时,商业航空公司经常会让飞机在制造商的交付中心"绕着旗杆"飞行。部分航空公司可能会要求飞机完成从交付中心到其基地的"初次试飞"。一旦客户从制造商处接收飞机,该客户就应全权负责根据自己的维修大纲和监管当局的规定,维持飞机的适航状态。

4.4 运营人认证

运营人不可能购买一架飞机,仅仅通过获得执照和占据市场就投入商业运营。在航空领域,潜在运营人要想从事该业务,就必须同时满足商务部关于航空公司运营业务方面的要求,以及交通部(主要是 FAA)关于技术方面的要求。简而言之,潜在运营人必须提供必要的信息,以确保自身了解商业航空业务,了解商业航空运营中的飞机运行和维修,并拥有开展该业务所需的必要人员、设施和流程。

交通部部长将颁发"公共事业运营许可证",授权接收方从事商业运输。部长将确定申请人"适合、愿意和有能力"履行该服务。[①]

然后,FAA 的飞行标准地区办公室(FSDO)将向航空公司颁发营运证书

---

① 罗伯特·M. 凯恩,《航空运输》,第 13 版,Kendall/Hunt 出版社,美国艾奥瓦州迪比克,1999 年。

(OC)。该证书授权航空公司按照经修订的 1958 年《联邦航空法案》经营定期航空运输服务。营运证书不可转让给其他运营人。

除非被运营人交出、被其他证书取代或被 FAA 吊销,否则营运证书将无限期有效。一方面,营运证书表明该航空公司获权按照《联邦航空法案》、公司内部的规章制度以及"运行规范中包含的条款、条件和限制"进行运营。另一方面,1958 年的《联邦航空法》要求航空公司为要投入商业运营的每种飞机制订一份运行规范文件(运行规范)。运行规范是一个父文件,即除了该文件中列出的特定信息之外,它还可以通过引用纳入其他航空公司文件,从而充分描述适用于所述机型的特定航空公司运营要求。运行规范将概述以下运行活动信息:① 要提供的服务类型,即客运、货运或客货运;② 要使用的机型;③ 飞行航线;④ 将使用的机场及备降机场;⑤ 每条航线将使用的导航和通信设施;⑥ 航行中使用的航路点;⑦ 每个机场的起飞和进近航线,包括任何备用进近航线。

该规范还必须确定适用于该机型的维修和检验计划,包括计划内和计划外维修大纲、检验计划以及发动机和设备修理计划(离机维修)。此外,其中还将规定维修的其他方面,如质量保证和可靠性计划。若飞机或系统维修工作的任何部分由第三方执行,则就此达成的协议也必须在运行规范中说明。

运行规范是一份详细文件,由 FAA 指派给航空公司的主任维修监察员(PMI)和航空公司人员共同制订。该文件专为航空公司的每项业务定制。

4.5 人员认证

FAR‑121 对航空公司运营的最低要求规定,航空公司必须拥有足够的合格专职管理人员和技术人员,以确保其运营的高度安全性。基本人员需求包括一名安全主任、一名运营主任、一名维修主任、一名首席飞行员和一名检查长。但这只是一项建议。FAA 继续指出,他们可以批准任何其他数量的职位和任何其他职务,只要运营人能够证明能够安全地开展业务。[1] 担任此类职位的人员必须接受和具备开展航空业务所需的"培训、经验和专业知识",[2]并且必须了解与其具体工作相关的监管和航空公司政策及程序。航空公司将确定这些管理人员的"职责、责任和权限"。[3]

---

[1]　FAR‑119.65(a),(b)。

[2]　FAR‑119.65(c),(d)。

[3]　FAR‑119.65(e)。

4.6　航空维修认证

　　培训首先从有兴趣成为飞机维修技术员的人着手。这通常从高中开始。一些高中与航空维修培训学校签订了合同,让学生能够一边上课,一边参加培训,在高中毕业的同时获得机身和动力装置(A&P)执照。

　　航空维修培训学校必须对所有学生进行培训并按照 FAA 的规定对其进行认证。为获得 A&P 执照,在学生参加 FAA 的 A&P 考试之前,航空学校必须满足如下三门课程的最低要求,航空电子/FCC 执照课程为选修课程。

　　(1) 通用航空课程。

　　(2) 机身课程。

　　(3) 动力装置课程。

　　(4) 航空电子/FCC 执照课程。

　　1) 通用航空课程

　　通用航空课程是航空维修的一个组成部分和基础。当开始一个航空项目时,我们从未涉足航空维修领域,对成功没有把握,因为不是每个人都适合这类工作。通用航空课程为了解这个瞬息万变的行业提供了系统化的培训途径。从莱特兄弟的成功到超声速飞行,航空的历史让人们渴望更好地了解维修在航空业中的地位。维修为通用航空提供了基本的初始动力,并提供了取得机身和动力装置维修能力评级所需的信息。通用航空课程以交叉引用、图解和分主题的方式授课,易于理解,对于开始航空维修生涯的人来说,这些课程是一种宝贵的资源。通用航空课程还涵盖联邦航空条例(FAR)和咨询通告(AC)的内容。

　　2) 机身课程

　　机身课程教材是我见过的最重的教材之一。其中充满了关于飞机钣金件、结构和所有其他组件的各种信息,但不包括飞机发动机的信息,这将在动力装置一节讨论。飞机制造部门需要不同类型的组件、结构和子组件,才能建造一架气动布局飞机。飞机制造商具有建造飞机的系统化方法,如飞机的机身、尾部和机翼。

　　机身课程可帮助学生了解飞机结构和组件。在学习机身课程的同时,学生们也在车间里动手进行机上维修,学习如何切割、拆下、焊接和润滑飞机系统和组件。航空学校模拟了可以在修理站或航空公司的飞机维修设施中找到的航空维修车间。在航空学校,学生将学习如何使用复杂工具拆卸和更换组件、飞机仪表以及液压和气动系统。

3) 动力装置课程

动力装置的历史可以追溯到达·芬奇时代。动力装置课程主要介绍飞机发动机及其设计、往复式发动机和涡轮发动机的构造。该课程将提供动力装置系统/飞机发动机维修的基本细分、往复式和涡轮发动机的拆卸和修理知识，以及关于未来动力装置维修的知识。该课程还涵盖发动机燃料输送系统的操作、冷却和排气功能，以及点火系统的维修和故障排除。

在完成这三门课程(即通用航空课程、机身课程和动力装置课程)后，学生必须参加口试和实践考试。口试和实践考试由 FAA 飞行标准监察员或 FAA 指定的机械师考核官(DME)监考。口试考核飞机和动力装置方面的知识，设有一系列问题。在机身和动力装置实践考试中，DME 将制造机身和动力装置存在不一致问题的各种情境，学生必须利用在机身和动力装置方面的知识，使用规定的飞机维修手册，正确解决问题。飞机维修技术员需要接受严格培训，从而达到掌握所有系统的水平。新的培训方法正在消除对航空电子技术员的需求。现在，由于新培训、对用户友好的手册、对 AMT 友好的飞机和新故障排除系统的出现，A&P 技术员也可以履行航空电子技术员的职能。

4) 航空电子/FCC 执照课程

航空电子/FCC 执照课程旨在让学生为电子/航空电子领域的入门级职位做好准备。该课程主要介绍电子和航空电子理论与实际应用。航空电子技术员通常在航线维修环境中工作，工作内容是对飞机电子系统、雷达、GPWS、地形碰撞和避让系统进行故障排除，拆卸和更换航线可更换单元，并焊接断线。作为航空电子技术员，需要非常注重细节。

4.7　航空业互动

航空业由以下各项组成：飞机制造商；飞机零件、系统和配件制造商及供应商；航空公司运营人；第三方维修组织；行业协会，如美国航空运输协会(ATA)和国际航空运输协会(IATA)；飞行机组、乘务员和机械师工会；以及监管当局。这个由专业人士组成的一体化综合团队不断共同努力，在技术和运营方面发展和改善航空业。这是航空业与其他运输方式相比的独特之处。这种"持续质量改进(CQI)"概念在商业航空领域实行了很久以后才成为其他行业的标准程序。

5 维 修 文 件

5.1 引言

FAA 要求提供维修文件。咨询通告 AC 120－16E《航空公司维修大纲》中提到了航空公司维修手册系统、维修记录/文件保存系统和其他各种要求。据说维修现代喷气式客机所需的纸质文件与飞机本身的重量差不多! 无论这是真是假,要了解、确定和实施维修要求,必须有大量文件。近年来,计算机文件逐渐取代纸质文件,但后者减少的幅度比看起来小,因为对数据和报告的要求仍保持不变。

飞机文件系统"贯穿飞机的整个寿命"。飞机建成后,文件编制开始,并且在飞机的整个使用寿命期间,文件将以维修日志、工程指令(EO)、适航指令(AD)、服务通告(SB)、机队活动指令(FCD)、任何小修或大修和阶段检查记录的形式收集。当飞机被出售、停止使用和退役时,所有文件资料必须随飞机移交。

本章不会讨论所需的维修表,这将在第 10 章中讨论。本章的重点是了解其中识别了飞机、飞机系统及其所需修理和维修工作的文件。一些文件将由飞机供应商或制造商为运营人定制,而其他的则是通用文件。这些文件中的大多数都有标准的修订周期,修订内容将由机身制造商定期发布。

按照 FAA 的规定,飞机的运行和/或维修采用受控文件。这种文件在航空公司内部限量分发,需要定期修订,并附上修订清单以及有效和废止页码。运营人只能使用最新文件。书面资料由机身制造商以及安装在飞机上的系统和设备制造商提供。监管当局提供的文件和航空公司自己编写的文件详细说明了各个维修过程。我们将讨论下列文件:

(1) 制造商文件。

(2) 监管文件。

(3) 航空公司编写的文件。

（4）ATA 文件标准。

5.2　制造商文件

表 5-1 列出了机身制造商提供给运营人用于飞机维修的制造商文件。这些文件的形式和内容有时因制造商而异。该表基本上确定了机身制造商提供给其客户的信息类型。部分文件可以为航空公司或运营人定制，只包含构型和设备。这些文件称为制造商"定制文件"，在表 5-1 底部有标注。

表 5-1　制 造 商 文 件

名　　称	缩　写
飞机维修手册*	AMM
部件维修手册	CMM
供应商手册	VM
故障隔离手册*	FIM
部件位置手册	CLM
图解零件目录手册†	IPC
停场及恢复文件‡	SRD
结构修理手册	SRM
维修计划数据文件	MPD
系统图解手册*	SDM
线路图手册*	WDM
主最低设备清单	MMEL
缺件放行指南	DDG
外形缺损清单	CDL
非必需设备和装备清单	NEF
工卡*	TC
服务通告	SB
服务信函	SL

注：* 定制，以包含客户的飞机构型。
　　† 按要求定制。
　　‡ 信息可能包含在最新机型的飞机维修手册中。

通常随附于飞机制造商文件的其他维修文件为供应商文件。这些文件包含发动机制造商手册、飞行机组座椅、乘客座椅和机上厨房手册，以及其他供应商的部件修理手册。

1）飞机维修手册

飞机维修手册（AMM）是正式文件，包含有关飞机及其机上设备运行与维修的所有基本信息。该手册解释了每个系统和子系统的工作原理（详细描述和运行），并描述了基本的维修和维护活动（如航线可更换单元的拆卸和安装）以及对系统和设备进行的各种测试，如功能测试、运行检查、调整、各种流体的补充以及其他维护任务。该手册通常不包括可能涵盖结构或玻璃纤维嵌板的任何类型的修理。该手册使用 ATA 编码系统。在解决偏差或完成维修任务后，技术员使用与 ATA 章节和子章节所述系统相关的 AMM 参考号，在日志簿或非例行工卡（NRWC）上签字（见 5.5 节"ATA 文件标准"中的 ATA 编码。）

2）部件维修手册和供应商手册

机身制造商制造的任何部件都将随附制造商编写的部件维修手册（CMM）。通常，飞机制造商制造飞机，而发动机、起落架、飞行机组座椅和乘客座椅等其他系统，则从外部供应商处购买。当飞机制造商出售飞机时，这些项目会随附相应供应商的部件维修手册，以防部件需要修理或更换。部件维修手册显示了构成一个完整部分的所有部件明细表。安装在飞机上的部件由航空公司选择，并在飞机建造期间或建成后安装。

例如，若飞行机组座椅上的垂直调节钢索断裂，则技术员会参考部件维修手册获取钢索零件号，然后将其拆下并更换。完成维修任务，恢复部件并将其恢复到可用状态。部件维修手册通常在车间环境中使用，因为航空公司通常会拆卸和更换整个零件总成，以节省时间。该手册是通常由 FAA 批准的技术数据的一部分。

3）故障隔离手册

故障隔离手册（FIM）包含一组由飞机制造商提供的故障隔离树，用于帮助排除故障，隔离发生故障的部分，并找出和查明与飞机上的各种系统和组件相关的问题。飞机故障系统通常会在驾驶舱的发动机指示和机组警告系统（EICAS）消息屏幕上显示故障发生。EICAS 以黄色/琥珀色显示故障，提醒飞行机组发生了故障。

故障隔离手册是一个框图，提供对飞机维修手册任务和子任务的参考。飞机维修技术员必须按照指示"是"或"否"的后续箭头进行故障排除。如果不需要进一步的维修，则故障已经排除，不需要采取进一步的措施。该流程图旨在定位各个系统内的许多问题，但不是所有问题。

图 5-1 给出了故障隔离手册的示例：液压系统未达到 2 900~3 000 psi (1 psi≈6.894 76×10³ Pa)的正常工作范围。

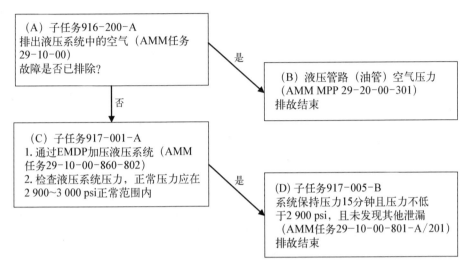

图 5-1　故障隔离手册示例

4) 部件位置手册

部件位置手册(CLM)提供飞机所有主要设备项目的位置。通常，飞机维修技术员在更换部件时知道如何定位部件,而部件位置手册也是一个很好的工具,可以找到部件的零件号及其位置。部件位置手册与制造商手册系统中的四个不同部分配合使用：① ATA 编码系统；② fin 编号系统；③ 图解零件目录手册(IPC)系统；④ 项目位置图。ATA 系统用于查找或定位带有 ATA 章节的项目。fin 编号与图解零件目录手册(IPC)系统配合使用,项目位置采用字母数字系统。这是一个很好的工具,可以帮助航空电子设备技术人员找到继电器和其他隐藏项目；只需输入 fin 编号和零件名称,就会显示编号和手册参考。ATA 区域是制造商根据 ATA 章节指定的区域系统。第四项是项目位置图,选中时会高亮显示飞机的每个区域。这提供了整个区域的概览,包括部件图和零件号及其各自的位置。

5) 图解零件目录手册

图解零件目录手册(IPC)由机身制造商制作,包括飞机上使用的所有零件的清单和位置图。这包括所有系统的所有零件,通常不会根据航空公司的配置进行定制。然而,当飞机为定制时,它将显示零件的零件图、零件号和项目号与飞机的适用性。每架飞机都有一个出厂编号和一个飞机注册号,当使用 ATA 章节搜索零件时,在图解零件目录手册中使用该出厂编号和飞机注册号,以方便操作。图解零件目录手册显示组件、子组件、替代零件号、零件可互换性,以及根据服务通告对零件进行的任何改装,图解零件目录手册将显示这些零件为改装前还是改装后的零件。

6) 停场及恢复文件

停场及恢复文件(SRD)包含有关长时间退役和停场的飞机维修和维护所需的信息。其中包括各种油液的排放,移动飞机防止轮胎瘪胎,防止天气对部件产生损坏。对于老式飞机,此文件由机身制造商单独制作。对于新式飞机,这些信息纳入适用的飞机维修手册(ATA,第 10 章)中。

7) 结构修理手册

结构修理手册(SRM)是一份机身专用手册,在发生轻微结构损伤时,为飞机运营人提供飞机蒙皮及其他特定容限和程序的相关信息。结构修理手册给出了飞机结构损伤可接受的尺寸和限制,以便运营人知道何时应该修理损伤。

例如,当飞机出现凹痕等损伤时,通常会根据凹痕的深度和与周围区域的关系测量凹痕,以确保翼肋区域没有损伤,并检查是否有任何裂纹迹象。然后,运营人查看飞机上凹痕所在区域的结构修理手册,确定进行小修还是大修。结构修理手册提供了损伤容限,这将决定飞机是否可以在带有能够以后修理的轻微凹痕的情况下飞行。结构修理手册还将说明飞机可以带凹痕飞行的小时数。

有些损伤超出了结构修理手册的范围,维修部门必须联系工程部,以便发布具体的修理方案。如果损伤超出结构修理手册的范围,则航空公司工程部可以与飞机制造商的工程师联系。修理通常通过发布工程指令(EO)完成,该指令将指导飞机维修部门和检验部门修理和签核,使飞机恢复适航状态。

8) 维修计划数据文件

此文件(麦克唐纳-道格拉斯公司称为"机上维修大纲")向航空公司运营人提供了一份机上维修和维护任务清单。维修计划数据文件(MPD)包含维修审查委员会报告的所有项目以及其他信息。其中一些任务被确定为审定维修要求(CMR),FAA 要求必须完成这些任务,以保持飞机合格审定有效。所有其他任务通过 MSG 分析方法(见第 2 章)发展,包含在制造商建议的其他任务中。对于老式飞机,这些任务被分成不同的组别——日常检查、短停检查、字母检、飞行小时数和飞行周期数,航空公司根据这些任务制订计划。对于新式飞机,不再按字母检对任务进行分组,而是按飞行小时数、飞行周期数和日历时间分组。

9) 系统图解手册

系统图解手册(SDM)包含机载电气、电子和液压系统的原理图,以及相关系统的逻辑图。飞机维修手册和其他手册中的图解通常为简图,可以帮助描述系统和排除故障。然而,系统图解手册包含详细的信息,并对电线束、连接器和接口设备进行了标识。

10) 线路图手册

线路图手册(WDM)是排故的必要工具。线路图手册提供了包含此类元素的所有系统和部件的线路信息。由于现代飞机及其电气系统的复杂性,仪表和传感器等控制设备在像网络系统一样复杂的线路网中向驾驶舱提供和传递信息。线路图手册显示从机头到机尾以及从其他区域到不同连接器、机载传感器和控制设备的线路。通常,从机身每侧成束布线的线路也包含在线路图手册中。

电线束也是一种线束,但当提到电线束时,我们通常指的是飞机的动力侧。电线束通常连接到防火隔板,防火隔板是发动机线束与飞机机身系统的连接点。拆卸飞机发动机时,电线束(线束)与飞机发动机保持连接,只有圆柱形插头与防火隔板断开圆柱形插头为电线束或线束的末端,所有电线通过引脚连接,当启动时向系统提供电流。电线束易于修理和排除故障,因为其长度不超过几英尺,而飞机机身一侧的电线,根据其布线,可能长达数百英尺。电线束概念也用于汽车收音机和其他设备,方便安装和故障排除。

飞机电线通常由标准铜制成,在某些情况下,飞机电线涂有不同的合金以防止腐蚀。由于长距离传输需要大电流,因此经常使用铝线。通常,铝线通过玻璃纤维编织绝缘。

飞机电线以美国线规(AWG)系统测量,该系统自19世纪50年代末开始使用。在美国线规系统中,数字最大表示线径最小。以下是线路图手册中美国线规系统的一个例子"K15B - 25":

字母"K"表示使用电线的系统;

两位数字"15"表示线号;

字母"B"表示线段/电源线段;

两位数字"25"表示线径(AWG线径)。

很遗憾,飞机制造商没有规定的电线识别标准,但飞机电线上每隔15英寸(1英寸≈2.54厘米)或更短的距离有标记,表明电线的位置和电路类型,参见线路图手册。

11）主最低设备清单

主最低设备清单（PMMEL）由机身制造商发布，由制造商的飞行工程小组制订。在发布主最低设备清单之前，飞机制造商向飞机制造国（FAA飞行运行评审委员会）的型式认证办公室提交一份拟议主最低设备清单。经当局批准后，即成为主最低设备清单。

主最低设备清单用于识别飞机签派时可能退化或失效的设备。在某些情况下，飞行机组可以同意在签派时接受退化或失效的系统，但系统必须在主最低设备清单规定的时限内修理。主最低设备清单包含其适用的机型上所有可用设备的信息。航空公司有责任根据其特定设备制订自己的手册。此文件称为最低设备清单，稍后将在航空公司编写的文件中讨论。

12）缺件放行指南

在延期和签派之前，一些在签派时失效或退化的主最低设备清单项目需要进行维修。这可能需要切断和标记某些断路器，断开电源，系紧已拆除设备的松动电缆，以及采取各种其他措施保护飞机和系统，防止误动作。缺件放行指南（DDG）提供了这些措施所需的指导。该指南由制造商的飞机维修手册员工编写，与主最低设备清单保持一致。

13）外形缺损清单

外形缺损清单（CDL）与缺件放行指南类似，但涉及的是飞机的外形，而不是飞机的系统和设备。外形缺损清单识别飞机壁板、起落架舱门、襟翼铰链整流罩、货舱门以及所有舱门指示和警告系统的任何外部部件。这些项目可能已经失效、破裂、损坏或缺失。通常，这些项目会在当天的航线检查或航前、航后检查中发现。外形缺损清单项目不影响飞机的适航性和安全性，可以恢复定期航班运营。当应用或发布一些外形缺损清单时，可能有结冰条件或飞行速度限制（如起落架舱门、襟翼铰链整流罩等）。

外形缺损清单系统通常设置为 MEL 项目修理周期和类别的 C 类，需要在10 个飞行日内修理，不包括发现日。此修理周期由飞机运营人制订。

14）非必需设备和装备清单

非必需设备和装备清单（NEF）包含最常见的延期维修项目，如壁板（驾驶舱、客舱），杯托，驾驶舱或客舱区域缺失的或掉漆的壁板——可能破碎、破裂、碎裂或缺失的装饰性项目。非必需设备和装备项目位于飞机各处，不影响飞机的安全性和适航性。

非必需设备和装备使用根据主最低设备清单制订的延期维修大纲，作为航空公司制订航空公司特定项目的基础。非必需设备和装备项目确实有一个过渡期或修理周期,即这些项目是否必须在第一时间进行修理,具体取决于零件的可用性,或不晚于非必需设备和装备手册中所述的时间,通常不超过下一次"A"检。

FAA 第 116 号政策函(PL-116)对成为全球变化政策(GC-138)的内容做了简要描述,授权制订非必需设备和装备维修大纲。

15) 工卡

飞机维修手册中有关拆卸/安装、测试、维护和类似维修项目的某些任务摘自飞机维修手册,并印在单独的卡片或纸张上,以便机械师可以进行操作,而无需将整个维修手册带到飞机上(波音 767 手册大约有 20 000 页。)这些工卡(TC)可以照用,也可以由运营人根据"航空公司编写的文件"一节中所述的原因对其进行修改。

16) 服务通告、服务信函和维修建议

当飞机制造商或发动机制造商做出改装或提出改善维修和/或维护的建议时,他们会向受影响的航空公司发出适当的文件。服务通告(SB)通常要求对系统进行改装,将提高系统的安全性和运行性能,并包括所需工作和零件的详细描述。服务通告通常可选,由航空公司做出选择(见第 8 章),但在特定情况下,需要发布以下监管文件中讨论的 FAA 适航指令(AD)。服务信函(SL)通常提供在不改装设备的情况下改善维修活动的信息。维修建议是对维修人员协助工作或改善条件的建议。

5.3 监管文件

FAA 发布了大量与飞机及其系统维修有关的文件。表 5-2 列出了其中比较重要的文件。

表 5-2 监 管 文 件

名 称	缩 写
联邦航空条例	FAR
咨询通告	AC
适航指令	AD
拟议规则制定通知	NPRM

1）联邦航空条例

在美国，联邦法律被收集到一个文件中，称为《联邦法规》或 CFR。有关商用航空的法律包含在《联邦法规》第 14 篇"航空航天"第 1 部至第 200 部中。有关大型商用飞机认证和运营的法规（第 121 部）被称为"14 CFR 121"。我们通常称之为"FAR-121"。在本书中，我们将使用 FAR 术语和表格，因为在行业中很常用。这些 FAR 涉及航空领域的各个方面，包括私人、商用和试验飞机，机场，助航设备，空中交通管制，飞行员、管制员、机械师等培训，其他相关活动。

2）咨询通告

咨询通告（AC）是 FAA 发布的一种文件，旨在帮助运营人满足各项 FAR 的要求。这些咨询通告不具有法律约束力，而只是关于如何遵守其他要求的建议。咨询通告通常是遵守法规的"一种手段，但不是唯一的手段"。FAA 允许在如何满足其法规方面有一定的余地，以达到预期的效果，而不试图将运营人完全束缚。

3）适航指令

适航指令（AD）是 FAA 发布的重要法规，旨在纠正产品（飞机、飞机发动机、螺旋桨或设备）存在的不安全状况，以及其他类似产品可能存在或出现的状况。[①] 适航指令必须强制性纳入，当发现不安全状况时，FAA 可能会首先发布适航指令，或者可能在机身制造商针对发现的某个问题发布服务通告（SB）后，FAA 采取行动而发布适航指令。服务通告可选择性纳入，但如果 FAA 将其纳入适航指令，则纳入即成为强制性要求。

飞机所有人或运营人须按所有适航指令要求维修飞机。[②] 通常，适航指令包括① 对不安全状况的描述；② 适航指令所适用的产品；③ 所需的纠正措施；④ 合规日期；⑤ 从何处获得更多信息；⑥ 有关其他合规方法（如适用）的信息。

4）拟议规则制定通知

拟议规则制定通知（NPRM）是 FAA 的一个程序，表示拟修改或修订现行的 FAR。这将发出预先通知，并邀请公众对拟议的规则发表意见，包括举行公众听证会或特定活动，然后做出决定，并以 FAR 的形式发布新的规则、指令或要求。

---

① 　FAR-39.3 和 FAR-39.5。

② 　FAR-91.403。

5.4 航空公司编写的文件

表 5 - 3 列出了航空公司为进行维修活动编写的文件。同样,这些文件的名称和实际内容可能因运营人而异,但这里确定的信息必须通过航空公司文件处理。

表 5 - 3 航空公司编写的文件

名　　　称	缩　　写
运行规范	Ops Specs
技术政策和程序手册	TPPM
检验手册	IM
质量保证手册	QAM
可靠性计划手册	RPM
最低设备清单	MEL
工卡*	TC
工程指令†	EO

注：＊可由制造商、客户或两者编写。
　　†适用于标准维修计划中未注明的维修。

1) 运行规范

作为 FAA 对航空公司的认证要求,运行规范(Ops Specs)文件已在第 4 章中进行了讨论。此文件由航空公司根据 FAA 的严格要求编写,通常在 FAA 代表的帮助下完成。航空公司飞行的每种机型都需要运行规范。这是一份父文件,其中引用了许多其他文件,以避免重复,并详细说明了航空公司的维修、检验和运营大纲。

2) 技术政策和程序手册

技术政策和程序手册(TPPM)①是航空公司 M&E 运行的主要文件,连同机身制造商提供的其他文件一起,作为 FAA 对 AC 120 - 16E 维修手册的要求。此文件通常由工程部门根据各 M&E 部门管理层提供的信息编写,以确保技术的准确性。该文件应明确规定如何执行 M&E 的所有职能和活动。技术政策和程序手册是一份详细的文件,可能包含好几卷。M&E 各单位人员必须接受技

---

① 技术政策和程序手册有时称为"政策和程序手册""一般维修手册"或"维修组织说明"。

术政策和程序手册培训,尤其是与各单位运行直接相关的部分,确保顺利运行。技术政策和程序手册内容的细节将在本章稍后讨论。

3) 检验手册

检验手册(IM)可以是主要分发给质控人员的单独文件,也可以是技术政策和程序手册(常用方法)的一章。① 检验手册的内容涉及 M&E 内的所有检验活动:① 维修计划数据/机上维修计划或维修审查委员会报告中的机械师检查任务;② 质控检验员的任务;③ 特殊检查(硬着陆、鸟撞等);④ 航空公司必检项目(RII)大纲;⑤ 执行这些职能所需的文件、表格和报告。一些检验手册可能提供工具和检测设备校准的细节,因为这些是质控的职能,这些也可以在技术政策和程序手册中单独成章。

4) 质量保证手册

质量保证手册(QAM)可以是 QA 审核员专用手册,可以是检验手册的一部分,也可以根据需要在技术政策和程序手册中单独成章。质量保证手册规定了质量保证部门的职责和责任,并规定了对 M&E 单位、供应商和外部承包商进行年度质量保证审核时使用的流程和程序。此外,还包括所使用的表格和报告以及质量保证记录的跟踪和执行程序。

5) 可靠性计划手册

根据 FAA 的规定,航空公司的可靠性计划必须得到监管当局的批准,因此通常以单独的文件发布。此文件即为可靠性计划手册(RPM),详细定义了可靠性计划(见第 18 章),以便 FAA 可以一次性评价和批准其所有内容。

6) 最低设备清单

主最低设备清单由飞机机体制造商提供,包括其适用机型的所有设备和飞机外形信息。航空公司根据规格、重量选项、安装选项、软件和硬件升级、改装状态、发动机和机身结构从主最低设备清单系统中选择期望的最低设备清单(MEL)类型,在航空公司的版本中将作为最低设备清单。最低设备清单的限制不能低于主最低设备清单。

飞机设计有高度可靠的冗余设备和系统,但故障随时可能发生,最低设备清单的目的是确保在盈利运行和有设备失效的情况下运行时达到安全验收标准。最低设备清单手册是飞机文库的一部分,包括外形缺损清单(CDL)和非必需设

---

① 列出的这份文件和其他文件之所以经常与技术政策和程序手册分开,是为了在必要时可以进行修改,而不必修改整个技术政策和程序手册。在这种情况下,技术政策和程序手册只引用详细文件,从而使技术政策和程序手册变得完整。

备和装备清单(NEF)。最低设备清单手册对于任何航空公司的签派都必不可少。

最低设备清单系统作为一份缓和文件,其唯一目的是防止任何飞机在有设备失效的情况下运行。任何航空公司都不希望签派有任何失效设备的飞机。当发布一些最低设备清单时,需要极大地损失载客、载货能力。在这种情况下,航空公司通常会决定让飞机停场修复偏差,而不是让飞机在存在如此大损失的情况下飞行。如果飞机出现增压、空调、防滑系统故障等最低设备清单中的故障,则机长有权拒绝飞行。如果最低设备清单已多次打开和关闭,并且在拒绝时为打开状态,则飞行机组和签派部门也可以将飞机停飞。

MEL 项目修理周期和类别是指在 MEL 失效前飞机在修理前运行的时间或在 MEL 最后一天停飞前运行的时间。需要记住的一点是发布 MEL 的日期不计算在内。例如,如果 MEL 在 1 月 15 日打开,修理类别为 B 类,则修理周期为 3 天,从 1 月 16 日开始,到 1 月 18 日午夜结束。

MEL 类别因运营人而异。MEL 有如下 4 个类别:

A 类 MEL 通常为 1~2 天,除非此类 MEL 指定为 1 天飞行 MEL,具体取决于限制。

B 类 MEL 通常连续发布 3 个日历日。

C 类 MEL 项目须在 10 天内修理。

D 类 MEL 项目须在 120 个日历日内更换。这些零件通常考虑予以更换。

7) 工卡

机身制造商制作的工卡(TC)通常只用于一项活动。这些程序可能要求机械师在工作前打开面板,设置某些断路器"开"或"关",打开或关闭其他设备等,并在工作完成后逆向重复这些过程。然而,航空公司在飞机检查过程中所做的许多工作涉及由同一机械师或机组人员在同一区域或同一设备上执行的多项任务。为了避免不必要地重复某些活动,以及不必要地打开和关闭相同的面板等,大多数航空公司会参考制造商的工卡,制作自己的工卡,明确说明要做的工作。这可以消除重复或浪费的工作。一些航空公司认为向机械师提供某一工作项目的所有制造商工卡,让其在工作活动中避免重复即可,或者说这种做法可能更合适。通常,这套工卡中会附有一张航空公司工卡,特别说明如何使用这套工卡。无论采用哪种方法,工程部门都要负责创建这些工卡,以确保技术准确性。

8) 工程指令

任何维修工作,如果未涵盖在工程部门根据维修审查委员会报告或运行规范数据制订的标准维修计划中,则必须发布工程指令(EO)正式执行。这是正式的文件,由工程部门发布,并由质保部门批准,通常由生产计划与控制(PP&C)部门执行。在一些航空公司,此文件可能简称为"工程指令"。工程指令的细节将在第8章中进行讨论。

5.5　ATA 文件标准

大多数航空公司的航线维修人员,尤其是为其他航空公司进行合同维修工作的人员,在轮班或工作日,将有机会在各种飞机上工作。由于飞机制造商是独立的,他们(过去)都有自己的做事方式。这意味着他们的维修手册和他们的飞机一样存在不同(也许更不同)。为了减少航线混乱,ATA 介入并规范了维修手册的整体格式,使所有制造商的文件更加兼容。ATA 代码旨在帮助理解不同机载系统或系统类型及其子系统,并分配有章节号。表5-4 显示了按照 ATA 标准进行的章节分配。以飞机起落架为例,它由起落架、轮胎、刹车、防滑系统等组成。飞机维修技术人员在进行任何类型的维修时,如更换轮胎,他们将需要在维修偏差上签核"拆除和更换1号轮胎",而不是整个起落架。签核将包括在末尾签核 ATA 代码32(起落架系统)子系统40(轮和轮胎总成)和00 以及 TAT 和飞机周期。这将有助于记录人员了解在什么时间更换了哪个轮胎,并了解飞机的飞行时间和飞行周期。这还可以帮助持续分析和监视体系(CASS)和可靠性部门跟踪任何过早失效和保修工作。

表5-4　ATA 标准章节号

ATA 章节号	主　题	ATA 章节号	主　题
5	时限/维修检查	22	自控飞行
6	尺寸和区域	23	通信
7	顶升和支撑	24	电力
8	调平和称重	25	设备/装备
9	牵引和滑行	26	消防
10	停机、系留、停场和恢复运行	27	飞行控制
11	标牌和标记	28	燃料
12	维护	29	液压动力
20	标准规范——机身	30	防冰排雨
21	空调	31	指示/记录系统

ATA 章节号	主　题	ATA 章节号	主　题
32	起落架	57	机翼
33	灯	70	标准规范——发动机
34	导航	71	动力装置（成套）
35	氧气	72	发动机（内件）
36	气动	73	发动机燃油控制
37	真空	74	点火
38	水/废水	75	空气
45	中央维护系统	76	发动机控制
49	机载辅助动力	77	发动机指示
51	标准规范和结构——概述	78	排气
52	门	79	机油
53	机身	80	启动
54	吊舱/吊架	82	注水
55	安定面	91	图表（杂项）
56	窗		

资料来源：美国航空运输协会（ATA），iSpec 2200，经许可转载。

这些 ATA 编码系统对所有机型都统一，所有飞机制造商都使用相同的编码系统。如果有任何飞机系统需要维修，如导航系统，则 A&P 技术员或航空电子设备技术员将知道他们可以在飞机维修手册 ATA 第 34 章中找到这些信息。[①]

ATA 代码进一步细分为三组两位数，后跟一个三位数，这分别标识章、节、主题和页码段。编号格式如图 5-2 所示。前两位数字（ATA 章）对所有制造商都相同，并在整个维修手册系统中使用。第二组（节）和第三组（主题）可能因制造商而异，也可能因同一制造商的不同机型而异，因为其适用的系统结构不同。

最后一组数字（页码段）对于所有维修手册都相同。页码段是指飞机维修手册中包含的特定类型的信息。例如，第 001～第 099 页涵盖该章所述系统的描述和运行。第 301～第 399 页包含系统或章节中各种部件的拆卸/安装程序（见表 5-5 中的页码段列）。

---

① 　美国航空运输协会（ATA）；iSpec 2200。

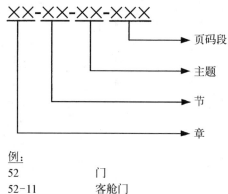

例：
52	门
52-11	客舱门
52-11-02	客舱门把手
52-11-02-401	客舱门把手R/I程序

图 5-2　ATA维修手册格式

（资料来源：美国航空运输协会；iSpec 2200，经许可转载）

表 5-5　飞机维修手册页码段分配

页码段	名　称	说　明
第 001～第 099	说明和操作	识别系统的各种工作模式，并描述系统及其基本组件的工作方式
第 101～第 199	故障隔离	对系统中出现的各种问题进行故障隔离时使用的故障树
第 201～第 299	维修程序	BITE 测试（一种功能测试）所遵循的一种 R/I 程序、一种调试程序或维护说明
第 301～第 399	维护	各种维护任务：检查、加注和更换机油、液压油、水、燃油等
第 401～第 499	拆卸/安装	关于如何拆卸航线可更换单元（LRU）并将其更换为类似部件的详细步骤说明
第 501～第 599	调整/测试	当部件或系统刚被更换或日常维修后需要调整或测试时对系统进行调整或测试的程序
第 601～第 699	检验/检查	飞机分区检查
第 701～第 799	清洁/涂装	飞机清洁和涂装程序
第 801～第 899	核准修理	经 FAA 批准的航空公司维修部门进行的结构和飞机蒙皮修理

资料来源：美国航空运输协会（ATA），iSpec 2200，经许可转载。

对于一天中在波音 757、MD－80、A320 和 L－1011 飞机上工作的航线维修机械师来说,该系统的优势显而易见。无论何种飞机,当一项记录涉及液压系统部件时,机械师知道其需要的任何维修手册信息都可以在 ATA 第 29 章中找到。若飞机着陆灯存在偏差,则无论何种飞机,都可以在 ATA 第 33 章中找到解决方法。以下各段讨论了飞机维修手册的每个页码段。

1) 说明和操作

说明和操作(D&O)页码段(第 001～第 099 页)描述系统的功能,识别各种工作模式,并详细描述系统及其基本组件的工作方式。机械师和技术员通常有这样的想法,就他们在航线和机库时的需要而言,手册的这一部分过于详细了,但此处提供的信息却是排除严重故障所必需的。维修人员需要了解系统的工作原理和运行模式,从而在系统异常时能够有效确定其中的原因。工程人员也需要这部分资料,以便找出维修大纲中需要修改或可以改进的地方,并协助维修人员解决更困难的问题。

2) 故障隔离

该页码段(第 101～第 199 页)包括就系统中出现的各种问题进行故障隔离时需要用到的故障树。与普遍的看法相反,这些故障树并不能发现给定系统在其整个生命周期中可能出现的所有问题。编写此类程序是为了根据飞行机组在航行期间获取的驾驶舱效应(如灯光、消息、警告等)查找特定故障。编写此类故障排除程序不一定是为了找出给定系统中可能存在的所有故障。多年来,由于该手册在最初编制时没有考虑到现场出现的故障,因此许多程序都进行了修改。但对于复杂的设备,编写一个详细说明每个步骤的程序或故障树以找出系统可能出现的一切故障往往相当困难。即使能做到这一点,产生的故障树或程序也会因为过长或过于复杂而无用处。这就是我们为什么要在本书中纳入关于故障排除技术的附录。

3) 维修程序

每当必须执行两个或两个以上的操作来完成维修活动时,就需要用到“维修程序”这一部分。第 201～第 299 页中的程序通常是 BITE 测试(一种功能测试)遵循的拆卸/安装程序或者调整程序,甚至是维护说明。如果辅助程序简单,则为了方便起见,可以随主程序一起纳入第 201～第 299 页中。如果辅助程序过长或者过于复杂而不能重述,主程序将按章节、主题和页码段引用相关的辅助程序。

4) 维护

该页码段(第 301～第 399 页)包含所有维护任务:机油、液压油、水和燃料的加注和更换,润滑操作,废水处理等。此类程序包含逐步说明,并列出了所需的材料及其规格(如适用)。

5) 拆卸/安装

编写拆卸/安装(R/I)程序(第401～第499页)是为了逐步、详细地说明如何拆卸航线可更换单元(LRU),并将其更换为其他类似单元。安装简单时,对于合格的机械师或技术员,这些说明是不必要的。但其他设备需要一组特定的步骤来准备组件的拆卸和执行拆卸。在许多情况下,必须在拆卸之前满足某些条件,例如操作断路器,断开电源、液压装置等。拆卸/安装程序提出了该条件。安装同样需要一组细致的步骤。在某些情况下,地面测试等其他程序必须在安装后实施。拆卸/安装程序识别并提及了该程序,但在其他页码段中也有介绍。

6) 调整/测试

该页码段(第501～第599页)包含更换组件或系统(经过拆卸/安装)后或者日常维修(计划内或计划外维修)期间需要进行调整时调整系统的程序。此外,还包含了在无测试设备的情况下用于检查系统的运行测试程序。这是一个相对简单的检查,使用飞机上仅有的设备来验证系统是否正常运行。该页码段也包含功能测试程序,用于更详细地检查系统。这些测试通常需要其他测试设备和/或工具,可能涉及测量系统的某些参数。

7) 检验/检查

该页码段(第601～第699页)涵盖分区检查活动,旨在检查飞机上各指定分区是否存在偏差。

8) 清洁/涂装

该页码段(第701～第799页)包含飞机的清洗、清洁和涂装程序,也给出了所用材料的规格。

9) 核准修理

该页码段(第801～第899页)确定了经FAA批准可由操作人员完成的结构和飞机蒙皮修理。

5.6　技术政策和程序手册细述

技术政策和程序手册旨在确定维修与工程部门的各个方面。这包括① 确定关键人员、描述其职责及资格;② 定义操作原则及目标;③ 给出维修设施的布局图和地图,包括车间、机库、停机坪以及其他与维修活动有关的重要建筑和区域;④ 提及FAA条例规定的以及由操作人员自行决定的特定项目,该项目详细说明了如何完成具体的维修、检查和测试活动。

技术政策和程序手册为受控文件,因此只能分发给航空公司内需要该信息的单位。一些航空公司向所有维修与工程单位提供完整的文件,而一些航空公司仅向这些单位提供对其适用的那一部分内容。例如,不需要向机库或车间人员提供有关特定航线运行的信息;同样,不需要向航线或外站人员提供有关工程责任的信息,但该信息与他们的活动直接相关的情况除外。但应可以在中央维修文件库中找到完整的文件(见第 10 章)。

技术政策和程序手册应包含有效页面列表(LEP)、修订号或者字母标识以及修订日期。此外,还应列出文中所用的术语和首字母缩略语。该手册必须就分发给维修人员和地勤人员做出规定。如果手册不止一卷,则每一卷都应列出各卷的目录。

该手册基于 FAA《适航检查员手册》中包含的信息,其中规定了该手册至少应包含的内容。但应考虑额外纳入内部政策和程序,为维修人员和工程人员提供完整的说明,便于他们履行自己的职责和责任。

该手册是用于控制和指导维修人员活动的管理工具,它应该定义维修操作的方方面面,应包含完成检查和维修任务的详细说明或特定参考,还应包含与反复出现的非常规需求(如更换发动机)和异常情况(如硬着陆、闪电袭击、鸟撞等)有关的表单、说明和参考。

该手册应使运营人的维修和维护人员能够确保飞机的适航性。它的复杂程度随操作的复杂程度而变化,其必须描述制造商技术手册的应用领域。因为该手册是机组的宝典,所以也应该在航空公司的维修培训活动中广泛使用。表5-6 显示了典型中型航空公司的技术政策和程序手册大纲。其他航空公司的组织结构可能不同,因此该手册的布局也可能不同。

表 5-6　技术政策和程序手册大纲(TPPM)

概述
　　手册控制系统
　　技术政策和程序手册结构
　　行政管理
　　　　组织结构图
　　　　关键人员
　　运行规范
　　关键位置分布图
　　核准手册清单
　　术语表

质量保证和控制
    组织结构
    与监管当局联络
    检查方法和标准
    适航放行
    必检项目(RII)
    特殊检查
    零部件和材料检查
    工具和测试设备的校准
    持续分析和监督计划
    质量保证审核
    可靠性分析计划
    短期升级计划
    试飞、调机飞行和特殊飞行
    维修和工程记录保存系统

工程
    组织结构
    适航指令
    服务通告/服务信函
    工程指令
    机队活动
    最低设备清单(MEL)
        开发
    外形缺损清单(CDL)
        开发
    维修大纲制订
    载重和平衡控制计划
    出版物/技术文库部[*]

生产计划与控制
    组织结构
    飞机航线[†]
    生产预测
    工卡编制
    维修计划
    人力计划
    材料计划
    设施计划
    生产安排与控制
    （机上）
    生产安排与控制
    （车间）
    绩效评估
    预算和成本控制

飞机维修
组织结构
核准维修安排
维修合同安排
飞机日志
适航放行
非例行维修
最低设备清单、缺件放行指南和外形缺损清单
使用
延期维修
授权
程序
重复机械偏差系统
零部件挪用
维修控制中心（MCC）
标准维修实践

车间修理和大修
组织结构
合同安排
维修放行
组件修理/大修控制
标准车间实践
车间记录

工具、设备和设施
组织结构
机动设备
燃料储存和装卸
设施维护
工具和测试设备

维修和检查员培训
组织结构
一般政策
人员许可
基本培训要求
培训类别和课程
初步培训
定期培训
承包商培训
培训记录

材料管理
组织结构
库存编号系统[‡]
飞机零部件的可用性

収发
周转件/可修理件跟踪系统
零部件及用品的储存
卫星仓库
采购
库存管理
零部件存放区/零部件借用
零部件借出控制
保修请求控制
周转件/可修理件的外部修理

安全计划
组织结构
政策
安全程序
事故/事件报告

维修表
政策
责任
编制和分发说明
样品和使用说明

注：﹡ 前提是文库部是工程部门的一部分,否则将单独列出。
　　† 可能与航班运行部协同作业。
　　‡ 一些航空公司为所有零部件和用品分配自己的库存编号,以使编号格式标准化。

6 维修大纲要求

6.1 引言

在第 3 章中,我们已经讨论了维修大纲的五个目的。在本章中,我们将概述以这五个维修目的为基础的维修大纲。有些监管要求是每个航空公司都必须遵守的,有些其他必要的维修活动是每个航空公司都必须开展的,以满足各自核准的维修大纲要求。飞机及其系统非常复杂,有数英里的布线、机电阀、机身系统、发动机、辅助动力系统、液压系统和导航系统,所有这一切都需要受过良好培训的专业技术员,他们具备飞机系统相关方面的知识和经验,具有敏锐的机械能力,能够按照核准的维修大纲纠正任何类型的偏差。这些机械任务和维修大纲需要得到监视和监控,以确保航空公司和飞机操作人员有效地实施。

FAA 在咨询通告 AC 120 - 16E 中概述了航空维修大纲。我们将首先讨论 FAA 的要求,然后讨论其他要求。在第 7 章中,我们将这些信息整合为切实可行的飞机维修与工程组织结构图。

6.2 航空维修大纲概述

AC 120 - 16E 是 FAA 向航空界提供的一类信息。FAA 要求每家商业航空公司都有维修大纲的授权文件——运行规范(Ops Specs)、FAA 条例要求的维修手册以及作为商业航空公司所需要的操作设备。AC 要求受 FAR - 119 管辖,航空公司商业运营受 FAR - 21 和 FAR - 135 管辖。该 AC 也适用于受雇参与或从事航空公司维修、预防性维修或飞机改装的每个人。

运行规范也描述了航空公司执行所有核准维修和改装的责任,无论是由航空公司自己还是其承包商(修理站)完成,但维修任务以及对维修任务的批准主要由维修提供者来承担,维修提供者负责确保投入使用的每架飞机都是适航且安全的。FAA 认为,该规范给予的指导可用于避免未来的任何事故或灾祸。

以下是维修 AC 120 - 16E 示例,它描述了航空公司飞机维修大纲的范围和内容,并解释了该大纲的背景以及 FAA 的监管要求。

FAA AC 120 - 16E 描述了下列要素:

(1) 适航责任。

(2) 航空公司维修手册。

(3) 航空公司维修部门。

(4) 维修记录保存系统。

(5) 维修改装的实施和批准。

(6) 维修计划。

(7) 必检项目(RII)。

(8) 合同维修。

(9) 人员培训。

(10) 持续分析和监督体系(CASS)。

FAR - 121.373 要求每个操作人员都要进行"持续分析和监督",以确保航空公司的维修和检查计划有效。过去,通过所有合理的解释,这项要求建立了内部审核计划,通常称为"质量保证(QA)"以及"可靠性计划",其类似于我们之前在第 2 章中讨论的状态监测过程。它们共同构成了持续分析和监督计划(CASP),以满足联邦航空条例要求。但在 AC 120 - 16E 的最近一次修订中,持续分析和监督体系作为基本维修大纲的一部分被纳入其中。其他重要的 FAA 要求与记录保存有关,对此类要求的概述见 FAR - 121.380(维修记录要求)、FAR - 121.380a(维修记录的移交)、FAR - 43.2(大修和再造记录)、FAR - 43.9 和 FAR - 43.11(记录的内容、形式和处置等)。此类要求也纳入了修订后的咨询通告中。下面将分别讨论 AC 120 - 16E 提出的这十大要素。

1) 适航责任

根据 FAA 条例,航空公司或运营人负责其飞机的所有维修和改装。航空公司必须对使用的每种机型制订运行规范,并且必须遵守运行规范确定的、经 FAA 批准的维修大纲。修改该大纲的条件是航空公司可通过数据和记录证明修改的必要性,而且必须得到 FAA 的批准。此外,航空公司在实施维修和检查计划时还必须遵循自己以及监管当局的政策和程序。在某些情况下,航空公司可安排另一航空公司或第三方维修机构根据合同执行它的部分甚至全部维修。但负责运营的航空公司有责任确保由这些外部承包商执行的工作均是根据航空公司自己的维修计划、标准和要求以及监管当局对其的要求完成的,无论管辖维修承包机构的要求如何。简而言之,航空公司(即营运证书持有人)负责维持其飞机的适航状态,无论工作的实际执行者是谁。

2) 航空公司维修手册

机身制造商和飞机上安装的设备的供应商负责提供设备维修手册。但 AC 120 - 16E 所要求的维修手册是航空公司的手册系统,是对制造商手册的扩充。AC 不仅规定了如何维护和修订此类手册,还确定、描述和定义了此类手册,并提供了完成这些任务的详细程序。AC 中讨论的维修手册涉及的是其他重要领域,如行政政策和程序、行政管理以及维修大纲的实施、审核和检查。

AC 也提供了发生飞行事件(如严重颠簸和极端机动、硬着陆和超重着陆等地面事件)时的参考以及此类事件之后必须执行的检查类型和维修过程。维修手册是关于如何进行维修以及如何监控和改进航空公司维修大纲的主要且全面的表达。我们已经在第 5 章中讨论了该手册。航空公司编写的技术政策和程序(GMM 或 MOE)应符合该要求。

3) 航空公司维修部门

FAA 指出,航空公司必须具有维修部门,该部门"能够执行、监督、管理和修改航空公司的维修大纲、管理和指导航空公司的维修人员,并提供必要的指导使航空公司完成自己的维修大纲目的"。[①] AC 讨论了该部门的基本要素,总结如下:

(1) 维修主任(DOM),全面负责维修活动,并且持有有效的 FAA A&P 执照。

(2) 检查长,负责所有 RII 职能(适用于第 121 部规定的运营人)。

(3) 该部门的管理职责和责任及其作为维修站的当前功能,包括部门的名称。

(4) 制订和更新维修手册的组织或过程,其中描述了维修大纲的各个方面。

(5) 确保维修后恢复使用的所有飞机均适航并按照最高安全等级适当维护的程序。

(6) 管理人员具备相关资格并且有充足的经验和专业知识,能够有效、从容地授权、管理和控制维修大纲。

(7) 作为必不可少的维修,必检项目的检查必须与其他例行检查和日常维修任务区分开来。

---

① AC 120 - 16E 第 11 页第 400 条。

（8）开展监督和管理活动，以确保所有维修任务都是按要求完成，并实施管理，以确保维修大纲保持有效。

4）维修记录保存系统

商用飞机交付给运营人时带有美国标准适航证书，该证书证明飞机是按照型号认证证书标准制造的，交付时处于适航状态。航空公司有责任维持飞机的适航状态。为确保实现这一点，FAA要求运营人保存准确的维修和改装活动记录。未能准确记录和未能保存准确记录的运营人可能会被处以巨额罚款或监禁。需要两种类型的记录：摘要信息和适航状态信息。

其他各种形式的记录也必须保存，以成功维持飞机的适航性。维修日志就是其中之一，该日志保管在飞机上，包含了与各航段有关的飞行信息，如飞行时间、燃料和燃油装载、机组人员数据等，它也为飞行机组提供了一种手段，用以确定飞行期间遇到的任何与维修相关的问题。机械师可根据该文件来确定采取的纠正措施以及将飞机投入使用。

对于某些类型的维修问题，必须以报告形式保存其他记录，包括机械可靠性报告（MRR）、机械原因中断使用汇总报告（MIS）以及重大改装和重大修理报告。

5）维修改装的实施和批准

航空公司这一实体有权根据维修大纲来维修自己的飞机。维修大纲必须包含有关飞机维修和发动机、螺旋桨、零部件、装置等特定维修的说明。这包括计划内和计划外维修，计划内维修包括根据维修时限执行的任务，包括必需的检查；计划外维修必须遵循与无法预料的维修有关的程序、说明和标准。在执行计划外维修时，必须遵循全面的程序。计划内和计划外维修均涉及机上维修和离机（车间级）维修。

航空公司也必须提及其按照FAA批准的技术数据进行的重大修理和改装。虽然没有关于复合材料结构的清单，但允许航空公司使用自己的手册对复合材料结构修理或飞机结构改装逐一进行评估。飞机结构分为主要结构和次要结构。鼓励航空公司解决飞机老化和腐蚀问题。

在对飞机及其组件进行改造、重大修理或改装时，会大量涉及必检项目过程。必须有指定的必检项目，FAA将其定义为"如果维修不当或者使用不合适的零部件会导致飞机运行不安全的项目"。[①] 这些必检项目出现在运营人维修

---

① FAR-121.371。

大纲的所有要素之中,无论它们何时何地发生,都应该得到同等程度的考虑。FAA 没有规定运营人的必检项目清单的内容,但是要求航空公司确定自己特有的必检项目并书面指定授权执行此类检查的合格人员。

6)维修计划

FAA 要求航空公司制订维修时限或维修计划,其中确定了将要执行的维修以及维修的执行方式、时间或频率。这项规定比较宽松,允许航空公司将所有的维修任务调整和组织成一系列计划内维修工作包。通常情况下,航空公司从机身制造商那里获取维修任务计划,FAA 批准的文件——维修审查委员会(MRB)报告确定了此类计划。其他制造商文件也可能提供与维修有关的其他信息和任务,如维修计划数据文件(MPD)(空客公司或波音公司)。维修任务根据建议的间隔(飞行时间、飞行周期或日历项)分为若干组别。维修检查可于每日、每次飞行之后或者按特定的运行期进行,如每飞行 200 小时或 300 小时或者每 100 个周期进行一次。

但制造商文件只是指导文件。每个运营人在以下方面均是不同的:飞机外形、运行条件和环境条件,甚至运行和维修的质量和程度都因航空公司而异。因此,各航空公司的维修大纲要求和何时必须执行任务的时间安排有所不同。航空公司有责任根据自己的需要来调整初始的 MRB 确定的计划,这些工作包已在第 2 章中讨论过。

7)必检项目

FAR-121.369(b)和 FAR-135.427(b)要求航空公司根据需要指定作为必检项目(RII)的维修任务。必检项目直接关系到飞行安全和适航性,如果不按照航空公司手册正确执行,则可能会由于不当执行的维修任务、零部件失效或系统失灵而危及飞行安全。必检项目与计划内和计划外维修有关,它可能在航线维修或机库操作期间随时出现。

航空公司手册的设计必须确保能够确定其组织内的必检项目程序和必检项目授权。航空公司必须在工作表、工卡和工程指令(EO)中确定必检项目要求。必检项目检查员必须接受检查项目方面的培训,能够行使其权力接受或拒绝任何需要作为必检项目的内容。

8)合同维修

虽然航空公司负责其飞机的所有维修,但不会全靠自己来执行这些维修。通常,一部分甚至全部维修是通过合同由其他航空公司、修理站或第三方维修机构执行的。合同维修可定期进行,这是最常见的情况,但是也存在这样的情况,即在需要进行维修的飞机所在地的航空公司没有自己的维修机构。在这种情况下,航空公司将与修理机构达成临时、短期或永久的合同协议。

在签订上述任何一种合同前,航空公司都必须确定合同维修提供者是否遵守 FAR-121 和/或 FAR-135 的要求,如 AC 120-16E 中所述。对此类要求的遵守将通过现场审核、调查设施和设备以及服务提供者是否具有合格人员来执行航空公司维修政策所指示的必要任务来证明。航空公司必须进行随机审计抽样,以确定风险因素,证明所执行的工作符合标准。航空公司有责任做出这些安排,以确保相关工作得到适当执行且符合航空公司自己的计划和程序,而且维修行动必须进行适当的签收和记录。

航空公司有责任对这些外部维修承包商适当培训航空公司的政策和程序,以明确权力、责任和方向,确定他们的人员具有执行所需工作所必需的技能和设施,并熟悉航空公司的维修手册。

9) 人员培训

联邦航空条例对航空公司航空维修培训要求的陈述非常短。FAR-121 的 L 分部规定:航空公司应"制订培训计划,以确保决定工作是否得到适当执行的每个人(包括检查人员)充分了解程序和技术以及使用的新设备,且有能力履行各自的职责。"①

AC 120-16E 在这方面提供的信息更多。聘用飞机维修技术员时,该人员必须接受初步培训,通常包括教条的灌输或者有关维修部门、政策和程序的公司新人培训、有关飞机系统和地面设备的培训课程以及危险物品培训。航空公司必须通过适当的测试来验证飞机维修技术员的技能,确保其有能力执行维修任务。此外,航空公司还需要提供定期培训以及以 RII 过程、内孔窥视仪和无损检测或飞机飞行控制装置为专题的培训。提供这类培训是为了维持飞机维修技术员的能力标准。航空公司培训要求还意味着,航空公司的培训部必须留意设备、程序或条例的任何变化,以确保飞机维修技术员了解其工作各个方面的最新信息。

10) 持续分析和监督体系

FAA 在关于持续分析和监督的 FAR-121.373 和 FAR-135.431 中规定,需要监督航空公司的活动,以确保运行规范中概述的检查、维修、预防性维修和变更程序得到有效执行。许多运营人将这一要求解释为需要制订质量保证计划

---

① FAR-121 的 L 分部。

和可靠性计划。FAA 咨询通告 AC 120 - 79A 所涉及的主题是建立和实施航空公司持续分析和监督体系。AC 120 - 16E 就这一点进行了总结,并规定该体系将是建议的航空公司维修大纲的一部分。

从本质上说,持续分析和监督体系是一项计划,旨在通过监督、分析和纠正行动去发现和纠正维修大纲在效果和执行方面的不足之处。通过该体系可发现可能存在问题的地方、确定需要的纠正行动并进行事后活动跟踪以确定是否有效纠正。这通过数据收集和分析、监督航空公司及其供应商和承包商的所有与维修相关的活动来实现。

持续分析和监督体系是需要多方协调的工作和体系,包括多个其他部门,每个部门都需要履行持续分析和监督体系方面的职责,负责在其认为合适的时候更新政策、程序和指南。这些部门可能包括质控部(QC)、质保部(QA)和维修可靠性部。持续分析和监督体系需要得到审核并分析其在以下方面的效能:发现不足、持续监督、安全管理、风险管理、调查分析、纠正行动和后续行动。持续分析和监督体系审核数据趋势和分析确保了航空公司维修操作的有效性,不留下犯错的空间,无论是维修错误还是人为错误。有效的纠正行动计划以及将该计划纳入维修审查中可降低安全风险,改善风险管理。这也要求管理层、飞机维修技术员和参与飞机日常维修作业的每个人,让持续分析和监督体系能够发挥其作用。有时候,航空公司或运营人必须向 FAA"自我披露"任何发现,以便在酿成大错之前求得宽恕。FAA 咨询通告 AC 00 - 58A 概述了关于自我披露或自愿披露的程序。自我披露或自愿披露程序很可能适用于飞机维修、飞机航班运行及药物和酒精滥用管理计划。该咨询通告或其中的程序不适用于 FAR - 21 规定的旨在报告失效、失灵和缺陷的飞机维修。FAA 还与飞机维修人员和航空公司操作人员合作开发了一项旨在提高飞机安全的项目。他们之间的合作关系被称为"航空安全行动伙伴关系(ASAP)"。这还涉及飞机维修可靠性、飞机维修培训和航班运行。

6.3　FAA 要求概要

航空公司维修大纲的目的已在第 3 章中讨论过,如下所示:
(1) 确保实现设备的固有安全性和可靠性水平。
(2) 发生劣化时,将设备的安全性和可靠性恢复到固有水平。
(3) 在无法达到这些固有水平时,获得调整和优化维修大纲所需的信息。
(4) 获得对固有可靠性不足的设备进行设计改进所需的信息。

(5) 以最低的总成本实现这些目的,包括维修成本和残余失效成本。

为满足这些目的,组织必须执行一定的计划内维修任务(目的1),以维持设备的能力。当设备退化到可接受的标准以下时或者完全失效时,需要执行计划外维修任务(目的2)。目的3要求运营人实施某种数据收集计划,以监测设备的可靠性水平,并调查有问题的地方,从而在适用的情况下改进维修大纲。目的3还旨在解决维修大纲在管理和行政方面的不足之处。目的4要求在不能达到可靠性标准并且这并非归咎于运营人的维修大纲时,运营人应采取行动重新进行设计。目的5表明,对组织来说维修大纲应是直接有用的,因为运营人不会浪费时间、金钱和人力去进行不必要或者无效的维修,而是及时执行那些必要的维修。

为实现上述目的,FAA所要求的上述计划和过程必须落到实处。首先,根据制造商代表和业界代表的最佳知识和能力,为各项设备和系统制订有效的维修大纲。其次,运营人采用该大纲,使设备维持在最佳运行状态。通过实操期间的绩效数据收集和分析以及在运营人内部环境下对维修效果的监测,可根据需要修改和调整维修大纲,以优化整套过程。最后,可产生一个经过优化的维修大纲,它不仅满足目的5,也使得运营人可以满足目的1、2、3和4。

6.4　其他维修大纲要求

除了前几节所述的维修大纲要素外,要实施有效的维修大纲还需要开展许多其他活动。此处讨论的基本组织结构可能并不适用于所有维修部门。一些部门可能需要在必要的程度之外扩展或组合活动,取决于具体的运营规模。重要的是要记住,无论部门安排如何,这些基本结构都是实施有效且高效的维修大纲所必不可少的。这些其他活动及其实施组织通常为工程部、材料部、生产计划与控制部、维修控制中心、培训部、计算服务部和技术出版物部。我们将在后面的小节中逐一讨论。

1) 工程部

工程部的主要目的是根据制造商的维修手册和其他文件制订初步的维修大纲并随着时间的推移不断地更新该大纲。工程部还能在设备故障排除方面提供技术支持;根据需要制订可行的维修过程和程序;审查制造商的服务通告和其他维修建议、变更或建议;并向公司或其顾问提供维修设施(即机库、车间、停机坪等)设计及改造方面的工程专业知识。

2) 材料部

材料部的作用是向维修部门提供开展维修活动所需要的零部件和用品。这包括为维修活动采购必要的备件、用品和工具并入库;根据需要向机械师发放零部件;处理零部件、设备和工具的保修请求;将可修理的部件送至适当的车间或供应商处修理。

3) 生产计划与控制部

生产计划与控制部负责所有计划内维修活动的规划,包括这些活动所需的人力、设施和用品。它也收集有关实际维修所用时间、人力和设施的数据,以便重新精确地调整在这些方面的需求,供后续的维修计划活动使用。

4) 维修控制中心

维修控制中心(MCC),有时也称"维修作业控制中心(MOCC)",是航线维修部门的神经中枢,它负责跟踪所有运行中的飞机。维修控制中心在运行期间通过电话、无线电、传真和任何其他可用的通信方式来监测飞机的位置、维修和维护需要以及其他需求。在整个运行、维修与工程活动期间,维修控制中心将跟踪飞机并与关键单位协调,便于根据需要协调和加急维修,从而最大限度地减少延误和停用时间。维修控制中心将从公司内部找到并派遣必要的人员,这些人员能够为支持运行提供必要的维修、排故或零部件支持。外站维修人员可通过位于基地的维修控制中心协调维修行动、从本地借用或购买零部件,甚至是聘请临时的第三方维修人员。

5) 培训部

维修培训是一个持续的过程。虽然维修工需要通过某些正式的培训学校接受初步培训以获得上岗资格,但他们也需要不断培训以维持能力,在必要的时候提升自己的技能,获取新的技能以及学习新的过程和程序(如有制订)。培训部可以是维修与工程部门的一部分,也可以是航空公司总体培训计划的一部分,该计划也涵盖了非维修培训要求。如果使用了集中培训单位,则维修与工程部门应从自己的管理人员中指定一人担任培训协调人,以便满足维修和工程需要。培训部将记录所有人员接受的培训,也根据需要负责培训工程师、监督员、经理和检查员,使他们有能力履行各自在公司维修与工程活动中的职责。

6) 计算服务部

计算服务部为维修与工程部门内部的所有计算活动提供设备、软件、培训和支持。在某些航空公司,该部门可能会并入公司的计算机部门中。但建议由专门的人员来为维修提供计算机支持,即便他们不是直接为维修与工程部门工作,也应该与该部门密切合作。有各种计算机程序可用于维修活动,包括用于收集故障数据的模块、用于零部件跟踪和控制的模块、用于收集和处理可靠性数据

（如零部件的失效率、拆卸率和时间限制等）的模块、用于跟踪编号零部件的模块以及用于满足与监督维修活动有关的其他众多可追踪信息需要的模块。所有维修活动都需要协调和跟踪，维修计算机系统应当由既了解维修又了解计算机的人员来管理。

7）技术出版物部

维修与工程部门的技术出版物部（或者技术文库部）负责保持所有技术出版物的更新，无论是纸质的、缩微胶卷上的还是电子媒体上的。技术出版物部接收所有出版物，并负责向相关的工作中心分发这些文件或其修订件（文件的一部分或全部）。工作中心人员负责修改和处理过时的内容，但是技术出版物人员应抽查工作中心是否履行了这项职责。在每个单位的年度审核中，质保部将检查是否所有文件都是最新的（见第 16 章）。

本章笼统地讨论了支持维修职能所需的各种活动和组织。在第 7 章"维修与工程部门"中，我们将详细讨论建议的维修与工程组织结构。

7 维修与工程部门

7.1 引言

一个有效的维修与工程部门的结构将随部门的规模和类型而变化,它也可能因公司的管理理念而异。但必须谨记一点:组织结构必须能够让公司实现自己的目标和目的,且公司内部的每个单位必须拥有充足的人员和权力来实现这些目标和目的。

以下结构是根据经验和观察确定的,对中型商业航空公司来说它将是最有效且高效的结构。该结构经修改之后才能用于大型或小型航空公司,但是此处确定的所有职能必须单独或合并存在,才能完成在第 6 章中确定为有效运行所必需的所有职能和活动。

7.2 组织结构

中型航空公司的维修与工程部门基本组织结构如图 7-1 所示。在我们定

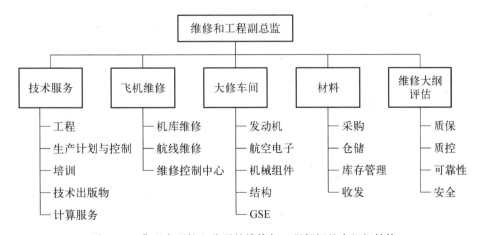

图 7-1 典型中型航空公司的维修与工程部门基本组织结构

义的结构下面有三个基本概念,其中两个来自传统管理思维,分别是管理跨度概念和类似职能分组概念,第三个概念在某种程度上是航空业所特有的,即生产单位(维修和工程)应与检查、控制和监督单位(质保、质控、可靠性和安全)的监督职能区分开来。

1) 管理跨度

有些人可能认为第一个基本概念管理跨度概念过时了,但它仍然是一个有用的概念。管理跨度指出,主管或经理可以有效地领导或管理3~7人。任何少于3人的都是对时间和人力的无效使用,任何超过7人的都将造成监管不力。在图7-1所示的组织结构中,我们遵守了这一概念。维修和工程副总监负责领导5位主管,每位主管手下都有所需数量的经理,经理负责履行规定的处级职能。我们发现,通过限制经理领导的人员数量,可以将部门的工作划分为多个部分,这样更容易管理,而且不会失去人与人之间的联系,这种联系对于愉快且高效的工作是非常必要的。在组织下层,即由具有许多不同技能的工作人员执行实际维修工作的层级,管理跨度通常不需要如此狭小。航线或机库维修主管可领导多达20或30名专业人员。但在组织上层,我们希望将管理跨度控制在较小的幅度之下,不过,这并不表示不能采用更大的幅度。所有的管理活动都必须在可用的资源范围内,根据当前管理层的能力和理念来组织。

2) 类似职能分组

我们在组织理念中使用的第二个基本概念是将类似职能划分到一个主任、经理或主管之下。归根结底,就是所有维修活动(航线、机库和维修控制中心)都由一名管理人员负责。所有大修车间维修职能(电气和电子车间、机械车间、液压车间等)也同样进行分组。所有检查活动(无论检查的是公司的工作人员、零部件还是零部件的供应商)都将归到一个部门之下(维修大纲评估职能)。负责采购用品的、负责执行工程工作的以及负责规划的,也将相应地分组,这样经理和主管就可以对他们所擅长的领域保持适当的监督和控制。

3) 生产职能与监督职能的分离

此处应用的第三个概念是航空维修部门所特有的。根据FAA的原则,航空公司获得运营商业航空运输公司的证书,实际上该授权是永久性的。一些外国航空公司每年都必须通过监管当局的重新认证。根据FAA的规定,对于要认证的航空公司,其必须实施特定的计划,包括自我监督,以确保按照规则(自己的规则以及监管当局的规则)运营。这使得FAA不必每年重新对每家航空公司进行认证。这项自我监督要求通常以质量保证(QA)、质量控制(QC)、可靠性和安全计划形式呈现。这些职能共同构成第 6 章提及的持续分析和监督体系要求的核心。① 我们建议将这些自我监督职能与维修和工程职能分开履行，自我监督职能旨在通过监督防止任何利益冲突问题。这种分离建立在如图 7-1 所示的组织结构中，下面我们将通过选择分组进行讨论。

7.3　维修和工程组织结构图

图 7-1 是典型中型航空公司维修与工程部门的基本组织结构图。我们将简要讨论每个层级及每个职能。该结构从副总监级开始，往下是主任、经理和主管（具体视情况而定）。维修与工程部门可能会采用其工作人员更喜欢使用的其他称谓，但其结构必定类似于图 7-1 所示的。

7.4　一般分组

1）维修和工程副总监

航空公司内整个维修和工程职能的负责人应是公司组织结构中的高管，他服从航空公司负责人或者公司运营活动负责人（董事长、首席运营官或者使用的其他称谓）的直接领导。维修和工程副总监也应与航班运行负责人（航班运行副总监或其他称谓）处于同一级别。航班运行和维修被认为是同一枚硬币的正反面，它们相辅相成又同样重要。

航班运行部门负责航空运输业务，即飞行，而维修和工程部门负责向航班运行部门交付适航飞机，以满足飞行计划。维修和工程部门负责在维修计划规定的范围内对飞机执行所有计划内维修、改装等，同时要满足运行部门的飞行计划。如果没有维修，则航班运行部门在开展自己的活动方面非常受限。如果没有航班运行，则维修部门对设备的维护就没有多大意义。他们彼此需要，而且对航空公司来说，两者都是必不可少的。

2）主要职能负责人

图 7-1 所示的五大职能，在本书中依次为技术服务（包括工程、生产计划与控制、培训、技术出版物和计算服务）、飞机维修（机库维修、航线维修、维修控制中心）、大修车间维修（离机维修、修理和大修）、材料（负责订购和维护用品、处理保修请求、负责可修理件和耗件在整个系统内的流动）和维修大纲评估（对部门及部门人员和供应商的监督）。正如我们所看到的，里面涉及的不仅仅是维修和

---

① 另见 FAA AC 120-79 持续分析和监督体系（CASS）。

工程,稍后我们将逐一详细讨论。

3) 经理和主管

在每个处级单位,都有多名经理,每名经理都专门负责部门的整个职能范围内的某一部分。在每名经理的职责范围内的特定活动需要由专业人员在知识渊博的人员的监督下执行。在某些较大的部门中,主管可能需要额外划分活动或职责,并指定"领导者"或"二把手",将其管理跨度缩小到一个可行的规模。但对于大多数运营人而言,这个层级上的管理跨度可以更宽。

7.5　经理级职能——技术服务处

技术服务处负责支持维修和检查职能的许多活动和服务。在图 7-1 所示的典型结构中,我们已经确定了每个处级单位的各种活动。每项活动都在经理的指导下进行。必要时,可能还有更多的管理阶层,如主管和领导。

1) 工程

工程经理负责维修与工程部门内的所有工程职能,这包括① 制订初始维修大纲(任务、间隔、时间表、封锁等);② 评估服务通告(SB)和服务信函(SL)是否有可能纳入航空公司的设备中;③ 监督其认为有益的服务通告和服务信函的纳入;④ 监督适航指令(AD)的纳入、监管当局要求的改装;⑤ 评估通过可靠性计划确定的维修问题以及维修部门执行的维修检查产生的问题(如有);⑥ 为维修与工程部门制订政策和程序。工程部拥有一支工程专家队伍,他们具有扎实的专业知识,通常足以涵盖飞机技术领域的所有专业:动力装置、结构、航空电子、飞机性能和各系统(液压、气动等)。工程专家为主管级人员,如果需要,则每个小组包含多名工程师,他们有各自的专长。

工程部也参与航空设施(新机库、维修车间、仓储设施、建筑物等)的规划,此类设施将由维修与工程部门使用。虽然工程部通常不负责设计和工程工作,但他们将与工程咨询公司或者负责项目的承包商合作,以确保最终结果符合航空公司的要求。

2) 生产计划与控制

生产计划与控制(PP&C)经理负责维修安排和计划。该职能部门必须计划和安排所有维修或改装活动所需的人力、零部件、设施、工具和任何特别支持。生产计划与控制职能包括以下各项:① 与维修和工程有关的所有计划活动(短期、中期和长期);② 建立工时、材料、设施、工具和设备方面的标准;③ 工作安排;④ 机库管理;⑤ 机上维修;⑥ 监测保障车间的工作进展。

3）培训

培训经理负责维修与工程部门员工参与的所有正式培训的课程设置、课程开发、管理以及培训记录。该单位负责协调所需的外部培训（供应商培训），并与航线和机库维修人员协调在职培训和补救或一次性培训活动的开展。培训部必须能够开发新的培训课程和专题培训课程，以满足航空公司的需求。这些课程需求通常产生自可靠性部门的问题调查、新设备的引进或改装或者机队增添新机型。

4）技术出版物

技术出版物经理负责维修与工程部门使用的所有技术出版物。技术出版物部负责保管从制造商和供应商处收到的以及航空公司内部编制的所有文件的最新清单。此外，还会记录应以纸质、缩微胶卷或光盘（CD）格式向每个工作中心分发的份数。技术出版物部也负责确保向各个工作中心分发适当的文件和修订件。工作中心负责使自己的文件保持最新，但是技术出版物部通常会定期检查这项工作的执行情况。技术出版物部也负责维护主技术文库以及航空公司系统内的任何卫星文库，包括位于外站的文库。

5）计算服务

计算服务经理负责定义维修与工程部门的如下计算服务需求：① 根据使用信息以及各单位的需求，选择要使用的软件和硬件；② 对维修人员、检查员和管理人员进行计算机使用培训；③ 为使用单位提供持续支持。

7.6 经理级职能——飞机维修处

飞机维修处负责主要的飞机维修活动：在航线进行的维修和在机库进行的维修。飞机维修处长下设三名经理：机库维修和航线维修各一名，另一名负责维修控制中心处的维修。对于拥有不同机型或拥有两个或两个以上维修基地的航空公司，可根据运营范围的需要增加飞机维修经理的数量。

1）机库维修

机库维修经理负责遵守航空公司有关在机库对飞机进行的所有作业（如改装、换发、"C"检和更高级别的检查、防腐、涂装等）的政策和程序。机库维修职能部门也包括各种保障车间（焊接、座椅和内饰织物、复合材料等）以及地面保障设备。

2）航线维修

航线维修经理负责遵守航空公司关于在航线上对运营飞机进行的所有作业

的政策和程序,此类作业包括停航维修和维护、日常检查、短停检查(短于"A"检的间隔)和"A"检。有时,可由航线维修单位执行简单的改装,避免在不必要的情况下使用机库。也可安排航线维修单位为其他航空公司执行合同项下的航线维修活动。

3) 维修控制中心

维修控制中心(MCC)是职能部门,负责跟踪所有飞行中的飞机和在外场的飞机。这些飞机的所有维修需要都通过维修控制中心进行协调。维修控制中心也负责与飞行部协调停飞时间和计划变更。一些航空公司可能会安排航站主管来协调外站活动,但该人员通常隶属于基地维修控制中心。

7.7　经理级职能——大修车间处

大修车间处由负责维修从飞机上卸下的物品的维修车间组成。此类车间包括发动机车间、航空电子(电气/电子)车间和各种机械车间等。这些车间可能是独立的,也可能为了方便而合并,取决于运行的需要。部分车间还为其他航空公司执行合同工作。

1) 发动机车间

发动机车间经理负责发动机和辅助动力系统(APU)的所有维修和修理。如果使用不止一种类型的发动机,则可能会为每种类型的发动机设立一个单独的发动机车间来执行这些工作,但这些车间都归一名高管管理,每个发动机类型各安排一名主管。发动机装配活动通常由发动机车间经理负责。

2) 航空电子(电气/电子)车间

航空电子(电气/电子)车间经理负责电气/电子组件和系统的所有离机维修。在该领域有各种各样的组件和系统,在维修它们所需的设备和技能上有着很大的差异。可能会设立若干个车间(无线电、导航、通信、计算机、电机驱动组件等),每个车间都有单独的主管。但有时会将车间合并,以优化人力资源、空间,以及减少测试设备库存。

3) 机械组件车间

机械组件车间经理的职责类似于航空电子车间经理的职责,唯一不同的是机械组件车间涉及的是机械组件:执行器,液压系统和组件,飞机蒙皮(襟翼、缝翼、扰流板),燃料系统,供氧系统,气动系统等。

4) 结构

结构车间经理负责所有飞机结构组件的维修和修理,包括复合材料以及钣金和其他构件。

7.8 经理级职能——材料处

材料处负责处理维修与工程部门的所有零部件和用品：① 采购；② 仓储；③ 库存管理；④ 维修与工程部门使用的零部件和用品的收发。这不仅包括飞机维修、维护和工程中使用的零部件和用品，还包括用于维修与工程部门行政管理的用品（即办公用品、制服等）。

1）采购

采购经理负责购买零部件和用品，并通过系统跟踪这些订单。这从机队增添新飞机时的零部件初次发放开始，然后根据使用情况不断补充这些零部件。采购单位也负责处理保修请求和合同修理。

2）仓储

仓储经理负责储存、搬运和分发维修人员在航线、机库和车间维修活动中使用的零部件和用品。仓库或零部件发放点设在不同工作中心的附近，便于机械师快速获取零部件和用品，减少用在这上面的时间。

3）库存管理

库存管理经理负责确保仓库中的零部件和用品数量足以满足预期的正常使用率，而不会将过多的资金用在不流动的物品上，也不会过早或过于频繁地耗尽常用物品的库存。

4）收发

收发经理负责外运材料的包装、填写运单、保险、报关等，也负责来料的清关、开箱、验收、标记等。这包括进出航空公司的所有零部件。

7.9 经理级职能——维修大纲评估处

维修大纲评估（MPE）处是一个以监督维修与工程部门为使命的单位，它负责所有持续分析和监督体系活动。该单位的职能包括质量保证、质量控制、可靠性和安全性保证。

1）质量保证

质保经理负责确保维修与工程部门的各个单位均遵守公司的政策和程序以及 FAA 的要求。质保经理建立维修与工程运作标准，质保审核员通过年度审核来确保对该标准的遵守。质保经理也负责审核外部供应商和承包商对公司以及监管当局的规则和条例的遵守情况。

2）质量控制

质控经理负责对维修和修理工作进行例行检查，对维修和检查人员进行认证以及对必检项目（RII）计划实施管理。最后一项职能涉及确定必检项目以及对授权接受此类检查工作的特定人员进行认证。质控单位也负责校准维修工具和测试设备，执行或者监督无损试验和无损检验（NDT/NDI）程序。

3）可靠性

可靠性经理负责实施组织的可靠性计划，确保任何问题都能及时得到解决。该职责包括数据收集和分析、确定可能有问题的地方（然后由工程部充分解决）和发布月度可靠性报告。

4）安全

安全部门负责在维修与工程部门内部开发、实施和管理有关安全和健康的活动。安全经理也负责处理有关维修和工程安全问题的所有报告和请求。

7.10　管理层总结

对于上述所有部门，各自的主任、经理和主管也负责为保证单位顺利运作所需的日常活动。这些活动包括处理行政管理和人事事务；各自部门的预算编制和需求规划（包括长期和短期）；通过大量的会议、信函、文件、备忘录、大型会议和偶然的会面与一些或者所有其他部门（包括维修与工程部门以外的单位）开展必要的交互。

7.11　组织结构与技术政策和程序手册

此处讨论的维修管理组织基于传统的方法，在该方法中，我们将类似的活动分为一组，并提供一个使所有分组都能发挥作用的结构。然而，它并不遵循"指挥链"理念，在该理念中，每个上级都对下级拥有控制权；相反，它鼓励采用更现代化的方法——跨部门协调。

这种维修管理组织结构可归类为一种系统（见附录 A）。图 7-1 展示了旨在共同高效执行维修管理职能的结构和程序组件的集合。与任何系统一样，当计划在现实世界中实施时，理论设计可能与实际获得的结果不同。也就是说，即使是管理系统也存在"熵"和缺陷，包括自然熵和人为熵（见第 1 章）。因此，重要的是要了解管理层建立和运作组织的双重作用。管理人员具有类似于系统工程师的职责：必须开发出切实可行的系统，必须争取将该系统中的缺陷（熵）减少到最少。管理人员也具有类似于系统机械师的职责：他们目前的工作是对抗系统中自然熵的增加,而自然熵无疑会随着时间的推移而增加。

从某种意义上说,经理类似于飞机飞行员。在早期的飞行中,飞行员驾驶飞机是一项艰苦的工作。在莱特兄弟发明的第一架飞机上,飞行员需要保持俯卧,用手、脚和臀部操纵着控制装置,随后出现的机型让飞行员可以坐着操作。多年来,飞行员都是凭"感觉"来驾驶飞机的,飞机就像是飞行员身体的延伸部位,他与飞机合二为一,一同在天空翱翔。在当今的现代化飞机上,飞行员受益于各种通信、导航和控制系统,几乎可以自主地驾驶飞机。把一切设定妥当后,飞行员只需要"坐下来控制飞行"。

这并不是说飞行员不那么重要了,不再需要严格的训练。相反,飞行员必须掌握的知识实际上比早期飞行员需要掌握的更多。发生错误或者偏离计划时,飞行员必须立即知道应该怎么做,如何从自动系统那里接管对飞机的控制并手动驾驶飞机。

对于那些局限于地面的管理人员来说,对维修和其他技术活动的管理是一个与此类似的工作。在我们的典型管理组织结构中,已经确定了履行维修和工程职能所需的组织。该结构由管理人员根据前述规则确定:类似职能分组、管理跨度以及监督者与被监督者的分离。技术政策和程序手册(TPPM)详细阐明了维修和工程运作的进一步建立,该手册由管理人员在运作之初精细编制,旨在确保顺利运作,在各个维修和工程单位之间实现跨部门协调并实现维修与工程部门的既定目标和目的。一旦维修与工程部门成立并制订自己的运作政策和程序,并且员工接受了这方面的培训,管理人员就只需要"坐下来管理运作"。

7.12 典型组织结构的变体

很明显,上述组织结构并不适用于所有商业运营人。比典型航空公司更小的航空公司以及更庞大的航空公司并不能在这种结构之下有效运营,必须通过改变这种结构来适应这样的差异。下面,我们将对此进行讨论。

1) 小型航空公司

小型航空公司无法以图7-1所示的方式组织,原因有两点。第一点,这种公司可能没有足够的人员来填补上述所有岗位;第二点,没有足够的工作来维持所有或部分人员的全时工作。因此,很明显,必须改变管理组织结构,有多种方法可实现这一点。

首先我们必须说明,任何航空公司都必定会在某种程度上涉及图7-1中确定的所有活动。所有这些职能都是有效运营所必需的。但由于规模和人员有限,可能需要一个员工或一个部门执行其中的多个职能。例如,质控职能可能会分配给工作中心的人员负责。机械师和技术员根据需要开展检查工作,作为其常规维修职能的附属部分。但这些质控检查员将受到质保部(或者质保员)对这些检查活动的监督。我们将在第 16 章和第 17 章中对此做更详细的讨论。

在小型航空公司中,可靠性职能和工程职能也可能合并在一起。技术出版物职能、培训职能,甚至生产计划与控制职能也可能与工程职能合并,以充分利用可用的技能。航线维修和机库维修职能可能由两个单独的单位负责,但是它们的许多人员可能是两者共用的,这两个单位也可以合并成一个维修单位。

2) 大型航空公司

对于大型航空公司,特别是拥有多个维修基地的航空公司,需要采用不同于图 7-1 的组织结构。每个基地都需要设立机库维修单位,由该单位负责机库维修。例如,MNO 航空公司分别在丹佛和堪萨斯城对其波音 757 客机和 A310 客机进行机库维修。仅在本部(无论位于何处)设立一个机库维修单位是不够的。不过,可能需要从公司总部为这两个单位各安排一名经理。这种安排同样适用于生产计划与控制单位以及某些保障车间。需再次强调,无论航空公司实际上是如何组织的,都会涉及在我们的典型结构中列出的职能。

3) 完整与部分组织结构

应指出的是这种典型航空公司结构不适合图 7-1 所列的所有职能不完全由自己履行的航空公司。许多小型航空公司以及一些大型航空公司不会自己进行机库维修,因此不需要设立机库维修单位。对于那些将一个或多个领域(航空电子、液压系统等)的车间维修外包给其他机构的航空公司来说也是如此。即使某些职能不是由航空公司自己履行的,这些职能也必须完成,以妥善维护设备。航空公司必须从维修与工程部门中指定适当的人员来负责这些职能,此类人员负责监督这些职能的完成情况,并负责这些活动与其他航空公司活动的协调。我们将在本书后面的适当章节中讨论这些变体及其他变体。

第二部分
技 术 服 务

技术服务处负责提供技术支持和协助,根据航空公司的机队类型制订、持续监督和更新维修大纲,修改维修大纲,负责飞机手册的讲解和分发,以及所有其他维修和工程活动。第二部分从第8章"工程"开始。工程是技术服务中的主要类别,有时,还包括一些或者所有其他保障职能,至少在小型航空公司是这样的。工程部的主要工作是制订维修大纲及后续计划,就新的拟议规则制订通知(NPRM)、新适航指令(AD)审查、飞机制造商文件、服务信函、给航空运营人的通知、服务通告,提供工程方面的专业知识,并向维修与工程部门的所有其他单位提供技术协助。

第9章讨论的生产计划与控制(PP&C)是推动飞机维修日常工作活动的主要力量。生产计划与控制部负责计划和安排航线上的所有飞机维修活动。技术服务处的其他职能单位为技术出版物部(见第10章),该部门负责文件的接收、分发和更新,以及技术培训部(见第11章),该部门负责维修与工程部门内部的所有培训活动,包括维修管理、检查、审核人员和行政支持。图Ⅱ-1显示了技术服务处的组织结构图。

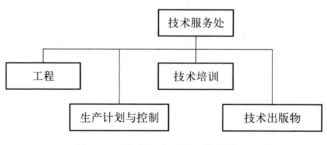

图Ⅱ-1 技术服务处的组织结构图

8　工　　程

8.1　引言

在航空业中,对于航空公司是否需要工程部门存在争议。过去,航空公司在确定他们需要的机型、航程和操作系统方面起了关键作用。航空公司制订规范,并将这些规范分发给各大机身制造商,随后这些制造商进行投标,最终生产出成品。但近年来,总体趋势是将新飞机的设计和开发留给机身和发动机制造商。从本质上讲,航空公司唯一的要求是"打造可以有效使用、负担得起的产品"。

通过后一种方法,许多航空公司大大减少了工程人员的规模,有些甚至直接把他们全部辞退了。但一家航空公司在关闭工程办事处之前,还有其他因素需要考虑。虽然航空公司不参与新飞机的设计,但除了定义基本需求外,仍有理由雇佣具有工程技能和背景的人员。这些理由就是本章的主题。

工程师专业发展委员会将"工程"定义为"一种专业,在该专业中,人们运用通过学习、经验和实践获得的数学和自然科学知识以及自己的判断来寻找一种能够经济地利用自然资源及力量造福人类的途径。"《美国百科全书》指出:"工程师与科学家不同,他们致力于解决具体的实际问题。"《大英百科全书》对此做了补充:"所有工程师都必须热衷于将理论转化为实践。"换句话说,工程师就是把数学和科学原理应用于解决实际问题的人。

工程师通常可通过一些专业来识别:土木、机械、电气、航空航天、核等。除了航空航天专业之外,其他专业都并不直接适用于航空业,航空工程师通常会参与航空航天系统及设备的设计和开发,正如我们所说,航空公司已经不再参与这些工作。前面列出的所有其他工程学科都具有可能在某些方面适用于航空公司运营的专业,但我们负担不起聘请所有这些专业人员的费用。需要他们执行的工作不多,导致浪费公司资源,而且他们通常不能从事其他领域的工作。在典型的航空维修部门中,我们真正需要的是被训练成"维修工程师"的人员。

在第 3 章中,我们将"维修"定义为"确保系统在设计的可靠性和安全水平上持续执行其预期功能的过程。"所以,维修工程师就是那些在航空维修领域有着知识、经验且经过培训的高学历工程师。也就是说,他们不仅需要掌握基本工程知识,还需要了解航空设备的技术细节以及设备的维护和操作。制造厂的维修工程师在 MSG-3 活动(见第 2 章)中制订维修大纲,并编制各种维修文件(见第 5 章)。在航空公司,维修工程师负责实施制造商的维修大纲,必要时根据现实情况加以调整。但大多数学院和大学没有开设维修工程课程。从事这一职业的人往往是对工程领域感兴趣的且经验丰富的机械师,或者是对航空维修领域感兴趣的工程师。

航空公司的工程部可以广泛变化,他们为整个航空公司以及专门为维修和工程部门履行众多职能。在某些航空公司,工程是一个独立于维修和工程运作的单位;而在另一些航空公司,工程属于维修和工程运作的一部分。这两种不同情况的选择通常取决于航空公司的规模。在工程独立于维修和工程运作的航空公司,工程部的职能通常面向主要的工程类型活动,如建筑和其他设施的开发与保障、重大飞机改造设计、对维修问题的详细工程研究以及其他航空技术问题。

但大多数航空公司的维修单位是维修与工程部门的必要组成部分,其主要职责在于维修保障。工程部也负责航空公司的维修大纲制订、为维修部门提供分析支持、为航线、机库和车间维修人员提供疑难问题的排故支持。

8.2 工程部的组成

航空公司工程部由经验丰富的维修部门人员组成,他们必须了解整个维修作业以及航空公司和监管当局的要求。理想情况下,航空公司的工程部既有高学历工程师,还有高级注册机械师。每一种设备都有专门的工程师:航空电子、电气、液压、气动、动力装置(发动机和辅助动力系统)、结构和机械系统。航空电子甚至可能分为通信和导航系统,机械系统分为飞行控制、液压系统等。某些航空公司可能会为每种型号的飞机和/或发动机设立不同的工程队。

然而,该专业的分布在很大程度上取决于航空公司的规模。在规模非常小的航空公司,可能只有一名到两名工程人员,他们通常是高级机械师,但是需要为各种类型的设备提供与上述相同的支持。航空公司规模越大,工程部的规模就越大,也就越多样化。

8.3　机械师和工程师

一些航空公司的工程部完全由机械师组成,而另一些则完全由高学历工程师组成。在我们看来,这两种做法都不是完全令人满意的。一方面,虽然机械师完全熟悉在用系统和组件的细节、了解监管规则和条例、熟知其机队的特征,但他们往往未接受过与工程师相同的分析培训和其他培训。另一方面,工程学院的毕业生往往对飞机、飞机发动机以及为空中运输提供适航飞机所需的众多系统和组件缺乏适当了解。工程课程没有提供维修方面的培训,也很少提供其他工程学科的培训。

工程师和机械师接受的培训不同,他们处理问题的方式也不同,机械师处理问题的方式具有一定的被动性,而工程师更为主动。但这两个专业都是航空公司有效实施维修作业所必需的。接下来,我们将逐一简要地介绍这两个专业。

1) 机械师

机械师和技术员研究航空系统和设备的实际方面,他们可能专攻航空电子系统(电气、电子、通信、计算机)或者机械系统(液压、气动、飞行控制、结构),特别是当他们在车间或机库维修或者为负责维修或大修的第三方机构工作时。如果机械师在航线上工作、准备飞机飞行或者维护和维修飞行中的飞机,则其可能需要了解各个系统。

无论是哪一种情况,机械师都会接受培训,以了解每个系统或单元,知道这些系统或单元的工作原理以及操作方式。出现偏差时,机械师会遵循标准的排故、故障隔离和修理程序。已安装设备的拆装程序以及测试程序均是标准化的。

经验丰富的机械师还知道(在运行期间以及安装和测试过程中)哪些地方可能出错,这需要更详细的分析来确定问题。最后一项技能只能通过实践获得,它只能以粗略的方式教授(见附录 C)。但无论机械师受过多么好的培训,无论他们可能获得多少经验,通常都会遇到无法用这些标准程序解决的问题。新手可能会认为这些问题无法解决,有经验的人会意识到需要深入研究这些问题。如果找不到解决办法,可能需要寻求工程人员的帮助(假设他们是合格的)。

2) 工程师

在本书中,我们用"工程师"这个术语来指代那些在某些工程领域拥有学位的人。工程师接受的培训不同于机械师,包括科学和工程基础知识(数学、化学、物理等)培训、归纳法与演绎法培训以及统计分析、解决问题和系统工程方面的培训。工程师们还专攻一门特定的工程学科——土木、电气、机械、航空航天、结构。他们很少会涉足航空学科的全部领域,但这并不表示他们不能协助机械师解决问题。

工程师应能够发现机械师遗漏的问题。如果机械师应用所有通用且通常有效的程序后仍不能解决问题,则工程师(或者相关的一流机械师)必须从新的角度来看待问题。这要求工程师不仅需要了解系统运行的基础,还必须了解可能出错的地方以及可能受到标准维修程序中未考虑到的外部因素影响的地方。工程师必须能够制订新的程序来研究和分析问题,必须了解"大局",从而有效地找出适当的解决办法。这就是工程师应该做的,从根本上说,他们就是问题的解决者。附录 C 提供了对机械师和工程师均适用的基本排故技术的信息。附录 D 就工程师解决问题的方式提供了一些见解。虽然该附录主要涉及可靠性警告(见第 18 章),但其中的方式适用于任何要解决的问题。

然而,有一点需要意识到虽然所有工程师都掌握了工程、问题解决、系统及系统交互方面的知识,但是他们还必须了解飞机、发动机以及飞机上的相关系统,才能有效地运用这些知识来解决现实中的飞机问题。一个有效且高效的维修与工程部门要顺利运作,这两个专业(工程和维修)以及这两个专业的专家(工程师和机械师)都是必不可少的。

8.4　工程部职能

工程部负责的工作包括就维修作业的各个方面进行准备、研究和分析,评估维修需求并为航空公司制订维修大纲,评估建议的可能纳入机队中的飞机系统改造,为维修部门提供技术协助,为处理新设备和设施筹备人员,根据需要提供其他维修方面的协助。下面将逐一讨论这些职能。

1)制订维修大纲

每种机型都有业内工作小组制订并在制造商提供的文件中定义的初始维修大纲,这是推荐给新运营人和新设备使用的维修大纲。一旦进入该领域,运营人就可根据自己的需要和运营环境来调整该大纲(见第 2 章和第 18 章)。初始维修大纲是一个通用大纲,每个运营人一开始就必须根据自己的情况加以裁剪。

制造商编制经 FAA 批准的维修审查委员会报告和维修计划文件(见第 2 章)。航空公司维修单位负责根据时间、空间、人员、航班安排和整个航空公司的能力,将这些文件所述的任务整理成可行的工作包。对于某些航空公司,指定级别的检查("A"检、"B"检、"C"检和"D"检)就已足够。其机队足够大,足以让航空公司安排人员和设施进行持续检查(如每周或每月检查一架飞机)。在小型航空公司,没有足够的飞机允许持续安排"C"检。由于"C"检需要大量的人力,因此小型航空公司需要调整安排,使工作顺利进行。

大多数运营人每月都会进行"A"检。"C"检按年进行(对于较新的机型,每12至18个月进行一次),要求集中所有人员,在3到7天时间内完成该检查。对于小型航空公司,无法为这种年度工作安排充足的人员。为解决这一问题,它们将"C"检分为多个部分,称为"阶段",每个部分单独进行。例如,可以将"C"检分为四个阶段(C1、C2、C3和C4),每3个月完成一个阶段,直到完成整个"C"检。航空公司可将"C"检分为12个工作包,每月完成一个工作包以及计划的每项"A"检。无论哪种情况,全年的人员利用率都会更稳定,而且能够在规定的时间内完成检查,航空公司的工作负荷也稳定。

工程部负责选择要完成的任务、将任务打包为可执行的检查工作包,并确保满足所有任务限制(如时间、周期等)。每架飞机的检查安排实际上由生产计划与控制部门负责(见第9章)。

无论是哪种级别的检查,维修人员执行的任务都可能非常详细。为确保正确执行任务,会向机械师发放工卡。许多航空公司使用飞机制造商制作的工卡,部分航空公司会自己制作工卡,也有航空公司两种方式都采用。无论是哪一种方法,都由工程部负责制作工卡、将工卡组装成合适的工作包,并确保工卡保持最新且有效。

2) 制订有关维修和工程的技术政策和程序手册

该文件包含描述维修和工程部门及其责任所需的所有信息,它确定了该部门的结构、提供了有关关键人员及关键组织职责和责任的信息,并提供了一系列的航空公司设施地图及布局图,也详细描述了工作的执行方式、工作执行人以及进行管理、检验和放行(如适用)的方式。工程部负责根据其他维修和工程单位提供的信息编制该文件。

FAA在FAR-121.369中对该手册规定了最低要求,但应考虑额外纳入内部政策和程序,为维修人员和工程人员提供完整的说明,便于他们执行自己的工作。该手册可以是活页形式的单独文件,可以是一系列单独的文件,也可以是多卷文件集。第5章给出了典型的技术政策和程序手册大纲。

3) 评估维修大纲的变化

维修大纲的有效性有时会出现问题。个别任务可能会变得无效或者不够充分。可能需要恢复之前从原始大纲中删除的部分维修审查委员会任务。在某些情况下,可能需要或者宜缩短或延长重复性作业之间的间隔,以提高总体绩效,或者减少系统或组件在使用期间发生失效的情况。维修大纲的这种调整由工程人员负责。为进行该调整，需要可靠性部门收集数据，工程部对问题进行分析。

4）评估飞机或系统配置的变化

有时，飞机、发动机和组件制造商会对各自的系统进行改造和改进，旨在提高运行质量、可靠性和/或改善维修过程。这种改造和改进会以服务通告（SB）或服务信函（SL）的形式发布。如果涉及安全或适航问题，则 FAA 可能以适航指令（AD）形式发布改造。

由于服务通告和服务信函不是 FAA 的要求，因此航空公司可选择纳入或者忽略改造。许多航空公司会不加怀疑地采纳此类改造，也有航空公司选择忽略。但对于大多数运营人，航空公司工程部将评估纳入改造的可行性。他们将从减少维护、提高性能或者乘客便利性（或者考虑因素的任意组合）的方面来评估纳入改造的成本和效益，然后根据这一成本效益分析决定是否纳入改造。

适航指令为强制性指令，因此工程部无需对这种改变进行评估。但工程部需要提供维修部需要的信息，以完成改造，无论该改造是以适航指令、服务通告还是服务信函的形式发布。这通过发布详细指令来完成，该指令按照下文讨论的工程指令（EO）形式编制。

5）评估要加入机队的新飞机

工程部的一项主要职能是评估航空公司的新设备。当航空公司决定扩大运营时，首先需要解决的问题之一是我们应该购买什么样的飞机/发动机组合？这一决定部分取决于要飞行的航线、目的地城市、预期市场份额，当然，还有设备成本与预期收入。这些是取决于市场情况和航空公司目标和目的的运营与商业决定。

该决定还有另一个重要的部分，即"从维修和工程角度来说，购买什么样的设备是最好的？"这两个决定（商业和技术）必须相协调，以满足航空公司的总体目标。在这一点上，就目前的学习课程而言，我们将跳过商业决定，集中讨论技术决定。

假设我们需要在波音 767 和 A330 这两种机型（均为双发飞机）之间做选择。在维修方面，有许多问题需要解答。

（1）这两种机型可使用哪些发动机？这些发动机是否与航空公司目前机队中的发动机相同或相似？这一点很重要，因为使用新的发动机可能需要额外的维修和测试设施。这样做的成本和可行性非常重要。此外，还要考虑是否需要为工程机械师和其他人员（如有需要）提供培训。

（2）这些飞机的航程如何？航空公司是否需要在外场安排自己的航线人员，或者在现场安排合同人员，以支持新机型的维修或停航？现有的外场人员能否处理这些新飞机？是否需要为他们提供额外的培训，或者提供最小量的升级培训？

（3）这些新机型采用了什么新技术？现有维修和工程人员的技能是否足以维修这些飞机？是否需要为他们提供额外的培训？是否需要额外的人力？涉及广泛培训还是只涉及差异培训？

（4）根据目前对这两种机型的维修大纲的了解，计划的检查是否与现有机队当前的检查计划（即检查周期）相容？为适应新机型，现有的维修活动（机库空间、生产计划、航线、维修控制中心）必须做出哪些改变？

（5）是否需要为新飞机提供额外的地面保障设备（GSE）？如果需要，这些设备是什么？

（6）现有机库是否适合这些飞机？是否需要改造机库，或者建设新机库？这是否需要外部建造商或承包商接口？

（7）为支持新机型，基地和外站的零部件及其储备需要增加多少？这可能需要投入大量的资金来购买现有机队中不常见的零部件。

（8）业内对这两种机型的维修保障经验如何（即零部件可用性、零部件交付、失效率、拆卸率、所需的维修量）？

在决定购买哪一种机型前，工程部必须根据维修与工程部门的其他单位提供的信息，考虑上述问题及其他问题。该初步分析必须包括成本信息以及与设施和人员升级有关的培训要求和时间框架。一旦决定了要购买的飞机和发动机，工程部必须就新机型集成到维修计划的方方面面，进行更详细的估算，制订实施计划。此类估算和计划必须包括有关飞机采购数量和交付时间的数据。

6）评估要加入机队的旧飞机

如果航空公司考虑从其他航空公司或租赁组织购买或租用旧飞机，则除了上述与现有机队设备差异有关的项目外，还必须考虑其他项目。此类项目包括飞机当前配置（包括发动机型号）、当前运营人正在使用的维修大纲和检查计划、改造状态（适航指令和服务通告）等信息。这些要求与航空公司当前设备的相同、相似还是不同？这将如何影响培训、维修保障、航材保障、外场活动等？如果租用飞机，则运营人必须满足哪些改造和配置标准？出租人必须满足哪些改造和配置标准？租赁终止时，飞机应处于何种配置状态？

注: 曾经有过这样的情况,ETOPS① 配置的飞机被租给了并不是按 ETOPS 运营飞机的运营人,因此,没有跟上较新的 ETOPS 改造。租赁期结束并归还飞机时,航空公司发现其需要自费将飞机恢复为 ETOPS 配置。

在签署上述租赁合同时,应明确说明和理解租赁终止时飞机应以什么样的状态归还给出租人。必须在一开始就明确说明飞机的状态(适航指令、服务通告、配置)以及由谁负责进行必要的调整,出租人还是承租人。

7) 新地面保障设备的评估

在小规模下,还需要工程部评估是否需要新的设备,为添加到机队中的飞机提供保障。这些设备包括工具、测试设备、停机位、电动和气动小车、加热器、牵引杆、牵引机等。一些现有的设备(采购的或者租用的)可能适用于新机型,也可能不适用。在某些情况下,地面保障设备即便适用,其数量也可能不足以支持机队规模的增大,因此需要额外采购。

8) 新维修和工程设施的开发

有时,航空公司需要建设新的设施或者扩建现有设施,为新设备、航空公司扩张或现代化工作提供支持。这包括机库、发动机测试设施、组件车间、各种设备的储存设施、特殊零件储存设施等项目。工程部(通常)不参与这些新设施的设计和建设,而是将该工程外包给更合适的公司。但工程部将为设计提供大量的需求信息。机库、车间或任何其他设施都必须采用便于航空公司及使用者,即维修与工程部门快速使用的设计。因此,工程部将充当使用者与设计者和建设者之间的联络人,确保获得令人满意的成品。

9) 发布工程指令

维修部以标准检查(日常检查、48 小时检查、短停检查、"A"检、"C"检)形式执行的工作是根据维修和工程副总监发布的现行命令完成的,如运行规范维修章节所述。未涵盖在这些标准检查中的工作必须通过工程指令分配。一些航空公司可能会用其他名称来命名该文件,如工作指令、技术命令或者工程授权(EA)。该工程指令由工程部根据相关工作中心提供的信息编制,旨在定义工作范围并做出工作安排。根据服务通告、服务信函、适航指令执行的工作以及评估可靠性调查或质控报告识别的问题而执行的所有工作将发布在工程指令上。具体项目所涉及的所有工作中心将在工程指令中指定:维修(航线、机库或车间,视情况而定);材料(零件、用品、工具);质控(根据需要检查工作);培训(补训、升

---

① 附录 E 中讨论了 ETOPS(双发延程飞行)。

级或新课程）。工程指令的内容得到所有参与组织（维修、材料、计划等）的同意后,工程部将发布工程指令。然后,工程部将跟进工作进度,在完成所有工作后关闭工程指令。在某些情况下,航空公司会按照指令或者自主地改造机队。这种机队活动也通过工程指令来控制。在整个机队完成改造之前,该工程指令无法关闭。工程指令的编制将在本章末尾进行讨论。

10）协助解决疑难问题

机械师日常在航线、机库和车间遇到问题可以说是极为平常的事情,需要良好的反应能力。有时会遇到较难的问题,机械师必须运用自己的排故技能来解决它。当问题超出机械师的能力范围时,工程部可协助找到问题的根源。这种协助可以提供给航线、机库和车间人员以及处理保修请求或履行合同的供应商。修理周转件的零件供应商和执行第三方维修的承包商也可能需要工程部的协助。应注意的是这不是工程部的主要责任,工程部只在遇到困难的情况下提供协助。工程部不取代也不替代维修部。

11）工程部的其他职能

工程部也为需要技术协助的培训部、材料部、技术出版物部或者任何其他维修与工程单位提供专业知识方面的帮助。工程部的人员可以说是维修与工程部门的技术专家,能够为航空公司内部任何需要技术协助的单位提供技术协助。

8.5　工程指令编制

对于未涵盖在按照运行规范制订的标准维修大纲计划内的工作,工程部将发布工程指令。工程指令的需求产生于各种来源。工程指令的实施途径也是多种多样,取决于相关工作的类型和复杂性。例如,与维修改装有关的工程指令和其他指令（适航指令、服务通告、服务信函等）将由计划部（生产计划与控制）来安排。其他问题可能需要修改维修大纲（维修间隔、任务等）,修改过程,开展零件采购活动,或者需要培训（复习进修或升级、课堂培训或者在职培训）。在这些情况下,可直接向相关的维修和工程单位发布工程指令。以下八个步骤可概括该过程：

（1）根据以下其中一项决定开展工作：可靠性计划警告,劳动力需求（质保、质控、维修经理或者机械师）,适航指令、服务通告、服务信函或者机队活动。

（2）工程部分析工作需求（问题和解决方案）：故障排除或调查问题,以确定范围和需求；分析适航指令、服务通告、服务信函等（如适用）的时间、人员等需求。

（3）确定要遵循的方法：将工作纳入生产计划与控制检查或者其他计划内或计划外维修活动中，安排其他必要的纠正措施，根据需要发布工程指令。

（4）确定安排和开展工作所需的项目：工程研究、计划等，对特殊技能（如有）的需要（内部获得或通过合同获得），对零件和用品的需要（现货或订货，考虑交付周期），确定对专用工具和/或测试设备的需要以及该工具和/或设备的可用性。

（5）确定所需的工作：人员（维修、工程、合同等），设施（机库、空间、地面保障设备等），完成工作所需的时间。

（6）召开协调会以确定工程指令（如需要）：由参与工作的所有单位参加，协调和解决疑难问题。

（7）发布工程指令：生产计划与控制部将计划工作和监督工作的执行，或者必要时直接向材料部、培训部等发布工程指令。

（8）完成所有工作时，工程部将关闭工程指令：向参与执行工程指令的各工作中心发出通知；对于涉及整个机队的机队活动、适航指令等，工程指令保持开启状态，由生产计划与控制部安排每架飞机的纳入；在整个机队内完成相关工作时，工程部将关闭工程指令。

9 生产计划与控制

9.1 引言

生产计划与控制(PP&C)部是维修与工程(M&E)部门的核心,因为它在计划和安排中发挥着关键作用。虽然"生产计划与控制"这一称谓常见于整个航空业,但实际执行的活动有时无法描述生产计划与控制应该是什么的理想概念。生产计划与控制部主要负责计划和安排航线上所有的飞机维修活动。

9.2 生产计划与控制部

计划工作可由一个集中或者分散的生产计划与控制单位来完成。在集中的单位中,所有职能(预测、计划和控制)在内部完成,在实际开展工作的过程中与工作中心保持联络。在部分分散的单位中,预测和计划由生产计划与控制单位完成,由机库人员或其他工作中心的人员进行控制。在一些航空公司,生产计划与控制职能完全是分散的,也就是说,所有计划和控制工作由各个工作中心完成。如果航空公司的结构和规模使得计划工作必须由各个工作中心而不是集中的单位来完成,则必须在维修与工程部门层面上进行一定的协调和控制。

维修与工程部门通常由维修与工程副总监领导。生产计划与控制部通常向维修与工程副总监汇报工作,通常以经理为主要监督人,其次是维修计划员和长期计划员。①

1) 生产计划与控制经理

生产计划与控制经理主要负责计划部及其职能,包括确保分配的所有维修

---

① 每家航空公司都定义了其认为合适的"计划部"。主要航空公司和地区航空公司可能有不同的计划结构,有不同的名称。

和检查计划活动按照航空公司的政策、联邦航空条例和公司要求的维修大纲完成。生产计划与控制经理必须具有与航空公司内部其他部门合作的跨职能能力；计划、协调并按特定路线及时将飞机送至维修基地；采取必要的适当行动，这可能影响到航空公司的日常运营。

　　2) 生产计划与控制部维修计划员

　　维修计划员将被指派到不同的维修基地。一名维修计划员可跟进两到三个不同的维修基地，并且通常是维修基地在计划工作安排方面的联络人。维修计划员的主要职能是确定所有航线维修和机库维修所需的计划内工作和/或工作范围，职责是跟踪和监督分配给维修基地和飞机的所有计划内工作的完成情况，并负责协调将飞机送往维修基地的路线，也负责与仓储部协调维修计划所需的任何后勤工作。

　　3) 生产计划与控制部长期计划员

　　长期计划员负责飞机维修的短期和长期计划及预测，这包括"C"检和主要基地访视检查，结构修理(疲劳、裂纹、腐蚀)，涂装，租赁归还，退役和任何即将发布的适航指令(AD)；也负责制订工作计划，确定后勤可用性，并根据设施的能力和飞机的位置来确定最适合执行修理和改装的设施。需要时，长期计划员负责将飞机转移至另一个设施进行所需维修，确保所有工作均按照公司的政策和手册完成，并纳入适航指令，以令人满意的方式完成工作。

9.3　生产计划与控制部的职能

　　"生产计划与控制"这一称谓有一定的误导性，它暗示了两项职能：计划和控制。生产计划与控制部实际上有三项职能：预测、计划和控制。预测活动包括估算现有机队的维修工作量、制订业务计划并了解预测期内的任何变化。计划活动涉及安排即将进行的维修，包括该维修的计划，安排细节(人力、零件、设施)和时间要求：级别低于"A"检、日常检查、48 小时检查和字母检。该计划包括服务通告、机队活动指令(FCD)、服务信函和适航指令的纳入以及航空公司认为必要的其他维修活动，如发动机更换、燃料喷嘴更换、齿轮更换以及发电机更换。然而，该计划多少有些理想化，在实际的维修中，会发生许多需要更改计划的事情。控制职能的作用是管理对计划的调整以及保持(或者试图保持)按计划进行检查。计划的调整方法有多种，包括延期检查，增加人员以完成工作，或者将工作外包给承包商。生产计划与控制部可根据检查给予的反馈调整对未来检查的规划。

有一句老话抓住了生产计划与控制的要点:"计划你的工作,按你的计划工作。"生产计划与控制中的生产控制涉及的是"计划"。这是完成手头工作的第一步,必须始终先于行动。没有计划的行动是冲动的行动,会产生不可预知的结果。生产计划与控制中的生产控制涉及的是"计划的实施"。控制阶段开始于所有相关工作部门召开会议,然后确定计划。开始工作后,会立即实施控制,而且会在工作执行过程中保持控制,目的是确保尽可能严格地遵守计划,并在必要时采取行动,根据实际活动中不可避免发生的偏差和情况来调整计划。

图 9-1①显示了在有和没有适当计划的情况下执行典型项目所产生的工作量。主要的计划活动包括制订维修大纲、由工程部制订维修时间表、由生产计划与控制部计划各项检查。一旦检查开始,将有计划地开展工作。图 9-1中的虚线就表示这种正确的方法。没有生产计划与控制部的初步计划,工作量(图中的实线)会随着工作的进行而膨胀,这主要归因于意外事件和延误的发生。

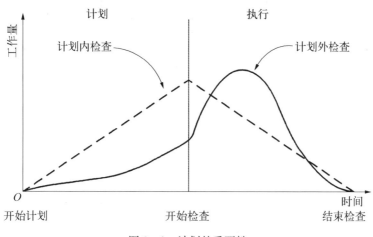

图 9-1　计划的重要性

为说明这一点,我们以一名新手操作员首次对双发喷射飞机执行"C"检为例。该检查通常需要 4~5 天的时间,取决于轮班时间表。某航空公司以下列方式执行了这项任务。检查开始前一周,管理人员才从文件柜中拿出了检修飞机的维修计划数据文件,以了解"C"检需要开展的工作。他们发现,在没有适当提

---

①　该图是约翰·J. 里维尔所著的《飞机维修管理》第 3 版(基奥管理服务,美国明尼苏达州伊代纳,1995 年)中类似图表的变体。

前计划的情况下,根本无法在 5 天时间内完成这项检查。实际情况是他们用了 4 周的时间才完成这项检查。他们在那天学到了宝贵的一课:"计划你的工作,按你的计划工作"。

生产计划与控制的目标是① 将维修与工程对航空公司的作用最大化;② 事先计划和组织工作;③ 根据变化调整计划和安排。我们将依次讨论预测、计划和控制,然后思考关于生产计划与控制的各种组织方案的优缺点。

生产计划与控制部也负责跟踪从其他航空公司或航空公司机队维修供应商借用的或者借出的零部件。一旦零部件可用,生产计划与控制部就应确保换下借用的零部件归还给出租人,同时提供可用的文件资料,上面注明已用时间和可用服务时间。

9.4 预测

预测与维修与工程部门的未来工作量有关。生产计划与控制部负责审查和安排即将对机队进行的维修。这需要计划工作量、制订目标、实施并监控,还必须考虑到对例行和非例行维修的需要,以及与维修有关的未来操作的计划性更改,并跟踪机队规模、常规结构、设施、人力或技能需求的任何变化。对未来的计划还可能包括设备的老化和更换、防腐程序、新设备的添加、设备改装以及即将发布的适航指令和服务通告。随着这些资源和需求的改变,整个维修和工程活动都可能改变。预测职能旨在确保维修与工程部门和生产计划与控制部及时了解这些变化,并随时准备对其流程和程序做出相应的调整。

这种预测通常是长期和短期预测,但偶尔也是中期预测。长期预测涵盖 5～10 年。航空公司计划的长期预测内的变化会影响维修和工程活动。此类变化将影响维修与工程部门的安排、预算、培训、人力和设施。必须在这些方面对维修与工程部门做出调整,以实现其目标和目的,因此必须提前做好计划,以适应航空公司规模的不断扩大(或缩减)。这种长期预测在性质上有些笼统,需要每年进行修改。

短期预测更为详细,通常涵盖 1～2 年。该预测包含更明确的计划,并关注实际的人力和预算数据。短期计划中确定了对各项检查和已知改装的安排。

较大的航空公司也可能会制订 2～5 年的中期预测。因此,这 3 种预测为维修与工程部门提供了一个持续的计划,以跟上运营环境的变化,并随时准备对维修与工程活动做出相应的调整。

9.5　生产计划

　　预测是长期且笼统的,而计划涉及的是维修与工程部门的日常活动。维修与工程部门的目标是及时向飞行部交付适航的飞机,以满足航班计划,并完成或适当推迟维修活动。用商业术语来说,这就是我们要"生产"的——所有维修都得到妥善处理的适航的飞机。因此,航线、机库和车间维修活动构成了维修与工程部门的生产部分。那么,生产计划就是在考虑到既定目标的情况下对该工作进行计划。工程部根据维修审查委员会的文件或者运行规范制订维修计划,将工作划分为多个适当的工作包,并确定要完成的任务、完成任务的间隔时间,以及每项任务的人力需求。表 9 - 1 给出了典型中型航空公司的检查包执行时间表。计划时必须考虑到该检查包,计划、安排和调整与每项检查和每架飞机有关的工作,并根据需要添加额外的任务。表 9 - 2 所示的是中型航空公司的检查包估计工时。

表 9 - 1　飞机维修检查时间表(典型中型航空公司示例)

机　型	波音 747 - 400	波音 747 - 200/300	DC - 10 - 30	A300B4	F50
短停检查		每一个中转站			
日常检查		首航之前或者飞机在地面停靠 4 小时以上时			
"A"检	每 600 个飞行小时检查一次	每 500 个飞行小时或者 7 周检查一次	分为 3 个部分:A1、A2 和 A3,每 465 个飞行小时或 9 周检查一次	分为 4 个部分:A1、A2、A3 和 A4,每 385 个飞行小时或 11 周检查一次	每 650 个飞行小时或 4 个月检查一次
"B"检	分为 2 个部分:B1 和 B2,每 1 200 个飞行小时检查一次	分为 2 个部分:B1 和 B2,每 1 000 个飞行小时检查一次	无	无	每 1 300 个飞行小时或 8 个月检查一次
"C"检	分为 2 个部分:C1 和 C2,每 5 000 个飞行小时或 18 个月检查一次	每 4 650 个飞行小时或 24 个月检查一次	分为 2 个部分:C1 和 C2,每 4 500 个飞行小时或 20 个月检查一次	分为 2 个部分:C1 和 C2,每 3 000 个飞行小时或 18 个月检查一次	分为 2 个部分:C1 和 C2,每 4 000 个飞行小时或 25 个月检查一次

续 表

机 型	波音 747 - 400	波音 747 - 200/300	DC - 10 - 30	A300B4	F50
"D/HMV*"检	第一次检查在 2.5 万到 2.75 万个飞行小时之间进行,之后每 2.5 万个飞行小时或 6 年检查一次	第一次检查在达到 2.5 万个飞行小时之时或第 6 年进行,之后每 2 万个飞行小时或 5 年检查一次	每 2 万个飞行小时或 6 年检查一次	每 1.2 万个飞行小时或 4 年检查一次	分为 2 个部分:H1 和 H2,每 1.2 万个飞行小时或 6 年检查一次

注:1. 制造商提供的一些维修计划文件没有指定的"B"检,但航空公司可根据其选择的名称或字母来识别自己的检查或现有的检查。

2. 上述时间表来自一家飞机数量在 30~40 架的国际航空公司,为了提供说明,我们对该表做了微小改动。

3. 如果同时给出了飞行小时数和日历时间,则进行检查的时间以先发生者为准。

4. 如果检查分为多个部分,如"B1 和 B2,每 1 000 个飞行小时检查一次",则 B1 将在达到 1 000 个飞行小时之时进行,B2 将在达到 2 000 个飞行小时之时进行。这种模式将重复,因此每个部分每隔 2 000 个飞行小时进行一次。

* HMV:大修巡修。

表 9-2 中型航空公司检查包估计工时(示例)

飞机类型	检查类型	例 行	可变例行	非例行	总 计
波音 747 - 400	"A"检	100	—	—	100
	"B"检	300	300	600	1 200
	"C"检	900	810	1 710	3 420
	"D/HMV"检	4 000	20 000	36 000	60 000
波音 747 - 200/300	"A"检	300	150	450	900
DC - 10 - 30	"A"检	410	369	467	1 246
	"C"检	1 800	1 260	2 142	5 202
	HMV 检				65 000
A300B4	"A"检	550	220	539	1 309
	"C"检	1 600	1 120	2 176	4 896
	"D/HMV"检				
F50	"A"检	71	71	142	284
	"B"检	300	90	234	624

飞机类型	检查类型	例　行	可变例行	非例行	总　计
	"C"检	930	4 65	1 116	2 511
	"D/HMV"检	2 119	1 060	2 861	6 039

注：有些检查不是航空公司自己进行的，这些检查要么外包出去，要么由飞机所有者进行（在租用飞机的情况下）。此外，如果飞机非常新，则还没有到进行"D/HMV"检的时候。所需的时间因检查而异，取决于文中讨论的许多因素。

生产计划涉及的是所有维修活动的计划：日常检查、48 小时检查和短停检查，字母检，因适航指令、服务通告、服务信函和工程指令需要进行的改装。它也涉及此类检查各个方面的计划和安排，包括人力、零件、用品和设施。与航班运行、地勤与保障活动的协调也包含在计划工作中。

日常检查、48 小时检查和常规航线维修检查通常是标准化的，除了提供安排以外，无需生产计划与控制部的其他服务。工程部将制订适当的工作包，并在必要的时候发布该工作包，以执行所需的检查。此类检查通常由航线维修部门负责，常规任务由维修控制中心负责管理。生产计划与控制部仅负责监督这一活动。间隔时间短于"A"检的其他任务通常会添加到此类检查中，或者由单独的工作组同时进行。有时，如果服务通告和其他改装比较简单且所需工作时间较短，则会纳入（通过工程指令）航线检查中。这一计划和安排活动将由生产计划与控制部在负责实施的维修控制中心和航线维修部门的配合下进行。

所有"A"检和更高级别的检查均由生产计划与控制部计划、安排和协调，具体的内容因检查而异。此类活动比 48 小时检查和短停检查涉及得更多，因此要提前足够的时间开始计划。对于"A"检，计划活动要在预定检查前 1～2 周开始。对于"C"检，计划活动大约要提前 4 周开始。在某些情况下，如服务通告或适航指令的纳入，鉴于零部件的备货时间，可能需要提前更多的时间开始计划。这样的情况出现时我们再加以讨论。我们首先要讨论预定间隔时间短于"A"检的任务的计划，在讨论"A"检和"C"检之前，我们先要讨论多重检查。

1）间隔时间短于"A"检的维修任务

在维修审查委员会报告中，有些维修任务的指定执行周期短于"A"检的周期。生产计划与控制部负责向航线维修部门发布此类任务的每周、双周或每日安排，以便及时完成。此类任务可以安排在夜间检查的特定时间；特定停航时间（在时间允许的情况下）；或者在时间允许的情况下纳入"A"检中。此类任务可由在正常停航时负责接机的航线维修人员完成，或者分配给由独立于停航小组的航线维修人员组成的特别小组。该方法由航空公司自行选择，而且取决于当地的条件和人力可用性。无论以什么方式完成此类任务，生产计划与控制部都有责任安排这些任务并跟踪它们的执行情况，以确保在预定的时间间隔内完成。有一个问题，即航空公司有时会陷在这种低于"A"检的任务中。由于停航小组工作时间紧迫，因此他们可能会日复一日地推迟该任务。如果习惯性地将此类任务推迟到一个更方便的时间，则完成它们的最后期限就会越来越近。最后，航空公司不得不让飞机停飞几个小时，以完成这些维修，以免超过 FAA 的时间限制。这种延误的代价可能非常大。

2）多重检查

回想第 2 章中的内容，一些 MRB 项目的间隔时间使得此类项目以每隔一次、每隔两次等频率进行，"A"检以及"C"检就是这种情况。这意味着，根据飞机在维修周期中所处的时间，每次进行的"A"检或"C"检都将有一组不同的任务要执行，因此需要不同数量的时间、人力等。这只是生产计划与控制部的另一项职责：确保零件和用品、人力、设施和时间足以满足检查计划的这种变化。表 9 - 3 显示了双重"A"检的典型模式。此类周期将一直执行，直到 FAA 批准改变。

表 9 - 3　飞机的典型"A"检*和"C"检†时间表

检查时间/小时	300	600	900	1 200	1 500	1 800	2 100	2 400	2 700	3 000	3 300
1A	X	X	X	X	X	X	X	X	X	X	X
2A		X		X		X		X		X	
3A			X			X			X		
4A					X			X			
5A						X				X	
C										X	

注："X"指进行检查。
　*　"A"检＝300 小时。
　†　"C"检＝3 000 小时。

还应注意，每次"C"检都应涵盖该表要求的所有"A"检项目。在某些情况下，这意味着可能需要组合工卡。例如，"A"检可能需要对某一系统进行运行测试，而"C"检需要对该系统进行功能测试。维修手册（以及随后的工卡）为每个单独的测试提供了完整的测试说明,但同时执行这两项测试可能会使某些步骤出现不必要的重复。因此,工程部必须修改工卡,或者通过发布现行命令来修改工卡,以避免这种不必要的重复。"C"检项目也可以最初就按更长的间隔时间安排,指定为 2C(每隔一次进行一次),3C(每隔两次进行一次)等。可就多重"C"检绘制与表 9-3 类似的表格,为计划员提供帮助。

　　3) 分阶段检查

　　分阶段检查不同于多重检查,因此具有不同(但不是大不相同)的编号方案。"A"检可以分为两个阶段,每个阶段连续数夜进行,以减少飞机停飞时间和对维修人员的需要。这种类型的检查划分为分区维修(在第 2 章中有讨论)工卡。在这种情况下,根据工卡的要求,对不同的区域进行检查并进行维修。例如,对左右翼、副翼系统和尾翼进行 A1 检查,之后对机身剩余结构进行 A2 检查。根据由飞机制造商提供、由航空公司调整、由 FAA 批准的维修周期,该等检查可划分为不同的部分。

　　每家航空公司都有不同的方式来执行分阶段检查、"A"检、"B"检或"C"检。根据机队规模和批准的方法,一些航空公司将"C"检划分为 4 个部分(C1、C2、C3 和 C4),每 3 个月进行一次,另一些航空公司将"C"检划分为 12 个部分,需要每个月进行一次。

　　4) "A"检计划

　　"A"检通常是例行检查。需要完成的任务由工程部根据 MRB 文件或运行规范确定。所需的时间、人力和零部件及用品通常是固定的(有关调整 MRB 任务估计时间的讨论见第 2 章),但也有必须考虑的变化。如果飞机维修日志中记录的某一任务不能在停航检查、日常检查或夜间检查期间进行,可将该任务延期。这种延期可能是因为缺乏零部件、暂时缺乏熟练工或者没有充足的时间(发生之时)来完成。在这样的情况下,生产计划与控制部可将延期的检查纳入下一次"A"检中,到那时,应该能够提供必要的零部件、用品和人员。

　　由于时间和零部件的限制,"A"检的执行还可能包括一些间隔时间短于"A"检的项目(如 100 小时、250 个周期等)。这些项目的执行时间或周期可能接近"A"检,因此,为了方便起见,将此类项目纳入"A"检中。不需要大量时间或零部件的服务通告或服务信函也可以纳入"A"检中。

　　因此,即便"A"检相对简单直接,也需要进行一定程度的计划。生产计划与控制部负责"A"检的计划和安排,其将制订工作包并在预定检查日期前几天将工作包发送给适用的工作中心审查。允许根据环境的变化来调整工作包(这是生产计划与控制中"控制"部分的开始）。

"B"检（如使用）通常类似于"A"检，但涉及不同的任务，通常在连续"A"检之间的间隔时间内进行。"B"检的计划与"A"检的计划大致相同。

5)"C"检计划

"C"检通常每年进行一次（对于较新的机型每 12～18 个月进行一次），这取决于航空公司的航班计划。这一计划工作比"A"检更详细、更复杂。"C"检通常需要 4～7 天的时间才能完成，具体取决于机型和实际情况。轮班次数、人力和零部件的可用性以及工作的技能要求都会影响所涉及的时间长短。该检查包括三类任务：例行任务、可变例行任务和非例行任务。

例行任务是指 MRB 文件中确定的任务，必须按照指定的时间间隔进行。由于其中一些任务在每次"C"检时进行，另一些是每隔一次、每隔两次或每隔三次检查进行（2C、3C 或 4C），因此进行每一个预定检查所需的时间因检查而异。这种安排和时间需求的变化是生产计划与控制部需要关注的。

可变例行任务是指那些因不同的检查和不同的飞机而不同的任务。此类任务包括服务通告和适航指令的纳入以及机队活动、从以前的维修检查中延期的任务和特定飞机所需的任何其他一次性维修行动。完成这些任务所需的时间通常是固定的，因此，此类任务的计划类似于例行任务的计划。

非例行任务是指完成其他例行任务而产生的工作。例如，如果某一例行任务要求检查轮舱是否有液压泄漏，则该任务将需要一定的时间来完成（预定任务）。但如果发现了泄漏，就必须解决该问题，这就产生了非例行维修任务以及随后的非例行工卡。由于非例行任务的数量只能估计，而且完成此类任务所需的时间因许多因素而异，因此，对生产计划与控制部来说，这是有趣的任务，需要正确估计完成这些任务以及完成整个检查所需的时间。

下文列出了可能包含在"C"检中的任务，但这些任务并不是都包含在每一次的"C"检中。

（1）核准维修大纲中的"C"检任务（例行任务）。

（2）从航线维修或其他检查包中延期的维修（可变例行任务）。

（3）服务通告、服务信函和适航指令的纳入（可变例行任务）。

（4）飞机改装的纳入和机队活动（可变例行任务）。

（5）飞机的清洁和涂装（可变例行任务）。

（6）检查和例行任务产生的工作（非例行任务）。

生产计划与控制部负责收集和安排这些任务，方法是准确估计完成例行任务和可变例行任务所需的时间,并预测完成非例行任务需要的合理时间及其他延误。一旦制订工作包并估计所需的时间,生产计划与控制部必须安排和计划所有必要的要素,以适当执行工作包。这包括如下几方面:

(1) 定位所需的机库,并获得在检查期间使用该机库的许可。

(2) 获得飞机停飞的许可,以便维修(这可由维修控制中心完成。)

(3) 安排清洗飞机。

(4) 获得所需的牵引车和人力,便于将飞机移至清洗架,然后移至机库。

(5) 确保已准备好进行检查所需的一切零部件和用品。

(6) 确保在需要的时候将零部件和用品送至机库。

(7) 确定检查所需的人力和技能。

表 9 - 4 显示了典型航空公司对 A300B4 进行"C"检的工时估计。

与"A"检相同,必须制订"C"检检查包并在活动开始前分发给适用的工作中心。该检查包在预定检查日期前 1～2 周发出,然后,所有相关单位召开会议,于会上讨论并确定为可行的计划。如果因为生产计划与控制部在计划时未意识到的情况而需要做出改变,即使是在最后一刻,这种改变也是允许的。此类情况可能是一些任务可能需要比预定时间更多的时间才能完成;近期延期的任务可能需要优先完成;没有收到所需的零部件;因生病、休假等原因无可用的人力。发生此类情况时将根据需要调整该检查包。在极少数情况下,检查时间可能会根据需要延长 1 天或一个班次。当然,必须就此情况与航班运行部和运营办公室协调,以适应重新安排的飞机放飞时间。

生产计划与控制部的最后一项工作是从计算机数据库中生成(或人工制订)检查包,并发放工卡,供飞机维修技术员和质检员在检查期间使用。在预定的日期,将清洗[①]飞机并送入机库,然后开始检查(第 14 章将详述执行检查的方式。)

9.6　生产控制

生产计划与控制部制订的计划根据过去的工作经验以及零部件、用品、人力和设施在需要时可用的假设,给予了一定的工作执行时间。该计划还假设工作活动流程无任何变化。生产计划与控制部只能估计完成非例行任务所需的时间,这可能不太精准。以一项例行任务为例,该任务要求"检查液压管路是否有

---

① 　由于环境问题,进行"C"检时飞机的清洗由运营人决定,并遵守机场规定。部分飞机按照独立于任何阶段检查的清洗计划进行清洗。

表 9－4　飞机检查包工时汇总(以 A300B4 飞机的 C 检为例)

| 工作类型 | 机上工作 | | | | | | | | | | | | | | 离机 |
| | 机库 | | | | | | | | | | 车间 | | | | 所有工作中心 总计 |
	AF	ENG	ELEC	INST	RADIO	AIM	LUB	UTIL	总计	%	NDT	ASM	PS/FG	总计	
例行*	71	28	19	3	3	62	7	115	308	36.71					308
可变例行†															
SIP	18	18	2		14		15		67	7.99					67
SSI															
组件更换	3					6			9	1.07					9
发动机更换															
APU 更换															
LDG 更换															
SI	33	48	6	9	9	6			111	13.23	5			5	116
改装	23	7	32			2			64	7.63		15		15	79
EN	10	15		2					27	3.22	5			5	32
MARF															
其他	20	11	5	6	10	1	10	8	71	8.46					71
非例行‡	51	25	17	3	3	2	2	35	182	21.69		14	12	26	208
总计	229	152	81	23	39	123	34	158	839	100	10	29	12	51	890
可用工时变化															

注: ＊ MRB 或运行规范指定的任务。
　　† 随飞机,检查和其他计划决策而变化的例行任务。
　　‡ 产生自其他任务的任务。

泄漏",如果没有泄漏,该检查任务需要一定的时间来完成,但计划员无法确定是否有泄漏,也无法确定可能发现的泄漏的程度,因此他无法准确估计修复泄漏(非例行任务)所需的时间。即便如此,仍需要估计和安排修复泄漏所需的时间。

但根据之前类似检查任务提供的反馈,计划员能够在一定程度上预先设想可能发生的事情。因此,那些开展工作和控制检查的人员有必要向计划员提供反馈,以帮助他们在下一次检查计划工作中做出更准确的估计。这一点很重要。这通常可以在上述计划会议期间进行调整。

正常情况下,拆卸和更换定时维修项目的例行任务可能需要 2 个小时。在一个特定场合中,我们假设一个螺栓在安装过程中被拧断,这需要额外的工作来取出断裂的螺栓。现场可能没有进行这项工作所需的工具,并且取出螺栓和重新穿丝的这个过程可能需要大量的时间,还可能需要通过检查或调查来找出其中的原因(机械师对工具的不当使用、零部件退化、扭矩扳手超出校验范围)。这耗费的时间可能非常长,并且可能因为活动所在的位置而耽误另一名机械师在同一区域内执行其他任务。

在实际的维修工作中这一切都是"日常行为"。因此,对于维修来说,跟踪在每项任务上使用的时间是很重要的。虽然机械师及其工会不喜欢被计时,但在进行安排和计划时,应以了解完成特定工作需要的时间、执行该工作时可能出错的地方以及纠错所需的时间为目标,这一点非常重要。管理人员和机械师应意识到对于同一项工作,有些人可能比其他人需要更多的时间,同一个人在某些时候比在其他时候需要更多的时间来完成工作。这并不奇怪,生活就是如此。因此跟踪完成任务的时间并不是为了规训,仅仅是为了进行实际计划。管理人员、工程师和机械师都需要不定期地出于各种充分的理由调整计划安排,这必须得到尊重和计划。

9.7　其他计划内工作

计划部为包括航线维修检查在内的所有维修作业发布每日工作计划。检查包含所有安全项,机舱和驾驶舱内部检查,更换机油,更换液压油,机组人员和乘客供氧检查,检查刹车和轮胎、机翼和机身,更新导航系统(如 GPS 和 T2CAS 系统)。此外,计划部还监控所有 MEL、CDL 和 NEF 项目以及机油消耗趋势。在机油消耗监测计划下,需要每天在飞机起飞之前检查油位。计划部负责监督工作的执行情况,并根据需要更新维修站。

9.8　用于计划目的的反馈

飞机在地面不会产生任何收入，占用所有时间来进行维修并不是可取的。因此，维修人员和计划员有必要了解完成各项任务和整套检查所需的时间，以便准确地计划，并在合理的时间内完成维修检查。

根据掌握的最佳信息制订字母检计划，然后由所有相关的工作中心审查该计划，以避免任何明显的问题，如人力、物流和专用工具。其他因素会产生一定的影响，可能需要做出一定程度的修改。有必要将这些修改传达给生产计划与控制部计划员，便于在以后的计划工作中考虑到这些需求。为调整未来计划，计划员需要知道如下内容：

(1) 完成每项任务需要的确切时间。

(2) 因等待交付零部件、用品、工具等消耗的时间。

(3) 异常情况下的停工时间。

(4) 额外在非例行检查上消耗的确切时间。

(5) 人力可用性变动（如病假、休假等）。

(6) 因为将零部件挪用于其他工作而消耗的时间。

这样的信息有许多用途。如果知道实际需要的时间，而不是根据维修计划数据估计或计算需要的时间，则对任务的安排将更准确。如果因为工作场所没有所需的零部件或用品而浪费了时间，则必须对下一次计划内工作做出调整，以确保更及时地交付。如果进行下一次检查的人员出现变动（因为休假等原因），也会影响工作的完成，应纳入计划中。

在航空公司，挪用零部件是一个由来已久的问题。航线工作人员有义务让飞机尽快复飞。如果为此目的需要零部件，但无库存，最可能的来源是任何目前未计划飞行的飞机，这使得机库中停放进行"C"检的飞机成了主要来源。航空公司做出的推测是可订购零部件，并且有望在"C"检之前送达。不幸的是对于进行"C"检的人员来说，这通常需要重复工作，结果是完成检查实际使用的时间比需要的时间更长。

虽然挪用零件不利于计划内检查，但这不仅仅是计划的问题，这是整个维修与工程部门的问题。该问题应由生产计划与控制部以外（更高级别的）的部门解决。但在解决之前，仍然属于检查计划工作的范畴。我们将在第14章中进一步讨论零件挪用这一情况。

10 技 术 出 版 物

10.1 引言

在第 5 章中，我们讨论了现代商业航空公司维修活动所需的大量文件。显而易见，生成、分发和更新该类文件是一项工作量非常大的任务。为此，作为典型的中型航空公司，我们在公司的技术服务处设了技术出版物部门。技术出版物部门对飞机维修作业至关重要，因为该实体全权负责在整个航空维修基地、航班中心和较小的站点接收和分发出版物。

在小型航空公司，采用不同的安排可能更有效。在这些航空公司，典型的技术出版物部门可能隶属于工程部，也可能隶属于质保部。大型航空公司可能需要更大的技术出版物部门。在任何情况下，本章讨论的职能和需求适用于所有航空公司，无论其组织结构如何。

10.2 技术出版物部门的职能

技术出版物部门本质上有如下三个职能：

（1）接收并在公司内部分发外部来源的出版物。

（2）打印和分发公司各部门编制的出版物。

（3）就维修与工程作业所需的所有文件，建立并维护一个完整且最新的文库系统。

外部来源包括机身和发动机制造商、机上设备供应商和制造商以及维修专用工具和测试设备制造商。此类文件可能包括维修手册和其他文件的初版以及该手册的任何定期或不定期修订，还包括上述制造商或供应商发布的服务信函（SL）、服务通告（SB）或维修建议，也可能包括航空公司监管当局发布的联邦航空条例（FAR）、适航指令（AD）、咨询通告（AC）和其他官方出版物。

航空公司内部文件包括航空公司技术政策和程序手册（TPPM）、可靠性计划手册以及航空公司内部编制的任何其他维修和检查文件(详细列表见第5章)。其他维修与工程部门,如工程部、质保部等制作的许多文件由负主要责任的部门创建,但是通常由技术出版物部门复制和分发,因为有这样做的流程和设施,这些文件包括每月可靠性报告、工程指令、航线或机库维修检查工作包、工具和设备校准计划等。

10.3 航空公司文库

设立技术出版物部门的主要原因是确保与航空公司运营有关的所有适用文件可随时供使用者使用,并与最新变化保持同步。最常用的方法是为维修与工程部门建立一个主文库。如果维修与工程部门规模非常大,那么仅有一个文库对许多使用者来说是不方便的,而且每个文件的副本数量可能会受到限制。为此,除了主文库外,大多数航空公司的技术出版物部门还会设立一个或多个卫星文库,该文库的位置可以最大限度地减少访问所需信息的运行时间。维修与工程主文库包含与维修、工程和检查活动有关的所有出版物,而卫星文库中的文件通常仅限于与特定职能有关的文件副本。每个文库部(主文库和卫星文库)应备有必要的桌椅、书架、缩微阅读器和打印机、计算机终端和复印机,以满足用户和文件格式(纸质、缩微胶卷、电子)的需求。表10-1列出了可能设立卫星文库的一些地点。

表 10-1 可能设立卫星文库的地点

编 号	地　点
1	维修控制中心(航线)
2	航站(1 个或多个)
3	机坞
4	机库大修车间
5	工程部
6	维修培训部
7	生产计划与控制部
8	质保部
9	可靠性部(可能与工程部或质保部位于同一地点)
10	材料部

10.4　出版物控制性

与维修有关的文件分为非受控文件和受控文件。非受控文件仅用于参考，不用于验证适航性，不涉及下文就受控文件讨论的跟踪系统需求。

受控文件用于验证飞机、发动机和组件的适航性。每份受控文件都应包含有效页面列表(LEP)和文件修订记录，其中标明修订号或版次代字以及修订日期。有效页面列表还将反映最新修订件的有效页数。表10-2是典型的受控文件列表。自引入电子技术、互联网、数据存储、联机手册和Web检索系统以来，航空公司就一直为飞机维修与工程部门和其他部门创建域或内部网站。航空公司维修手册现在通常存储在航空公司的服务器上，并随时更新。这可确保所有手册得到控制和更新，从而缓解了手册过期的问题。在过去，每个维修与工程站点通过邮政服务接收补充资料。最新版本和修订日期通常指出了手册最后一次在线更新的时间。使用网络域之前，飞机维修技术员必须从大型活页夹中找出各种手册参考或文件的任何一个部分，整个过程非常耗时。

表 10-2　受控文件列表

编　号	文　件　名　称
1	运行规范
2	技术政策和程序手册*
3	制造商和供应商手册(见表5-1)
4	监管当局文件(见表5-2)
5	适用适航指令
6	适用机型数据表
7	适用飞机补充型号合格证

注：* 如果航空公司选择将检查和可靠性计划手册与技术政策和程序手册分开发布，则该手册也属于受控文件。

现在仍然需要一些纸质手册。应急手册和应急联系信息必须以纸质手册的形式保存在活页夹中，由技术出版物部门的人员更新。每个受控文件的主、副本也需要打印出来并保存在维修与工程文库中。该文库包含所有手册及其最新修订件的在线版本和纸质版本。这类措施的目的是确保维修与工程部门、技术出版物部门和航空公司符合FAA和内部质控/质保的审核要求。

制造商文件通常有标准的修订周期（如 3 个月、4 个月、每年），但有些是在"按需"的基础上进行修订。监管当局也会定期和不定期修订其出版物。虽然航空公司可以根据自己的选择设置内部文件的修订周期，但通常需要根据其他文件（制造商文件、FAA 文件等）的修改对这些内部文件进行修订；因此，航空公司内部的修订周期将与这些修改保持一致。

航空公司应尽快据此做出相应修订。技术出版物部门应在收到修订件（无论是单独的页面还是完整的文件）后尽快发布给相关的工作中心。为此，该部门需要确定所需的份数以及格式（纸质、缩微胶卷、电子），从而有效地完成分发工作，而无须额外制作或订购副本。该信息可保存在纸质文件、3 英寸×5 英寸的文件卡或计算机系统上。

10.5　文件分发

技术出版物部门负责以最适合的方式（如专人递送、通过公司邮件发送、由公司飞机运送或通过商业快递服务寄送），将各文件及其修订件打包发送给用户。这类文件包应附有来自技术出版物部门的信函或其他形式的文件，通过文件编号、副本编号和修订日期标识发送的资料，还应注明发件人和发件日期，并留出供接收人签字（或草签）的空间，以确认收到文件。收件人应核查文件包的内容和适用性，向技术出版物部门返还已签字的回执单，并以最方便的方式将核查结果反馈给技术出版物部门。

该过程旨在确保此类文件在交付和接收之前一直得到控制。接收单位有责任修改自己的文件，确保文件始终保持最新。技术出版物人员、质控检查员甚至维修管理人员可定期检查接收单位是否遵守该要求，这必定是质保部门或监管当局审核所关注的事项。

11　技　术　培　训

11.1　引言

　　航空公司负责按照联邦航空条例的要求对其机队进行适当维修,也负责为其所有员工提供适当的培训,包括飞行机组、乘务员、地勤人员、飞机维修技术员(AMT)、检查员、审查员、管理人员以及计算机操作和行政人员。很大一部分培训(特别是对飞行机组和维修人员的培训)都是在航空公司聘用之前完成的。这涉及由 FAA 批准的正规专业培训,以及为特定专业颁发 FAA 执照。

　　我们在第 4 章中已经详细提到,只有满足 FAR - 65.71 规定标准以及其他资格要求的学员才有资格获得机身和动力装置机械师执照。但持有 A&P 执照并不表示机械师或飞机维修技术员(AMT)能够维修特定航空公司的特定设备或系统。A&P 执照仅表示飞机维修技术员完成了航空维修的基本培训,他们还必须接受在航空公司指定设备上执行维修和维护方面的培训,培训必须加以记录。如果发生航空事件或事故,FAA 调查员通常会询问:"机械师是否接受过适当的培训?"给出的答案必须以记录文件为佐证,该文件不仅说明了培训的程度,还说明了培训的时间和地点。FAR - 121.375 规定了一般要求;其他各种联邦航空条例给出了详细的培训要求。

　　员工获得 A&P 执照并为航空公司所聘用后所需的培训主题和程度在整个行业内各不相同,而这种差异基于众多因素。本章将讨论航空公司必须满足的各种培训要求。

　　航空公司根据自己的需要选择经过适当培训和具有相关经验的人员,然后为这些人员提供入职培训,对他们进行航空公司具体政策、程序、文书工作和设备方面的培训。随着时间的推移,有必要在航空公司内部或某些外部设施(如制造商或供应商的工厂、另一家航空公司或专业培训学校)为各种人员提供额外的培训。各员工接受的培训必须记录在他们的培训记录(或人事档案)上,受培训影响的执照必须得到相应的监控和更新。

11.2 培训部门

由于航空公司的所有人员都需要接受种种形式的培训,因此需要设立培训部门来满足该需求。该部门可采取多种形式,可以是航空公司的培训组织、培训部门或企业级学校,负责航空公司所有人员的培训;或者是一个单独的组织,负责维修培训以及飞行机组、乘务员、地勤人员和管理及行政人员的培训。

机组人员培训通常外包给各种飞行学院或者飞机制造商,因为他们有教学设施、飞机模拟器和有经验的飞行员来培训飞行机组。这取决于航空公司的规模和运营,一些航空公司有自己的模拟器和担任飞行教员的检查官。乘务员与飞行机组的情况类似,可由制造商或内部进行培训。乘务员培训侧重于使用训练模拟设施进行飞机安全和疏散,以及飞机在陆地或水上发生紧急情况时的应对措施的培训,如教授如何使用逃生滑梯和/或逃生筏。

地勤人员有单独的培训部门,由于有飞机可用,因此他们通常接受内部的培训,主要教授如何操作货舱门(开关)、插入外部直流地面动力装置(GPU)、指挥飞机进出港,并在准备就绪时后牵引飞机,使他们了解牵引车和后推牵引车等设备的安全程序以及如何操作地面动力装置和空气起动小车。管理和行政人员培训也取决于各自的部门。根据联邦航空条例和公司培训要求,飞机维修管理人员需要接受与飞机维修技术员相同的培训。

如上文所述,航空公司的各个部门必须有教员、协调员或培训经理。航空公司需要配备有机队操作资格并接受过相关培训的人员。培训师必须了解其部门的一切变化以及正在进行的和即将进行的培训的要求,他们必须能够演示、解释培训要求,并回答所有问题。航空公司的人员流动率通常很高,而且改变机队规模或组成时会开展大量的培训活动。

11.3 航空公司维修培训

FAA 在 FAR - 121.375 中要求制订航空公司维修培训计划,这要求航空公司为其维修人员提供培训。航空公司的维修培训部负责制订综合培训计划,通过该计划可有效地教授员工和合同维修工如何保养和维护飞机及其系统。

在商业航空公司,培训部门由培训经理领导,培训经理将对维修培训计划的准确性、功能性、培训策略和质量负责。培训经理通常与维修主任(DOM)和质控主任(DQC)共同进行人员培训,这可确保员工及时为所需的培训、飞机及相关系统复习培训和公司要求的培训做出安排。质控主任通常需要配合培训部门,以遵守任何适航性培训、必检项目(RII)授权及各种其他质保和质控培训。

对于飞机维修人员,有几种必需的培训活动。此处列出的培训是航空公司在聘请持有有效 A&P 执照的飞机维修技术员后为维修人员提供的培训:① 正式培训;② 组织培训;③ 制造商或供应商培训;④ 质量培训;⑤ 在职培训(OJT);⑥ 设备操作和安全培训;⑦ 复习培训。本章稍后将逐一讨论此类培训。

1) 正式培训

该培训通常在机械师被聘请之前完成。A&P 机械师和技术员可以来自 FAA 批准的 A&P 学校,来自提供相关航空课程的技术/职业学校,或者来自美国军队。FAA 批准的学校通常会为毕业生颁发相关执照(机身/动力装置或航空电子)。其他两个培训来源要求申请人与 FAA 共同安排必要的测试,以便学员获得所需的执照。一些航空公司制订了特殊的计划,在该计划下,他们从高中或其他同等课程中招募机械师学员,并在其航空公司、承包商航空公司或监管当局批准的特殊学校将学员培训为飞机机械师。这些学员以航空公司员工的身份接受培训。

2) 组织培训

该培训计划由航空公司制订和执行,涵盖航空公司的基本政策和程序、文书工作以及公司使用的特定航空系统和设备。培训课程包括总体政策手册或组织手册,公司组织结构,术语和定义,符号、规则及条例,维修实践,涵盖每种机身及其系统的完整课程,最低设备清单(MEL),延期计划,维修工作时间限制,飞机维修技术员所需要的知识。

该培训可能还包括质控(QC)部和质保(QA)部的运作方式、内部审核计划、不合规通知、可靠性计划、持续分析和监督体系(CASS)、修理和容损、飞机损坏报告系统,以及飞机的短期或长期储存。根据员工分配到的岗位,必须接受寒冬作业和飞机除冰方面的培训,或在亚热带湿热条件下操作飞机的培训。组织培训还应涉及发生飓风、龙卷风、冰暴等自然灾害时应遵循的指导方针,以及如何在这些灾害期间准备站点和储存飞机。

3) 制造商或供应商培训

制造或供应商培训由飞机制造商/供应商在航空公司购买飞机或系统时为航空公司人员提供。制造商培训涉及的是机身,供应商培训涉及的是飞机系统,如飞机制造商从普惠公司、通用电气或罗罗公司等发动机制造商处购买的动力装置(飞机发动机)。供应商会根据使用其发动机的机队类型为航空公司提供额外的培训,这类供应商培训也与航空电子系统有关,如地形防撞警告系统、飞机环境系统(空调系统)或航空公司需要的任何其他系统。航空公司培训部负责安排和监督所有活动。

4) 质量培训

质保审核员需要接受审核程序与技术培训以及条例和航空公司政策方面的复习培训;质控检验员需要接受检查技术以及工具与设备校准方面的培训。授权负责必检项目(RII)的机械师必须接受航空公司或外部组织就其负责的检查项目所需的检查技术和其他细节提供的专业培训。

5) 在职培训

在职培训(OJT)涉及特殊程序,这些程序不能在课堂上充分且有效地讲解,只能在实践中学习。航空公司的在职培训计划专门与课堂活动结合起来使用。这种专业的实践培训由有经验的飞机维修技术员或技术工长为新聘用的飞机维修技术员提供。该培训可能包括向飞机维修技术员演示如何更换飞机机油,拆装轮胎、飞机发动机、发动机发电机以及电线和线束,也包括排故,使飞机维修技术员熟悉维修手册系统、工作单以及如何检索该资料,签字批准新聘用的飞机维修技术员上岗的流程。通常会记录在职培训,作为员工培训记录。

6) 设备操作和安全培训

维修部门的每名员工都必须参加设备操作和安全培训课程,因为他们每天都要操作这些设备。接受该培训的人员包括飞机维修技术员、飞机清洁工、仓库和物流人员以及所有车间人员,他们必须学会如何使用设备、如何使用安全装置、如何识别夹点、如何报告损坏或不能工作的设备并进行适当标记。此类设备包括公司车辆、普通卡车、带随车起重机的卡车、车载式吊车、叉车、液压操作的工作台、飞机发动机起重机、钣金剪切机、金属折弯机、磨床和飞机牵引车。这类培训也由航空公司的维修培训部门教授,该部门应充分记录维修培训,并在其认为合适的情况下进行再培训。

7) 复习培训

意识到飞机维修技术员需要进行复习或重新接受技能考核时,航空公司需要为其提供复习培训。这通常发生在航线维修作业中,发生在飞机长期停飞且相同的问题反复出现时;很明显,维修人员要么在排除系统故障时操作不当,要么就是不够了解该系统。这可能归因于飞机维修技术员有很长一段时间没有操作过设备或者执行过维修活动(这种情况可能重复出现),航空公司认为他们需要接受与该系统有关的复习培训。

这类培训通常由航空公司的培训部或者组件供应商制订和教授,使飞机维修技术员更好地了解系统以及排故。该培训在"按需"基础上进行。

11.4　维修资源管理

近年来,人们对维修中的人为因素(HFM)产生了极大的兴趣。本书附录 B 讨论了各项人为因素。培训部的任务是制订人为因素(HF)方面的基础课程,并酌情将人为因素纳入其他培训课程中。FAA 发布了咨询通告 AC 120 - 72"维修资源管理(MRM)培训",其中概述了制订、实施、改进和评估维修资源管理和培训计划的要求,以提高维修作业中的沟通、有效性和安全性。AC 120 - 70 附录 1 概述了一个典型的程序;该文件第 11 条(第 21～第 29 页)给出了制订这一课程的指导方针。经过修改后,指导方针也可用于制订其他维修和工程培训课程。

11.5　机身制造商的培训课程

航空公司从机身制造商(波音公司、洛克希德公司、空客公司等)购买一架或多架飞机时,制造商通常会提供与所购买机型有关的、名额有限的培训课程(涵盖在飞机购买价格之中),这包括机身、动力装置和安装的航空电子设备方面的课程。每家航空公司参加这些课程的人各不相同,通常取决于航空公司的规模和管理。对于小型航空公司,将在在役飞机系统上作业的机械师或其主管将参加课程培训。大多数情况下,两者都会参加。在大型航空公司,部分或所有培训名额将分配给航空公司培训部门的维修教员,当然,决定权在航空公司。如果是航空公司的教员参加,那么他们将负责创建适用于本航空公司的课程版本,并向航空公司的机械师教授该课程。

如果新设备与现有设备仅有部分不同,例如,已经使用波音 767 - 200 机型的航空公司引进波音 767 - 300 机型,只需要向航空公司人员教授两种机型的不同之处。航空公司可能已经制订了波音 767 - 200 机型课程,只需要向机械师教授该机型与波音 767 - 300 机型的不同之处。与此同时,可以修改航空公司的现有课程,以纳入两种机型的不同之处,航空公司的后续学员可以根据需要接受其中一种培训或者两种都接受。在许多情况下,制造商将在其工厂或航空公司场地提供有关特定设备的专业课程。所有发动机制造商都会提供发动机状态监测(ECM)课程,以培训航空公司人员如何使用监测发动机健康状态的专用计算机程序。由于每家航空公司只有少数人员需要接受该培训,因此该培训通常不会在现场提供。可能会安排来自多家航空公司的机械师、管理人员、检查员或教员在发动机制造商的工厂或其他方便的地方接受单一课程培训。

机身、发动机和设备制造商可以在航空公司场地提供各种一次性培训方案，这可能包括有关以下主题的培训：双发延程飞行（ETOPS）、腐蚀防护与控制程序（CPCP）、维修差错判断辅助工具（MEDA）、无损试验和无损检验（NDT/NDI）技术、航空安全、可靠性计划等。虽然这些课程由外部机构提供，但航空公司的培训部门也参与其中，因为他们必须提供教室空间和其他必要的帮助，必须更新学员的培训记录。

11.6 补充培训

完成本章提到的所有飞机和系统培训后，飞机维修技术员还必须完成公司要求的其他培训。该培训可能涉及以下领域：① 机型和机型之间的差异；② 环保材料或危险材料；③ 危险品；④ 价值观和道德；⑤ 消防安全；⑥ 听觉保护；⑦ 飞机滑行和牵引。

航空公司培训部门使用各种培训材料来帮助飞机维修技术员了解公司及其政策、程序和机队维修。航空公司培训部门采用的培训方法包括如下几方面：

（1）由正规教员进行课堂培训。

（2）计算机辅助培训（CBT）。

（3）网络培训（WBT）。

（4）视频、PPT 培训。

（5）在职培训（OJT）。

（6）维修车间培训。

在不断发展和不断变化的航空业中，随着航空公司或公司的发展，一些变化的发生是正常的，这些类型的变化必须传递给维修管理人员和提供信息的人员，并作为一种合规方法。这种类型的合规方法被称为"复习培训"，这是一种重要且有效的手段。培训部门根据需要发布通告、警告、CBT 和其他类型的通信资料，使维修人员保持知情。

注：需要了解的是持有证书的机械师和技术员培训不足可能会导致其证书和航空公司的运营证被撤销。但也应理解，并不是人人都是完美的。航空公司管理层必须时刻对是否需要额外的培训保持警惕，必须确保由合格人员执行所有维修工作并验证维修工作的完成情况。

航空公司有时会有额外的培训需求，这些培训可能是内部就可以提供的，也可能不是。无论怎样,培训部门都需要负责安排并完成培训。这包括质保审核员,质控检验员,RII 检查员,NDT/NDI 程序,发动机操作(试车、孔探仪检查等),飞机滑行和牵引所需的专业培训。培训部门需要自己或通过与其他合格培训机构协调来提供这些课程,以响应航空公司的需求。

此处应注意的是维修与工程人员的培训需求,无论是否可由航空公司人员来完成,培训协调员、维修与工程培训部门或航空公司培训学校(以相关航空公司的实际情况为准)都是主要负责人。须谨记的是无论航空公司的组织结构或管理理念如何,维修与工程部门都必须对其自身人员的培训保持一定程度的控制,并且必须充分记录会对机械师和航空公司的认证和能力造成影响的培训。

第三部分
飞机管理、维修和航材保障

在前面的章节中,我们讨论了两种类型的维修:计划内维修和计划外维修。但进行维修的组织并没有以这种方式划分。出于操作原因,维修活动分为机上维修和离机维修。机上维修进一步划分为航线维修和机库维修。机上维修的独特之处在于,维修工作是在飞机上进行的。在飞机上对组件和系统进行排故、修理和测试,拆卸并用正常工作的零部件更换掉有故障的零部件,然后飞机恢复使用。拆下的零部件要么报废,要么送至相关车间修理。这一车间活动占据了离机维修活动的大部分。

机上和离机维修活动都需要用到零部件和用品,这由材料部负责。所需的专用工具和设备由飞机工具部(隶属于仓库和物流部门)提供,为了方便起见,该部门通常设在维修仓库(零部件)区和维修机库。此外,还需要维修工作台、交流/直流电源装置、加热器、空调车和其他指定为地面保障设备(GSE)的物品。GSE 部门还负责地面保障设备的维修维护。

第 12 章将讨论飞机维修管理、管理组织结构和基层管理。第 13 章将讨论所有定期班机的航线维修(机上维修)。第 14 章将详细讨论机库维修(也是机上维修)以及离机的大修车间维修,因为这也是机库维修的组成部分。我们将在第 15 章讨论航材保障和物流的重要性。

12　飞机维修管理

12.1　引言

任何行业对"管理"的定义都是"受雇为公司寻求利益和管理组织活动的人员"。我们将航空商业组织中的"管理"定义为"汇聚人员共同实现飞机维修预期目标和目的的行为"。

航空组织,如商业航空公司、通勤航空公司和包机航空公司,都需要管理团队才能成功。此外,固定基地运营人和飞机修理站也需要管理人员,根据其规模,还需要采用精简的多层级管理方法,可能包括高层管理人员、中层管理人员和监督管理人员,以及不同级别的管理支持人员。

航空业的管理人员基本上由维修主任(DOM)、基地或站点经理以及基层主管组成。他们需要参加公司内部的研讨会和培训,从中学习有效的管理技能。研讨会和培训侧重于公司的一般指导方针和原则。这些研讨会可以在日常工作中帮助管理人员调查违法行为、不良绩效、员工行为、严重事件、违规行为、出勤、与仇恨有关的问题、飞机事故和员工受伤事件。

所有管理人员都需要接受多元化培训,以了解"多元化"的含义,帮助克服刻板印象,并有效地与有能力缺陷的人打交道。今天,要成为一名成功的管理者,必须具有敏捷的思维以及高度关注组织的态度和灵活性,能够迅速适应航空环境的变化。管理团队的所有成员都必须针对员工的任何违规行为或不当行为采取措施,必须对违规行为进行调查。此外,管理人员还必须确保在其负责的区域无歧视或骚扰行为发生,并且必须能够立即采取行动以确认工作场所无任何类型的骚扰行为。

12.2　飞机维修管理组织结构

航空公司的飞机维修管理组织结构可能因公司的规模和组织结构而异。

典型的航空维修组织结构由维修与工程副总监(VP)、维修主任、飞机维修经理和飞机维修主管组成。各公司在指挥层级方面采用的方法各不相同,有的采用自上而下法,有的采用自下而上法。有时,公司会根据维修基地的位置和机场与其他城市的距离,以不同的方式来构建各自的部门。基地站点配有维修与工程副总监和维修主任,而分站点仅配有维修经理和主管,以满足站点的需求。政府法规,特别是国际站点所在的地方,不得不适应不同的规则、海关和边境保护条例。部分外站人员可能需要出差到其他国家,以处理停飞的飞机。国内航班中心的规定没有那么严格,但所有的站点都必须遵守 FAA 的规定和指导方针。对所有站点的监督以维修与工程副总监和维修主任为主要负责人,其次是每个航班中心的维修经理和基层主管。

有时,不同的部门会根据维修基地的位置改变其结构。图 12 - 1 是典型的航空公司维修管理和保障组织结构,显示了维修与工程副总监及其下属。维修组织结构中的新职位或空缺职位如果无人填补通常会留白,这表明主管对该职位负责。有一些职位是 FAA 要求必须设立的职位,如维修副总监、质控主任(DQC)和维修主任。

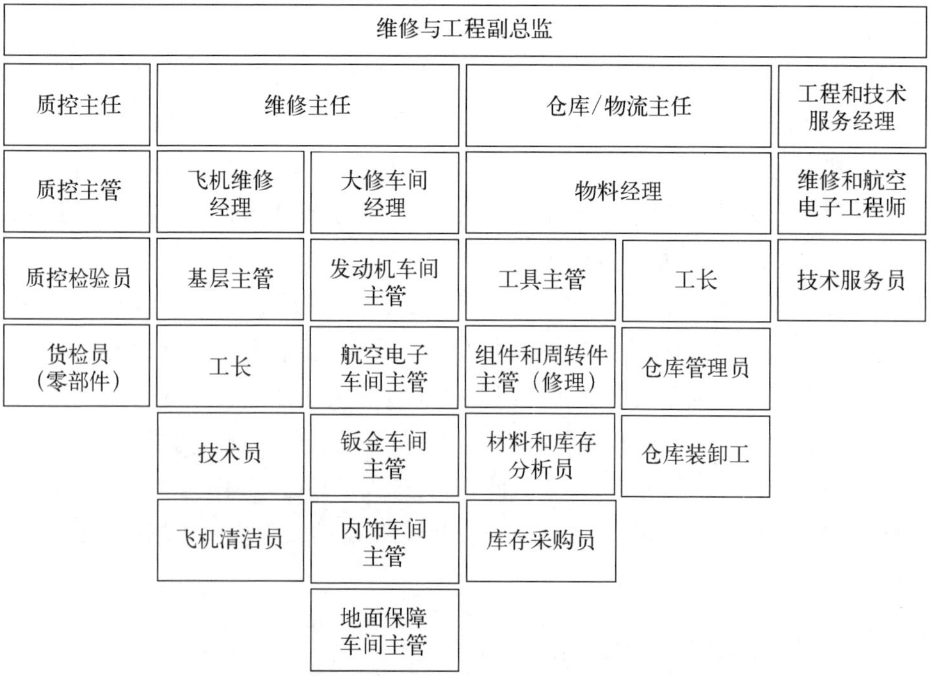

维修与工程副总监					
质控主任	维修主任		仓库/物流主任		工程和技术服务经理
质控主管	飞机维修经理	大修车间经理	物料经理		维修和航空电子工程师
质控检验员	基层主管	发动机车间主管	工具主管	工长	技术服务员
货检员(零部件)	工长	航空电子车间主管	组件和周转件主管(修理)	仓库管理员	
	技术员	钣金车间主管	材料和库存分析员	仓库装卸工	
	飞机清洁员	内饰车间主管	库存采购员		
		地面保障车间主管			

图 12 - 1 典型的航空公司维修管理和保障组织结构图

12.3　航空管理人员的职责

　　管理人员通过下属主管指导和协调部门的活动,促进并参与下属主管的培训和发展,审查及分析报告、记录和指示,并与主管协商,以获得有关计划部门活动的数据,如新的投入、正在进行的工作的状态以及遇到的问题。管理人员还负责就特定工作或职能活动分配或分派责任、传播政策并设定截止日期,确保工作能按时完成。

　　管理人员负责协调部门活动,以确保效率和经济性。他们通过向上层管理人员编制预算、报告和所有维修部门的记录来监控成本。此外,他们也评估当前的政策、程序和实践,为所有部门制订目标,并实现和监督各部门的发展。管理人员发起或授权员工的招聘、晋升和解雇,他们必须能够有效沟通。有效沟通是所有管理人员及其下属成功的关键所在,特别是在传达公司的目标方面。语义在这种沟通中起着至关重要的作用。由于电子邮件使用的增加,多义词或有不同含义的词可能会被误解。有时管理人员会使用航空维修中常见的缩写,因此员工必须熟悉这些缩写。简而言之,管理人员发送的每条消息都必须得到有效接收。管理人员必须学会培养良好的倾听技能,这是有助于管理人员取得成功的最重要的技能之一。他们必须花时间倾听下属和其他管理人员/主管的意见,这些人可以为他们的工作提供重要的反馈,告知他们需要改进的地方。当管理人员向高层提出他们的想法或召开季度员工会议时,他们可能需要澄清某一想法、阐述公司的政策、规章制度或公司的劳工合同,这时,语言表达能力发挥着重要的作用。

12.4　飞机维修经理

　　飞机维修经理或者基地经理身处于一个需要富有远见且充满挑战性的位置,他负责监督维修基地和合同维修基地的整个运作,有责任确保一切顺利进行,并根据需要修改和删除任何政策或程序。

　　维修经理必须具有良好的职业道德、良好的沟通技巧以及对飞机系统的透彻了解。他对组织的架构和发展肩负着一定的责任,因此需要展示出领导力,并与主管和员工建立良好的关系,以实现预期的目标。维修经理的沟通技能及其同僚在维修部门组织和激励的能力,可以带来一个高效的部门。

　　维修经理面临着各种有关停飞待用(AOG)的任务和问题:损坏、零部件不足、罢工或其他工会问题、员工请病假,或者监管当局、高管人员提出的问题,或者飞行维修计划问题。

　　飞机维修经理在航空维修中发挥着非常重要的作用。他们知道如何处理这种有组织的混乱,优秀的经理能够将他们的航空公司或维修部门以及他们的维修基地建设成一个非常成功的团队,可以完全自信地应对任何障碍。

12.5　基层主管/经理

　　基层主管,也称为"基层经理",负责履行日常管理职责。他们将工作委派给维修工长或者机械师长,然后维修工长或者机械师长再根据作业的需要分配工作。基层主管以结果为导向,必须对飞机以及机上作业的机械师做出合理的决定。他们具有安全意识。他们的工作是让高层管理人员充分了解停机的飞机、紧急情况和其他意外事件。

　　基层主管能够在这种工作环境带来的压力下有效工作,能够处理多项任务,并且非常好胜。他们的正直、自律和经验都是优秀的领导素质,他们具备飞机维修知识和有效沟通的技能,能够满足其职位的各种要求。他们善于创新,并且不会放过任何一次改进的机会。他们在面对问题时的乐观态度以及灵活的处理办法为其组织指明了方向。他们紧跟行业趋势以及航空、维修、安全、系统升级和现有系统改装方面的新发展。

12.6　航空公司的重要管理领域

　　维修经理或高层、中层、基层经理会不断遭遇各种难题和问题,如飞机停飞、飞机零部件可用性、生产、下属行为、审核的最后期限、电子邮件、高层管理人员的古怪要求以及日常工作中的其他挑战。航空公司属于服务业,所有飞机必须保持可用且处于良好的飞行状态。飞机不可用意味着飞机无法完成预定的飞行。因此,经理必须竭力解决这一问题。当天气由于降雪、冰雹或飓风而变得危险,飞机不能飞到预定的另一个城市时,也会发生这种情况。

　　如前所述,飞机因零部件损坏而无法使用是管理人员最担心的问题。由于零部件通常从不同的城市获得,因此总会发生零件部不能按时送达或中途丢失的情况。必须对损坏的飞机零部件进行测绘和检查,以了解损坏的严重程度以及需要的修理,并且有时没有快速解决问题的办法。

　　飞机维修管理工作是一项富有挑战性的高要求工作,这项工作本身及其关注的问题都非常复杂,要求参与这项工作的所有人员都应具有非常高的专注力、勤奋的态度以及有效的组织技能。每日解决各项问题的优先顺序必须根据可飞行的飞机和时间来确定,管理人员必须具有创造性的决策能力来克服障碍并实现目标。

12.7　大修车间经理

大修车间经理通常负责所有大修车间。其中部分车间,如钣金车间、航空电子车间和内饰车间,因为飞机停在地面进行维修的时间有限,所以必须与车间"C"检(重大检查)保持同步。钣金车间负责修复所有凹痕、腐蚀和其他延期维修的项目。航空电子车间负责飞机的改装。内饰车间负责所有乘客座椅和飞行机组座椅的翻新和改装。由于飞机排班的敏感性,因此大修车间经理必须了解所有任务的每日进度以及工作开始和完成的时间。

大修车间经理通常会下设主管或工长一职,主管或工长直接向大修车间经理汇报工作进度以及完成工作使用的和需要的材料。发动机车间通常备有飞机发动机,因为需要有备用发动机来应对紧急情况或者按照预定计划进行发动机更换。我们将在第14章"机库维修(机上)"中进一步讨论维修车间。

如前所述,管理航空公司的维修作业需要一定的远见、知识,能够接受新的想法和建议,并且充满活力,才能克服日常工作中遇到的各种航空维修管理障碍。除了飞机维修部门之外,航空公司的日常运营还涉及许多其他部门。飞行部、航空部、餐饮服务部、停机坪(行李)管理部、飞机清洁部、基地运营部、飞机调度部以及其他部门,对航空公司的成功运营也有着重要的作用。维修经理必须与这些部门密切合作,以了解他们的职能以及他们日常与飞机维修部的交互方式。

注: 其他航空公司、运营人、修理站和设施的管理结构和细节可能有所不同。由于每家航空公司的运营因机队规模、飞行计划、员工数量、合同员工数量和其他因素而不同,因此本章中描述的职位和管理结构仅供参考。

13 航线维修(机上)

13.1 引言

航线维修部门的组成取决于航空公司的规模。航线维修部门可能采用不同的组织结构,但中型商业航空公司通常按照其运营的飞机、每日航班数以及良好运营所需的维修人员进行组织。维修控制中心(MCC)负责协调在基地和外站进行的所有航线维修活动。受飞机停航时间限制,航线维修是一种在快节奏环境下进行的维修,其包括计划内维修和计划外维修。航线维修是指在不影响飞行计划的情况下于在役飞机上进行的维修。此类维修任务可能包括日常检查、48小时检查和"A"检所涵盖的所有项目("A"检项目见第2章)。如果航空公司采用了"B"检(发生在"A"检和"C"检之间),则通常也由航线维修人员完成。许多航空公司添加了"A"检间隔任务或计划的其他任务,如日常航线维修检查。这些工作在航空公司的维修大纲中定义,由生产计划与控制部规划,由维修控制中心管理。

同样取决于组织规模,航线维修可以安排一个小组执行所有指定任务,也可以为特定的任务单独安排一个小组。例如,可指定一个小组专门负责进行不同的检查,安排另一个小组负责预定维修飞机的所有维护和维修日志中的偏差项目。日常维护和检查通常是早上要完成的第一件事情,或者在夜间进行。

航线维修人员通常是富有经验的人员,非常熟悉和了解航空公司运营的飞机及其系统。当技术员接到来自进场飞机的维修电话,告知飞机存在异常时,航线维修技术员通常很清楚如何快速解决异常并使飞机恢复到安全和适航的状态。航线上的技术员通常在恶劣的条件下工作:炎热的天气、下雨和下雪。他们常常需要站立、跪着或弯腰,以这样不舒服的姿势拆装飞机零部件。他们承担着维护安全标准的巨大负担,有时为满足这些标准而需要执行的任务也是一种压力。

航线通常配有飞机维修主管办公室、技术员准备室(休息室)、零部件和工具室,以及飞机维修文库,文库中存放着随时可供排故使用的飞机维修手册。航线航空电子室包含所有无线电设备和飞机测试设备的充电站,其中包括非常敏感的设备。

13.2 维修控制职能部门

在维修控制职能部门中有两个部门负责控制维修活动,如图 13-1 所示。我们已经在第 9 章中讨论了主要的维修控制职能部门——生产计划与控制部。该部门需要图 13-1 左侧所示的各种来源提供的信息。

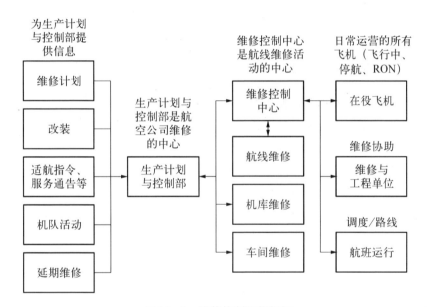

图 13-1 维修控制职能部门

航空公司维修大纲中确定的任何维修以及任何额外的改装、升级或先前检查中延期的维修,均由生产计划与控制部进行控制(安排)。根据需要将这些维修任务指派给机库、车间以及航线。生产计划与控制部通过二级控制机构——维修控制中心与航线维修部门接口。

维修控制中心负责与相关的维修与工程单位和航班运行部门协调在役飞机的所有维修活动(计划内或计划外的)。注意图 13-1 中的双向箭头,这表示双向沟通。维修控制中心必须处理航班计划中的所有飞机,无论飞机位于航线结构上的哪个位置,并且必须协调所有维修活动,无论这些活动是由航空公司还是由第三方执行。此外,对于之前未签订过维修协议的单位,也需要维修控制中心来协调该单位的维修合同签订事宜。维修控制中心还负责与航空公司的任何维修与控制单位协调,为解决在役飞机偏差项目和维修活动的重新安排提供支持;就停飞时间、航班延误和取消与航班运行部门协调。

如果某一架在役飞机需要维修,但飞机当时所在地点无法提供该保障,则满足所有其他要求时可延期维修。这种延期由维修控制中心处理,该中心将把工作安排给另一个时间合适并且有合适的设施和人员的外场或基地。如果该维修必须延期到重大检查("A"检或更高级别的检查)期间进行,则维修控制中心将与生产计划与控制部协调这一事项,然后就获得适当的停飞时间进行安排,确保准备好该检查所需的零部件、用品等。但这样的延期必须符合 MEL 和 CDL 要求。

13.3 维修控制中心责任

维修控制中心是航线维修的核心。无论航空公司的规模多大或多小,维修控制中心职能都必须建立并处于控制之中。维修控制中心的目的如下:

(1) 完成对指定飞机的所有日常检查。

(2) 根据需要对飞机进行短停维修或停航维修。

(3) 协调对飞机的维护(食物、水、燃料等)。

(4) 在分配的停航时间内解决维修问题和进行计划内修理(如可行),或者将维修(最低设备清单、外形缺损清单、非必需设备和装备)延期到更合适的时间进行。

(5) 与各个部门(仓库/材料部、工程部、检查部、计划部和其他维修与工程单位)协调,协助解决基地或外站的维修问题。

(6) 在计划可能受到影响的情况下,就维修、延期维修、功能检查飞行(FCF)、飞机调机许可与航班运行部门协调。

(7) 对飞行中的飞机保持跟踪,以确定飞机的位置、维修需求和状态。

(8) 根据需要与其他航空公司或批准的第三方协调在外场进行的维修。

(9) 收集空中停车(IFSD)、鸟撞、雷击以及需要飞机返航或中断飞行的紧急事件的日志记录。

毋庸讳言,维修控制中心的人员有非常多的工作要做。为此,他们需要合适的设施来帮助完成这些工作。

第一,需要在靠近主航线运营中心的地方为他们设立一个办公室,可在此处与所有部门保持密切联系。

第二,维修控制中心应配备充足的统计显示板或显示所有飞机的电脑显示器(按照机型和尾号显示),以确定飞行计划、飞行时长、飞机位置和维修需求(如有)。这些显示板还应显示维修状态和下一次计划内维修检查("A"检、"B"检、"C"检等)的日期。如果检查只在部分基地进行,则维修控制中心应负责与航班运行部和计划部协调,以确定飞机是否已准备就绪,能够准时进行检查。维修控制中心应"掌握"所有在役飞机所发生的一切。

第三,维修控制中心必须配有充足的通信设备,以满足上述所有要求。这些设备包括用于与任何人员就特定问题进行内部和外部沟通的电话;用于与飞机通信的无线电;手持无线电(或手机),用于联系航线上的维修人员以及身处无法接入其他通信设备的场地的维修人员;电传打字机、传真机和/或计算机终端,用于在各单位之间传输数据和表格。

第四,为执行所分配到的任务,维修控制中心必须能够查阅维修手册和其他技术文件。需在维修控制中心的设施内建立一个大规模的技术文库(见第10章)。由于维修控制中心是发生任何维修问题时第一个要告知的单位,因此它是第一道防线,是负责迅速解决问题的单位。维修控制中心必须与其他维修与工程部门协调,以成功解决问题。维修控制中心负责使飞机恢复使用。

第五,维修控制中心必须配有充足的合格人员来开展各项工作,能够对在役飞机的所有维修问题做出快速且准确的回应。所有维修控制中心人员都应是有执照的机械师。维修控制中心在实现维修与工程部以及航空公司的目标和目的方面发挥着巨大的作用。

如前所述,维修控制中心的主要职能是确保所有飞机可用于日常飞行。维修控制中心也负责支持航空公司的可靠性计划,负责确定和报告所有飞机延误和取消事件,并且必须提供所有事件的详细信息。由于航线维修部门及其程序是解决延误和取消事件所必需的,因此维修控制中心对调查和解决这些问题有着重要作用(有关可靠性和重复项目,见第18章)。维修控制中心也负责协调、发布、控制和审查MEL、CDL和NEF系统下的所有维修延期项目。维修控制中心有权根据项目的情况、处罚限制或重复出现的时间性偏差次数来拒绝或推迟该项目。部分航空公司在其运行规范中对重复出现的偏差进行了分类。一些航空公司将偏差或记录指定为5天内重复出现3次以上,其他航空公司可能指定为7天。如果没有在运行规范中指定重复率,则应在航空公司的可靠性计划文件中注明。

如果问题仍然存在,那么一定有错误。这可能是程序上的、机械上的、操作上的错误或者与维修手册、环境条件、从库存取出的故障零件有关。无论是什么原因,维修控制中心都需要立即进行调查以确定问题并解决问题。这是一项在可靠性数据确认问题之前就需要确定和控制的工作。重复偏差甚至很有可能不会出现在可靠性数据中,因为如果得到快速解决,它就不会反复出现,从而引发可靠性警告。

13.4 航线维修作业概述

图 13-2 显示了一次给定飞行的典型航线维修作业活动——停航。

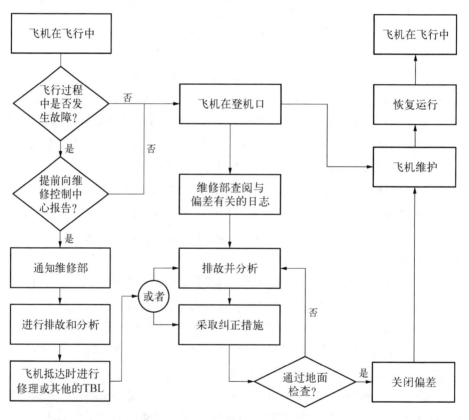

图 13-2 航线维修作业——停航

飞机在飞行过程中可能会,也可能不会遇到任何故障或偏差。飞机到达登机口时,将提供正常的维护(燃料、食物等),并安排乘客登机以及行李和货物装舱。如果飞机在飞行过程中发生故障或偏差,则有两种情况可能出现。通常发生的是将问题记录在飞机维修日志中,在航班抵达时由地勤人员解决。将采取图 13-2 中所示的维修行动。但为了减少地面上的延误,建议由飞行机组通过航班运行部与维修控制中心向维修人员发出预警。这使得维修人员可以在飞机抵达之前有时间查阅过去的记录并解决问题。因此,采取的是图 13-2 左侧所示的行动。在许多情况下,维修人员在飞机抵达之前就想好了解决方案,从而减少了因维修造成的停飞和延误时间。这可以由一个单独的团队完成,也可以由处理任何其他日志项目的同一个团队完成。注意,飞机恢复使用之前,必须关闭所有偏差(或延期维修项目)并完成飞机的维护。

13.5　飞机日志

飞机日志是 FAA 要求的、航空公司用以记录任何维修偏差的一种文件。没有日志的飞机不能飞往任何目的地,在地面上时,没有日志的飞机不能滑行到任何其他地点。日志显示了是否存在待解决的维修偏差,以及是否有人在移动或启动飞机时损坏了飞机或其系统。

飞机维修部门负责保持对日志的更新,包括在修复飞机维修偏差时记录总飞行时间和飞行周期等信息。机长必须填写飞行机组姓名、航班号等基本信息,并在日志上签字,确认接收飞机。日志中有一部分是供飞行机组填写在飞行前检查中发生的维修偏差、在飞行过程中遇到的维修问题或者在飞行后检查中发生的问题。飞行机组必须将维修偏差记录到日志中并通知维修控制中心,以便维修人员解决问题。维修偏差可能会得到快速解决,也可能根据 MEL 计划延期,这取决于维修偏差的性质。

一旦维修控制中心和飞机维修技术员同意延期项目,飞机维修技术员就会在维修偏差方框旁边的纠正措施框中输入适当的信息,并使用维修控制中心提供的 MEL 信息和授权号签发。

完成对飞机的维修并解决偏差之后,飞机维修技术员将取下日志页副本并转发给维修控制中心。一些航空公司会在每天飞行结束之时收集日志副本。日志页通常是一式两份,但也可能是一式三份。只会取下日志页的副本,日志页原件始终保留在飞机上,直到日志填满并安装新的日志。填满的日志将转发到飞机记录部。维修控制中心将收到的日志页副本录入维修与工程部的维修数据库中,维修与工程部、质保部、质控部和可靠性部门将这些信息用于各种其他操作、ATA 验证以及供未来参考。

现代飞机已经用电子日志取代或改进了飞机日志。ACARS(ARINC 通信和报告系统)用于向航空公司基地发送数据。ACARS 系统是一种数字数据链，飞行机组在飞行中使用它在飞机和维修基地之间传输信息。这有助于维修控制中心评估偏差和所需的修理时间。ACARS 系统也用于关闭维修偏差(用作电子日志)，这取决于使用的飞机及其能力。飞机维修技术员在 ACARS 系统中关闭偏差后，会将偏差记录到维修控制中心或者飞机记录系统数据库中。ACARS 系统还用于飞行前通信和其他集成系统，用于计算飞机的载重平衡和监测发动机的动态。

13.6 停机坪和航站楼运行

在任何机场，短停飞机都会受到很多关注，这种关注通常集中在短暂(通常为 30 分钟)的时间段内，我们称为"停航"。在停航期间，必须完成飞行操控、维护和维修工作。下文概述了可能采取的行动，但并不是所有行动都会在每一次停航时发生。

1) 飞行操控

飞行操控的主要目的是根据需要安排乘客下机和登机以及行李和/或货物的装舱和卸载。第一波活动是将飞机停在登机口，放置登机梯或登机口坡道，打开飞机舱门。这是一项维修人员、地勤人员、飞行机组和乘务员、航站楼人员以及负责地面控制的 FAA 指挥塔人员都会参与的工作。从候机大厅观看这一活动，可以看到工作人员与机器的密切配合。

行李和货物装载设备和工作人员的工作组成了第二波活动，随后是维护和维修活动。维护包括补充下一次飞行所需的燃料、饮用水以及所有食物和饮品，清除上一次飞行产生的垃圾和其他废料。

与此同时(就算站在候机大厅这一有利位置也难以将任何一项活动与其他活动区分开来)，维修人员进入飞机中，查阅日志，并在可行的情况下，与机组人员讨论设备可能出现的问题。维修人员将检查和排除问题，并进行修理。在某些情况下(建议尽可能这样做)，预先告知问题能够让维修人员在飞机抵达之前，使用故障隔离手册(FIM)和飞机维修手册(AMM)排除问题("以书面形式")，即带着可能的解决方案接机。如果完成了维修，则在日志上注明这一情况。如果没有，则按照预定程序延期，并在日志中注明这一操作。此外，还需要在下一次飞行之前将此情况告知飞行机组。

延期必须按照 MEL 要求(见第 1 章)与机长(PIC)一同处理，机长对是否在这种情况下放行飞机有最终决定权。如果不允许延期，则维修人员必须立即进行修理,在某些情况下,还必须对航班的延误或取消负责(见第18章)。如果航班延误或被取消,则维修控制中心必须与航班运行部和航空公司的航站楼人员协调,对乘客及其行李(如需要)做出适当安排。

因此,我们可以看出,虽然维修是本书的主要关注点,但航线维修仅仅是飞机停航时在航线上开展的活动的一部分。维修人员的作用极其重要,他们必须在一系列活动中,在有限的机会下完成维修工作。但航线维修部门要做的并不仅仅是短停维修,在一些航空公司,航线维修人员还需要按照合同,对在本站点降落的、无相应维修人员的其他飞机执行上述部分或所有工作。这种合同工作通过维修控制中心协调。

2)航线(飞行前和飞行后)

飞行前检查必须在飞机当天的第一次飞行前完成,它通常包含建议的检查序列和扩展程序。该检查通常由副驾驶完成,不需要机组人员在场。冬季的飞行前检查不同于往常,需要采取基本的防范措施,遵守特定的程序,并注意细节。航空公司在飞行员手册中给出了特定的冬季飞行政策和程序,其中包括地面除冰和防冰程序。

以下是建议的飞行前检查序列示例:

(1)外部安全。

(2)外部飞行前检查。

(3)客舱安全检查。

(4)驾驶舱设备定位。

(5)驾驶舱安全巡查。

外部、客舱和驾驶舱巡查通过全面目视检查详细进行。巡视时,副驾驶应特别关注飞机的所有表面,如窗户、天线、发动机、整流罩、检修门和紧急出口,确保未使用的设备舱口已正确关闭并上锁。如果在飞行前检查中发现任何异常或维修偏差,则飞行机组将通过ACARS或飞机无线电以预先设定的维修频率发送信息,并通过维修控制中心请求维修。

每次飞行后必须完成航后检查,目的是找出明显的偏差,与航前检查相比,该检查没有那么烦琐。如果上一次的飞行机组与下一次的飞行机组直接在飞机上换班,则无须进行航后检查,因为下一次机组成员将进行航前检查。如果在飞行后检查中发现任何维修偏差,则机组成员应向维修控制中心报告。此外,上一次的飞行机组负责在所有乘客下机后关闭所有电源、电池、外部电源和氧气供应。

13.7　其他航线维修活动

在停航工作的兴奋、热情和便利消退之后,航线维修部门开始处理许多其他任务。其中之一是对所有指定的飞机进行日常检查或 48 小时检查(见第 2 章)。这些检查通常在每日首航前(夜间或早上)完成。日常检查或 48 小时检查包括航空公司的运行规范中确定的维修大纲中列出的具体项目。必要时,航空公司可以增加其他项目。表 13-1 为双发动机喷气式飞机典型的 48 小时检查;表 13-2 为同一机型典型的短停检查。

表 13-1　典型的 48 小时检查(双发动机喷气式飞机)

1	检查刹车是否正常
2	检查 IDG 和 APU 的油位
3	检查主起落架和前起落架轮胎是否磨损
4	检查主起落架和前起落架轮胎的充气压力
5	检查主起落架和前起落架总成是否正常
6	检查尾橇减震器机械指示器
7	检查备用电源的运行情况
8	爆炸帽测试板上测试发动机、APU、货舱爆炸帽
9	在测试板(客机)上测试逃生滑梯爆炸帽
10	操纵刹车并检查起落架刹车是否接合和磨损
11	检查内部应急灯的运行情况
12	检查火灾/过热系统的运行情况
13	检查 TCAS(如有安装)的运行情况
14	目视检查货舱门密封是否正常(ETOPS)

表 13-2　典型的短停检查(双发动机喷气式飞机)

1	根据需要保养机油
2	检查 RAM 进气/排气门和客舱压力流出阀是否正常和阻塞
3	检查正压释放阀是否显示已开启
4	检查所有活动飞机操纵面是否正常、阻塞和锁定
5	确保加油站门已关闭
6	检查前起落架和主起落架轮胎和轮子有无明显损伤
7	检查导航和通信天线是否正常
8	检查静压孔、TAT 探头、皮托管和 AOA 叶片是否正常

9	检查机组氧气系统释放指示片是否完好
10	检查余油口区域和放油口是否有燃油和/或液压油泄漏
11	检查垂直尾翼和方向舵、水平安定面和升降舵是否有明显损伤,是否有液体泄漏的迹象,以及静电放电刷是否缺失或损伤
12	检查下翼面和翼尖有无明显损伤和燃油泄漏
13	检查发动机罩有无明显损伤;检查应急门未打开时,门闩是否牢固;检查是否有流体泄漏的迹象
14	检查进气罩、风扇转子整流罩和风扇转子叶片(两台发动机)

注:对于客机和货机以及航空公司的具体设备,这些将有所不同。

除了日常检查和 48 小时检查外,维修大纲中计划时间小于"A"检周期的项目由航线维修人员在停航期间(如果时间允许)或飞机停场足够长的时间时执行,如夜间或在每日飞行计划的间隔时间较大时。生产计划与控制(见第 9 章)也利用这一停机时间来计划"A"检本身。通常,这项检查可以由足够的人员在夜间完成,也可以分为两个阶段,由较少的人员连续两晚进行(飞机的左边一晚,右边一晚)。

如果时间和条件允许,则航线维修人员可能还需要在停航期间或夜间对设备进行特殊检查,甚至对设备进行简单改装或检查。这些改装或检查可由制造商建议,由监管机构要求,或由航空公司 QA/QC 单位强制执行。这些改装或检查可能需要对单架飞机或整个机队进行。如果检查简单或花费时间短,则航线维修人员有能力完成这些任务。但如果需要的时间较长,则可以将这些任务分配到较长的维修巡修,如日常巡修、48 小时巡修或夜间巡修;或者,如果任务需要打开壁板,拆卸或拆除部件,或其他广泛的维修活动,则任务可降级到机库或车间维修(见第 14 章)。

13.8 航站活动

"航站"和"外场"这两个术语在某种程度上可以互换使用,指的是在航空公司基地以外的航站进行的维修活动。它们通常被认为是同义词。在大多数情况下,航站活动是基地活动的较小版本。短停飞机也需要进行同样的活动。然而,航站可能人员和技能有限;零件和耗材供应有限;用于维修的设施(停机位、机库空间、GSE)有限。

这种安排的一种后果是航站将比基地采取更多的延期维修活动。在某些情况下，修理可以在下一站或沿途的其他站进行，或延期到到达基地后进行。这些延期活动必须与 MCC 协调。

　　航空公司基地的 MCC 必须提供或安排所需的零件、耗材和维修人员，以解决当基地的任何区域存在限制时出现的问题。对于航空公司没有长期活动的航站也是如此。维修人员和耗材必须在现场从其他航空公司获得，或由运营人运至现场。不得已时，飞机可能不得不返回基地或运到另一个合适的地点进行修理。当然，乘客的安置也必须与运营办公室和飞行运营部门联系。在所有这些情况下，MCC 会负责做出所有安排并与有关各方进行协调。

　　外场的其他问题包括雇用现场维修人员，对飞机进行维修保养。除非航空公司与航站事先有合同安排，否则维修安排由 MCC 处理。然而，在一些航空公司，机长有权就所需的任何保养签订合同，但也必须与 MCC 协调。无论问题如何处理，都应在航空公司的 TPPM 中详细说明，所有活动都应通过航空公司的MCC 报告，以便在航空公司内部进行协调和执行。

13.9　维修人员技能要求

　　通常，由于航线维修保养工作简单，航线维修单位可以配备新的、经验不足的人员。这全然不符合事实。航线维修工作涵盖了广泛的活动范围。虽然车间和机库可以雇佣专业人员重复地维修一个或几个项目，但航线维修人员需要了解整个飞机：飞机的所有系统及其交互。航线机械师必须处理不同的问题（通常是不同的机型），每次他们都被要求去接进港飞机。

　　负责航线维修的人员必须具备良好的专业资格。他们应该是经监管机构和航空公司认可的经过资格认证的机械师，可以维修机身、动力装置和飞机系统，他们必须通过认证，可以签字确认维修任务并让飞机"恢复航行"。航线维修人员还可以包括无证助手和见习人员，但他们必须在经过资格认证的人员的监督下工作。可以为航线维修人员（大型航空公司）指派专职质控检验员，或委派航线维修人员担任委派检验员，以解决出现的质量问题（见第 17 章）。根据运营需求和规模，两类质控检验员也可以成为 MCC 人员的一部分。

　　航线维修人员所需的技能与工作内容一样广泛。航线维修人员必须熟悉航空公司机队中的所有机型。他们必须熟悉适用的 FAA 规章制度，以及与航线维修活动相关的航空公司政策和程序。尽管这些航线维修人员通常会受到MCC 的监督和支持，但有时（夜间）航线维修人员除了履行正常职责外，还要履行 MCC 的职责。

　　一般维修技能和技术是必需的,但航线维修人员还必须知道,如果他们自己无法完成某项工作,需要哪些专业人员(如果有的话)来完成。当然,大部分工作将由航线维修主管或 MCC 处理。但请记住,在小型航空公司,这些职能可能全部集中在一名航线维修人员或一两个人身上。由于航线维修人员负责所有发生的事情,因此他们需要具备必要的技能执行计划内和计划外的维修,排除问题,执行必检项目(RII)的检查和条件检查(硬着陆、鸟撞事件等),并负责所需的所有文书工作。

　　文书工作包括日志处理(飞行员报告,或 PIREP);工卡处理("A"检及以下);工程指令(见第 8 章);重复项目(与 MCC);进出延期维修项目(DMI);以及可能发生的任何其他报告或 MCC 活动。

　　航线维修人员的组成、班次数、班次时间和人员计划取决于以下几个因素:航空公司的规模、飞行计划、飞行机型(不同机型通常需要不同的技能),以及执行的工作种类和工作量。各航空公司必须决定最合适的方法以满足自己的需求。航线维修活动的最后一点必须加以强调。如果任何维修工作需要分两班(或更多班次)进行,则必须有书面程序说明工作信息从一个工作小组移交给下一个工作小组的方式,以确保工作妥善完成。一些航空公司要求原维修人员在正常工作时间之外加班工作,直到工作完成。因此,不需要任何交接程序。然而,有些航空公司更愿意把工作(维修、检查和文书工作)交给下一班的人员。无论采用哪种方式,工作移交和检查活动程序都必须在 TPPM 中详细说明(见第 5 章)。

14　机库维修（机上）

14.1　引言

机库维修是指在停飞（OTS）飞机上进行的维修，无论航空公司是否真的有机库用于此类活动。这包括对已从飞行计划中临时删除的飞机进行的任何重大维修或改装，通常是为了这一明确目的。机库维修涉及下列几种活动：

（1）计划检查（"C"检、"D"检、大修巡修）。

（2）根据航行通告、适航指令或工程指令对飞机机身或飞机系统进行改装。

（3）机队活动指令。

（4）飞机发动机拆卸和安装。

（5）飞机喷漆。

（6）飞机内饰改装。

（7）FAA 要求的特殊检查（即防腐计划）。

任何机库维修可以包括前述活动的各种组合，以实现维修目的，尽量减少维修停机时间。这些活动的计划由生产计划与控制部门和各有关单位协调完成。这一计划过程在第 9 章中进行了讨论。

飞机清洗可以在停机坪外或专用的后方停机坪进行，但飞机喷漆通常是在专门的喷漆机库内进行。主机库（一些航空公司唯一的机库）通常专门用于维修。该设施必须足够大，机库门必须关闭，以容纳航空公司机队中将要保养的最大的飞机。该机库应包括垂直尾翼的高度和飞机周围的空间，以容纳维修停机位和维修工作所需的其他工作单元。有时，航空公司需要维修垂直尾翼伸出机库、机库门未完全关闭的飞机。当唯一的选择是改装机库或建造新机库时，这是一个可以接受的程序。

建造机库本身也为许多保障车间、大修车间（本章稍后将讨论）和地面保障设备提供空间，以及为机库维修管理、PP&C、仓库和物流以及行政人员提供办公空间。应有一个机坞区作为机库维修检入过程的控制中心,包括存放工卡和非例行工卡的空间,用于指派工作和签字确认各种维修工作任务。这一区域也是机库监督检查人员的中心点。机坞区对机库维修就像 MCC 对航线维修一样,是活动和控制中心。机库维修所需的零件和耗材应存放在尽可能靠近飞机的专用区域。从飞机上拆除的料件和要安装的新料件应配有单独的空间。所有料件应贴上适当的标签。

机库地坪布置图和机坞间距根据机队类型进行规划,其中可能包括四发飞机、双发飞机、宽体飞机、窄体飞机和发动机位置不同的飞机。机库可以同时容纳不同机型进行维修。机库地坪平面图和布置图通常在航空公司的 TPPM 中确定。根据航空公司的运营和所执行的工作,可能需要单独的机坞和人员来执行不同的任务。上述机库能力和需求基本相同:① 机库空间必须足以完成工作;② 机库维修必须经过计划、安排和控制,以确保所需的工作按时完成。典型的机库维修"C"检将在本章的最后讨论。

14.2 机库维修部门

机库维修是飞机维修主管(DOM)下属的一个经理级职责。在 DOM 之下是一个典型的组织结构,设有管理和监督职位:飞机维修、GSE、设施和保障车间。飞机维修主管负责机库的所有维修活动。飞机维修主管控制飞机开始和完成检查的流程,以及负责检查的维修人员。飞机维修主管协调大修和保障车间、材料、生产计划与控制、航线维修和机库内飞机的飞行运营。GSE 和设施主管负责所有用于为机库维修人员提供保障的地面保障设备,以及航线维修活动和维修使用的建筑和设施。保障车间主管负责所有未指定为大修车间的飞机维修保养的保障活动。保障车间包括为焊接、复合材料、钣金、饰面材料、座椅和内饰提供保障的车间。本章以下部分将讨论机库维修、保障车间和大修车间。

14.3 机库维修中存在问题的地方

在机库维修活动中,有几个地方有时可能会导致一些问题。下面将对这些进行讨论,以便读者了解实际的维修工作。

1) 非例行维修项目

基本维修检查包含对飞机设备的各种检查、功能检查和运行检查。这些被称为例行维修项目,完成所需的时间固定。在 MPD/OAMP 中确定了所需的时间,以及完成工作所需的估计项目,假设飞机上有所有的零件、耗材、工具、设备和人员。这些需求假设所有工作将顺利进行,没有任何延迟或中断,机械师将清楚地知道该做什么以及如何去做。航空公司通常会将预计的时间延长两到三倍(老旧飞机的估计时间更长),以便更真实。这通常由工程部门在制订维修大纲时完成,或由 PP&C 在制订计划时完成。

如果事情总是按计划进行,则大多数检查所需的所有工作都将很简单,维修活动所需的时间固定。然而,这些例行任务中有许多会暴露必须解决的问题。根据发现的偏差的性质,对技能、零件、耗材和时间的要求可能会有很大的不同。这些被称为"非例行维修项目",就其性质而言,这些项目可能会延长飞机完成机库检查所需的停机时间。机库维修或机坞主管有责任充分估计这些非例行维修项目所需的时间。维修人员和管理人员需要不断努力,以确保这些非例行维修项目不会造成不必要的延误。尽管没有机械师喜欢对自己的工作设定时间,但为了制订计划,了解执行这些非例行维修工作需要多长时间(平均)很重要,以便将来可以进行适当计划。这包括在几个检查周期中收集的信息。

2) 零件可用性

影响维修停机时间的一项活动是机械师花在"寻找零件"上的时间。同样,PP&C 的职能是确定例行和非例行工作需要哪些零件和耗材,以及其他维修检查延期的项目和航行通告、适航指令要求的零件,以及纳入计划检查的任何其他工作。航材部(第 15 章)负责将零件和耗材及时送到机库,以便维修使用。相应地,机库管理人员必须在机坞附近的机库提供一个零件准备区,以便运送和储存这些零件和耗材。该区域必须便于工作人员进入,同时防止零件被挪用或被盗。该区域还应提供空间,供机械师放置从飞机上拆下的任何需要修理或报废的零件,以便航材部可以正确处理这些零件。维修人员有责任确保这些料件贴上适当的标签。建立零件的准备区并在需要时运送零件,可以让维修人员把时间和精力用在维修工作上,而不是花在在机场收集所需的零件和耗材上。

3) 零件挪用事件

在飞机维修中,挪用或拆用零件是一种"必要之恶"。我们反对这种做法,但有时也理解这种做法的必要性。如果你想要达到航空公司维修大纲的最后期限和目标,这一点尤其重要:及时向飞行部交付适航飞行器,以维持飞行计划;并完成所需的所有维修工作,交付飞机。通过航线维修使一架飞机迅速恢复航行是一项令人钦佩的成就,但为此而挪用另一架飞机的零件往往会导致第二架飞机延迟恢复航行。一种典型的情形如下:

机尾编号为 TN 317 的飞机正在短停中(停航时间为 30 分钟),由于维修偏差,需要仓库中没有的一个零件。为了避免 TN 317 计划飞行延误或取消,所需的零件从 TN 324 上拆用,TN 324 正在机库进行"C"检。因此,TN 317 恢复了航行而没有造成延误,飞行运营、航线维修、航空公司运营办公室和乘客都很高兴,但机库维修人员呢?

首先,机库维修人员是否为 TN 324 紧急订购了零件? 其次,如果机库维修人员已经对被拆零件的系统完成了必要的维修(例行和非例行维修、改装等),则必须全部或部分重复这项工作。

如果零件不可用,则也可能导致"C"检放行延迟。如果出现任何情况导致零件不可用,则飞机可以完成"C"检,但被挪用的零件尚未到达。就我们的目标而言,零件必须从另一架进港的"C"检飞机上挪用,并且从一架飞机到另一架飞机的拆用循环一直持续到订购的零件到达。机库维修人员通常会填写拆用文件,书面说明零件从哪里挪用(如果飞机上不止一个零件);零件描述、序列号和位置;以及被挪用零件安装在什么飞机上。

飞机 TPPM 或航空公司的飞机使用手册中制订了有关零件挪用的规则。这些政策确实规定了如下规则:① 只能在绝对必要的情况下拆用零件;② 必须通过仓库和航材部订购零件;③ 只有在管理层同意的情况下才能挪用零件。拆用零件的目的是使飞机能够迅速恢复航行,确保所需零件已订购,并确保所有有关的 M&E 单位了解情况及其状况。这符合维修的目的,以避免不必要的重复工作。如果有必要增加有关零件的库存水平以避免零件挪用,则应在过程中尽早确定并解决,从而避免未来出现类似的问题。

14.4 机库维修活动——典型"C"检

"C"检的内容因航空公司而异,因飞机而异,甚至对于同样的飞机或机型,也会因检查而异。下面的讨论具有代表性,为了方便起见,将其分为几个阶段,这些阶段实际上可能重叠甚至融合在一起。对于这个例子,我们将把典型的检查分为五个部分:① "C"检准备;② "C"检前期活动;③ 执行"C"检;④ 完成并签字确认"C"检;⑤ 恢复航行。

1)"C"检准备

我们已经讨论了工程前期活动(第 8 章)、生产计划与控制(第 9 章)以及 M&E 计划会议(第 9 章),因此这里不再复述。开始实际检查时,机库维修部门必须做好接收飞机和检查后勤管理的准备工作。将机库清理干净,为飞机腾出空间,支架、脚手架和其他所需设备带到机库以供立即使用或以后使用。零件储存区存放工作所需的零件和耗材。当然,在整个检查过程中,这是一个持续的过程。零件和耗材将"按需"或准时交付。

在机坞区,也就是检查的行政和管理部门,一个带口袋的大壁挂式架上挂满了维修大纲和要进行的特定检查所需的所有例行工卡。有一排存放每个工作中心(航空电子、液压系统等)的工卡,并有两个划定区域将已完成的工卡与未完成的工卡分开。工作人员随时待命等待飞机到达。

2)"C"检前期活动

第一件事通常是清洗飞机。为了安全起见,地勤人员会用适当的"机翼行走器"和通信设备将飞机拖到清洗架区域进行彻底清洁。清洗完成后,飞机被拖到机库停放并放上轮挡。现在工作开始,打开壁板和整流罩,进行目视检查。此时如发现任何偏差,则需要非例行工卡。这些工卡由 QC 部门生成,并放置在工卡架上,以便以后与其他工卡一起完成。然后,或与检查一起,将在飞机周围放置支架和脚手架(如有需要),以便检查时进入工作区域。任何地面电源、气动或液压车,以及计划任务所需的专用工具和测试设备也将到位。

3)执行"C"检

根据 PP&C 制订的检查计划,高效地向机械师指派任务。由多个工作中心在任何给定区域完成的工作按顺序安排,以避免工作区域拥挤,并尽量减少壁板、整流罩等的开启和关闭。正常工作中产生的任何非例行维修项目都将写在非例行工卡上,并在以后维修或安排维修。大多数单位制作一个 PERT 图表或其他形式的视觉辅助显示计划的工作进度。在检查过程中,必要时将更新或注释此图表,以适应可能遇到的非例行工作或任何其他延迟或进度调整。

对于原计划中没有的额外零件和/或耗材,或尚未送到工作现场的零件和耗材需求,将由机坞人员转达给航材部。航材部将这些料件运送到零件准备区,以消除机械师对零件的寻找。

质控检验员将重新检查以前被拒绝的料件,并批准工作(回购,见第 17 章)。任何检查计划延误,特别是影响恢复航行的延误,都将由机坞经理与 MCC 和飞行运营部门协调。如果一切顺利,则"C"检将按时完成,飞机将完成"清洁"检查,即完成所有要求的任务,没有延期维修项目。

4)完成并签字确认"C"检

尽管维修工作是这项工作的关键部分,但只有在确保所有工卡(例行和非例行)都已完成、签字确认,并在必要时由质控部门检查、盖章和批准后,检查才算真正完成。这包括所有被拒绝的工作以及随后的返修和回购活动。负责这项活动的人员为负责检查的高级 QC 检验员。该人员必须根据要求检查每张工卡上是否有机械师的签名或缩写名(以表明任务已完成),以及需要进行 QC 检查的任何工作的 QC 印章(和缩写名)。此时如发现任何偏差,必须予以纠正,即使需要进一步的工作和检查。当所有工卡完成、签字确认、验收后,高级 QC 检验员签字确认检查完成,并放行飞机,准备航行。

5) 恢复航行

高级 QC 检验员签字确认检查后,机坞经理将通知 MCC 和飞行运营部门飞机的可用性。然后维修部门将飞机从机库拖到停机坪,飞行运营部门将飞机重新纳入有效的飞行计划中。地勤人员为飞机提供勤务(燃料、食物等),乘务员为乘客准备好飞机。

检查完成,飞机被移出机库后,就需要对机库和机坞区域进行清理工作。首先,所有已完成的工卡必须收集并发送到其他 M&E 单位(PP&C、工程和可靠性,视需要而定),以便对重要项目进行分析和记录。这将有助于 PP&C 计划未来的检查,并允许工程和可靠性部门对检查结果的信息进行核对,以帮助未来的问题调查和任务或检查周期的可能调整(升级)。任何残留在零件准备区的未使用、可修理或报废的料件都将由航材部拆下并根据需要进行处理。机库和机坞区域将清理干净,并为下一次活动做好准备,届时将为下一架飞机重复整个过程,这可能是具有相似检查要求的同一机型,也可能是具有完全不同要求的不同机型。航空公司的规模及其机队组成将因机库的具体检查活动而异,但所有检查的过程基本相同。

14.5　晨会

M&E 运行最重要的活动之一是晨会。这是每天早上的第一件事,由维修控制中心(MCC)主持进行,讨论当前的维修状态:

(1) 整个航空公司系统中处于维修状态的停飞飞机(机库和航线维修)。

(2) 飞机 AOG 情况和决议。

(3) 当天的飞行计划。

(4) 维修中可能影响当天的飞行和维修工作计划的任何重大问题或更改。

在晨会上,维修人员还可以讨论(或单独召开会议)即将进行的机库和车间维修活动和问题。在早晨的 MCC 飞机维修情况会议之后还有另一个会议,讨论日常维修计划,包括所需维修的飞机路径以及可能需要的后勤和工具要求。这些会议的目的是使 M&E 经理和主管能够及时了解维修领域中一切工作的进展情况,并使可能出现的问题迅速得到解决。

14.6　保障和大修车间部门

大修车间经理负责维修保障车间和大修车间的全面管理。在车间主管的帮助下,经理监督和管理从飞机上拆下进行维修的部件和设备的大修、修理和维修。此维修可以从简单的清洁和调整到全面的大修。

车间维修通常在停飞的情况下进行,航线或机库维修人员将设备从飞机上拆下并更换为可用件。拆下的零件贴上适当的维修状态标签,然后送到仓库和航材部,在此按照标准维修程序报废,或者送到适当的车间进行维修。这将涉及航空公司的车间或批准的部件维修承包商。在保修期内的零件将由航材部送到制造商或指定的保修性维修设施。此类维修完成后,零件将送回航材部,并贴上可用标签,然后送回仓库,供将来在需要时使用。在某些情况下,由航空公司视情况决定,航线或机库维修人员可能会从飞机上卸下零件,送到适当的车间进行修理,然后送回飞机处重新安装。

14.7　车间类型

在航空公司维修部门中有两种类型的车间维修活动。一种是在机库飞机重大检查维修方面的车间维修活动。这些保障车间涉及处理钣金、复合材料和飞机内饰等专业技能和活动。这些车间所做的工作主要是为停飞飞机提供保障,但也会根据需要为航线维修提供一些保障。

另一种是维修保障和大修车间为飞机上的专业设备提供保障的车间维修活动,如发动机、航空电子以及液压和气动系统。这些车间的工作是在航线或机库维修活动过程中从飞机上拆下的设备上进行的。

1) 钣金车间

这些车间通常处理各种类型的钣金,包括铝、钢、复合材料、蜂窝材料和其他需要的材料。钣金车间修理飞机蒙皮、结构、机身和机翼的任何损伤。

当飞机处于"C"检或"D"检状态时,钣金车间通常会处理需要钣金或复合材料类型的改装、腐蚀问题和先前延期的维修项目,如轻微损伤、划痕和使用结构维修手册(SRM)进行的修理。PP&C通常在飞机到达前指派所有工作进行"C"检,而在PP&C,钣金车间执行 AD、SB 和 EO,并解决例行、非例行和计划工作中发现的偏差。钣金车间还为航线运营所需的计划外维修提供保障。停机期间,钣金车间会制作复杂的模板,以便以后进行修理和大修。钣金车间还修理因开裂或轻微损伤而从以前的飞机上拆下来的复合材料壁板，如果需要，则这些壁板可以安装在下一架飞机上。

2）飞机内饰车间

飞机内饰车间修理、制造和大修飞机内部的任何东西。这包括拆除和大修乘客与飞行机组座椅；拆除和大修飞机厨房和厨房区域以及饮料供应车；大修整个飞机卫生间。飞机内饰车间安装新的墙面材料、墙壁防撞保护器、侧板和顶板。

内饰车间拆除和更换产生划痕和凹痕的舷窗以及驾驶舱风挡和侧窗。由于螺母、螺栓和密封剂的扭矩要求，在拆卸和安装驾驶舱风挡时需要特别注意。窗户安装后，飞机必须增压，以确保没有压力泄漏。内饰车间还给飞机内外喷漆。飞机内部喷漆应用于顶板和舱顶行李箱。飞机外部喷漆是一项非常艰巨的任务，不容有差错。

3）发动机车间

就空间需求而言，发动机车间是最大的车间。除了小零件加工（钳工）车间区域之外，发动机车间还需要一个发动机装配（EBU）活动区域。在这种情况下，某些部件，如燃油泵、燃油管、发电机、点火器、发动机架等部件，加装到基本发动机中，以针对某一机型在飞机上的特定位置（即右、左、中或机翼位置1、2、3、4）进行配置。这项工作需要一个合适的发动机工作台，以便在进行 EBU 过程时固定发动机。EBU 活动离机完成，从而减少了更换发动机所需的时间，并缩短了飞机停机时间。这就是所谓的发动机快速更换（QEC）过程。

发动机车间还对涡轮附件和任何辅助动力系统（APU）进行工作和检查。APU 为小型发动机，通常位于飞机尾部，在飞机停放时提供动力。

发动机车间的职能还包括拆除燃油管路和发电机传感器，并对从飞机上拆下的发动机进行孔探仪检查，然后再送去大修。发动机车间通常遵循发动机拆卸和安装零件盘点清单，该清单显示了零件号和开/关零件序列号的详细清单以及可用标签信息。由于所安装零件的使用寿命，该清单还包括用于跟踪的飞机"N"注册号。发动机车间还需要一个远离主要设施的发动机试车区（出于噪声原因），以便在维修前或维修后对安装在飞机上的发动机进行地面测试。发动机试车区应有一个大型声障结构。对于拥有混合机队的航空公司，在发动机设施内针对不同机型可能有单独的发动机车间；然而，一些设施可以合并。

并非所有航空公司都有类似的发动机车间；根据航空公司及其与飞机所有者或飞机发动机制造商的出租协议，航空公司可以拆卸和安装 QEC 之前的发动机。从飞机上拆下的发动机送回飞机租赁公司或发动机制造商处进行大修。

4）航空电子设备车间

航空电子是指飞机使用的各种系统，包括电气和电子系统。航空电子车间可以根据多种因素采用多种配置。可设置一个单独的电气车间，只处理电气系统部件，如电机、发电机、配电系统或电源总线。电子系统包括无线电、导航系统、计算机、内部电话（PA 广播系统）、媒体、驾驶舱仪表和各种类型的控制单元，将由一家大型航空公司的各专业车间处理。航空电子维修车间将拥有类似的飞机系统模型，维修后，可以在将零件安装到飞机上之前对其进行测试。航空电子技术人员还修理发动机线束，由于线束中有大量导线，这可能非常烦琐。

如果有任何新的改装，则需要安装新的航空电子系统或需要在飞机结构内布设导线，"C"检和"D"检是最佳时间，因为所有飞机侧板、顶板、驾驶舱计算机架和仪表板都被拆除以便进行检查和修理。由于用于诊断导航和无线电通信错误的设备的复杂性，航空电子技术员必须能够排除复杂的故障，他们的工作是找到导致系统故障的问题。

仪表，无论是传统的机电式仪表还是电子或玻璃驾驶舱显示器，将由熟练的技术员在一个仪表车间或在上述两种类型的单独车间进行处理。传统仪表有襟翼位置指示器、飞机姿态指示器、磁罗盘和其他检流计式仪表。玻璃驾驶舱仪表，更准确地称为"显示器"，包括上述仪表的 CRT 版本。在现代客机中，同样的显示单元有时可以用于姿态指示器（ADI）以及水平态势指示器（HSI），显示包含航路点和其他信息的飞行计划图。其他显示器可使用液晶显示屏（LCD）。然而，这些电子显示器更多的是电子车间的工作，而不是仪表车间。

14.8　地面保障设备车间

地面保障设备（GSE）车间是最繁忙的车间之一，因为现代商用飞机需要大量的工具和设备，为维修活动提供保障。

在为所有飞机提供保障的同时，保障车间工作可在机上或离机进行；但由于保障工作通常很广泛，因此往往在飞机停飞时进行。因此，保障车间通常是机库维修职能的一部分。

机库保障车间包括各种专业。他们的工作是翻新或修理由钣金和复合材料制成的飞机壁板、表面和整流罩。还将有一个蒙布和内饰车间，用于修理和翻新飞机内饰。飞机座椅，包括乘客和机组人员座椅，将由座椅车间进行拆卸、安装和修理，座椅车间可能是内饰车间的一部分，也可能独立于内饰车间。与机库活动有关的其他车间将是进行焊接(气焊、电焊和氩弧焊)工作的车间。

这些车间所做的工作并不直接属于计划维修大纲的一部分,也未在 MRB 文件或航空公司运行规范中规定属于例行或非例行维修,但会不时需要对上述各种部件进行工作,或是通过非例行工卡,或是通过 SB、AD 或 EO。当需要这种特殊技能来修理这些单元时,GSE 和设施需求可能需要这些车间进行附加工作。航空公司也可能在这些保障车间为其他航空公司或固定基地运营人工作。

14.9　地面保障设备

现代商用飞机需要大量的工具和设备为维修活动提供保障。除了机械师和技术员用于正常维修的工具和测试设备外,还有大量的设备属于地面保障设备的特殊类别。此外,还有专门为某一种飞机设计的维修活动专用工具和夹具;而有些专用工具和夹具可用于多种类型的飞机。

地面保障设备被定义为"保障飞机及其所有机载设备的运行和维护所需的设备"。[①] 此类 GSE 包括各种设备,从简单的千斤顶和底座到价值百万美元的无杆牵引车。为便于讨论,可以将 GSE 分为两大类:① 在停航和地面活动时为运营飞机的维护和操纵提供保障的设备;② 用于方便维修的设备,无论是在停航期间还是在计划内或计划外停机期间。

第一类是维护和操纵设备,可进一步分为机场及航站楼运营人拥有和运营的设备和航空公司自己拥有的设备。第二类是保养设备,包括可能在航线上、机库中使用的设备,或两种活动共用的设备。这种分类见图 14-1。表 14-1 列出

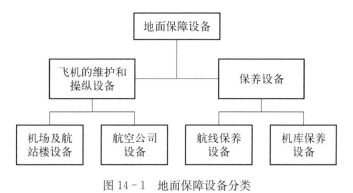

图 14-1　地面保障设备分类

---

① 　美国航空运输协会(ATA);通用源数据字典(CSDD);修订版 2001 年 1 月。

了用于操纵、维护和保养飞机的典型地面保障设备,表中确定了 GSE 的典型归属和用途。[①]

表 14-1　地面保障设备(GSE)项目清单

GSE 项目名称	机场所有	航空公司所有	用途(L、H、B)*	操纵和维护	保养
气源车	X	L	X		
APU 吊升架	X	B		X	
轮轴千斤顶	X	B		X	
行李车	X	L	X		
行李装运车(A/C)		X	L	X	
蓄电池充电设备		X	B		X
登机轮椅		X	L		
货柜/托盘装卸		X	L	X	
货厢式挂车	X	L	X		
通信设备		X	B	X	X
除冰设备(电动和固定式)	X		L		
柴油地面动力装置		X	B	X	X
固定千斤顶	X	B		X	
液压加油车和接头		X	B		X
液压试验车		X	B		X
盥洗室服务组件		X	B	X	
提升设备:起重机、平台		X	B		X
氮气供应设备		X	B		X
氧气供应设备		X	B		X
乘客登机桥	X		L	X	
乘客登机梯(电动和手动)	X	X	L	X	
气动气源车、接头及附件		X	B	X	X
饮用水服务组件		X	B	X	
电源:28 V 直流电和 400 Hz		X	B	X	X
救援千斤顶	X	L		X	

---

① 该讨论内容以及图 14-1 和表 14-1,都是基于所有维修均已由航空公司完成的假设。如果任何维修外包给第三方,则列出的部分地面保障设备可能属于该第三方组织。

续 表

GSE项目名称	机场所有	航空公司所有	用途(L、H、B)*	操纵和维护	保养
加油车 X	X	L	X		
除雪设备(停机坪及跑道)	X		L	X	
专用维修工具		X	B		X
支架和脚手架(多种类型)		X	B	X	X
反推小车		X	B		X
无杆 A/C 拖移牵引车	X	X	L	X	X
牵引杆	X	L	X	X	
牵引车(内燃、柴油、电动)	X	X	B	X	X
可调式千斤顶	X	B		X	
称量系统	X	L		X	
机轮和轮胎装配夹具		X	B		X
机轮和轮胎平台拖车		X	B		X
轮挡	X	B	X	X	

注: * L:航线;H:机库;B:航线和机库;X:有,还可作其他用途。

为了最大限度地提高运行可靠性和营利能力,在新机型纳入机队时,运营人必须采购适合其飞机的 GSE 和工具。拖车、牵引车、牵引杆和其他专用工具和固定装置有时会与某一机型配合使用。有些 GSE 和工具可用于多种类型的飞机。每当考虑采购或租赁新飞机时,GSE 和设施部门必须从一开始就与工程部合作,以确定哪些现有设备和工具(如有)可用于新机型,并确定必须为新机型专门订购哪些附加设备和工具。这项活动应在第一架飞机交付前至少 9~12 个月进行,以便在飞机到达时能够使用这些工具和设备。

GSE 和工具的选择与如下许多变量有关:① 航空公司进行的维修类型和级别;② 要保障的航站数量(可能需要多个零件);③ 可容纳的停机坪操作数(单独或同时使用要求);④ 运营人需要进行的大修工作的范围;⑤ 与其他单位协调借出的设备或要进行的合同工作(由航空公司或为航空公司完成)。

由于这种设备的复杂性和多样性,它通常通过航空公司内部的单独维修活动进行处理。对于中小型航空公司,GSE 由机库维修部门下属的一个小组处理,通常与其他大修和保障车间位于同一个机库。在大型航空公司中,GSE 可能在 M&E 下有一个单独的经理或主管,并可能处于自己的机库中。无论是哪种方式,其工作都是为航线和机库维修提供保障。

考虑到地面保障设备的大小和数量,它通常存放在机库外靠近运营人的停机坪指定区域内。一些较小的设备将存放在机库中。专用工具和夹具可存放在机库工具棚。

典型的中型航空公司的 GSE 和设施小组还负责所有 GSE 的一般维修和保养,以及 M&E 部门使用的所有建筑物和设施的一般维修和保养。

根据航空公司的规模和要求,机械部件车间也可以分开或合并。这些车间包括液压系统和部件,气动系统和部件(热、空气),氧气系统和飞行操纵面。电池车间也是机械车间的一部分,维修人员在这里修理、储存和给飞机电池充电。机轮、轮胎和刹车车间负责与飞机有关的如下各种活动:① 飞机机轮的修理、组装和拆卸;② 飞机轮胎的修理、保养和翻新;③ 飞机刹车的调整和安置。同样,根据工作量和机队的复杂性,这些活动可以在一个或多个车间进行。

14.10　车间维修工作外包

与航线和机库维修一样,特定航空公司的部分或全部车间维修可以外包给其他航空公司或第三方维修部门。如果部分外包,则大修车间主任负责在整个航空公司的维修计划中协调这些活动。如果所有车间维修工作全部由外部承包商完成,则航空公司将不设置大修车间。

然而,为了确保在航空公司的计划和维修计划内完成工作,必须委派 M&E 部门的飞机维修处的某个人担当大修车间维修协调员,由质保部确定这些外部承包商将遵守的标准(见第 16 章)。

14.11　大修车间作业

航线工作有时会很忙,会受到飞行计划、维修突发事件、恶劣天气和恼人的"时限"的影响。

机库工作可能不那么忙碌,有更多时间来完成每项工作,但仍然存在时限和其他压力。然而,在车间维修中,时间和进度压力会因车间作业的性质而有所减轻。

保养、修理或大修项目通常由有关设备或系统类型方面的专业人员处理。一些基本的故障排除已经完成,表明某某零件已损坏,必须更换。完成后,机械师将损坏的料件转化为材料,并领取一个好的料件进行安装。然后,航材部将贴上适当标签的料件送到适当的车间。然后,车间机械师或技术员利用其标准工作台检查程序确定问题,进行必要的修理,并进行一些检查确保工作已成功完成。维修完成并填写和附上适当的文件后,将可用件送回航材部并放置在仓库中,以便在需要时重新发放。

每个维修车间都有一个工作区域和一个储存区域,将可用、不可用和报废零件完全分开。通常会有一个备件区,由航材部维护,用于工作所需的小零件。同样,这些区域靠近工作区域可以最大限度地减少机械师花在"寻找零件"上的时间。当然,每个车间将配备必要的工具、工作台、测试台和测试设备,以适应要处理的设备类型。对于所做的工作和处理的危险材料(如有),应有适当的安全装备可随时供员工使用。行政和管理职能将配备合适的办公空间。

大修车间一般实行标准轮班制,有或没有加班;夜班和周末加班取决于航空公司及其工作量。节奏可能比航线或机库维修慢,但维修停航时间或平均修理时间(MTTR)仍然很重要。库存料件的数量(见第 15 章)不仅取决于机队的故障率,还取决于可修理件所需的维修时间。顺序如下:① 从飞机上拆下零件;② 将零件送至航材部进行更换;③ 将零件送到维修设施(内部或第三方);④ 将可用件送回仓库重新发放。

14.12 车间数据采集

第 18 章将详细讨论航空公司的维修可靠性计划,涉及整个 M&E 活动中的许多数据采集任务。此类数据的一个非常重要的来源是大修车间。航线和机库报告提供有关系统和部件的信息,而车间数据提供有关导致机上故障和记录的设备以及子系统内部部件的有用信息。这些车间数据采集工作以车间拆卸报告的形式提交,确定所采取的保养、维修和大修活动,以及在维修工作中使用的零件和耗材。然后根据可靠性对这些部件进行跟踪,以确定是否存在应引起航空公司或设备制造商关注的不必要的高故障率。

15　航　材　保　障

15.1　航材部的组织结构和职能

航材部是航空公司维修与工程部的重要组成之一。它是投入资金最多的部门，因此受到航空公司高层和 M&E 管理层的密切关注。对运营成本的高度关注是 M&E 领域一个相当突出的争议的根源。争议的一个焦点是"谁应该控制航材部？维修部门还是财务部门？"

我们的建议是航材部应成为 M&E 部门的一部分，这一建议已被证明在世界各地的许多航空公司中相当成功。如果财务、会计或维修以外的任何其他部门拥有控制权，则有人担心由于缺乏对维修工作及其特点的了解，可能会导致其做出错误决策——如花多少钱、购买什么零件和库存多少、确定什么是合适的替代零件等，从而影响维修工作的质量。

此外，争议的另一个焦点是维修部门对预算和成本了解得不够充分，会在零件上花费太多的钱，或者在"未雨绸缪"库存水平上占用太多资产。遗憾的是这两种情况都有可能发生，而且这两种情况确实存在于当今的航空公司中，无论是国内还是国外。讨论没有结果。然而，在这里我们需要强调的是这两种极端情况都应该避免。

演艺界人士(交响乐团、芭蕾舞团、表演团体等)有一句格言，他们把这句话作为董事会的准则："艺术决策不应由非艺术人士做出。"换句话说，董事会的工作是关注活动的商业目的，而不是艺术目的。对于航空领域，我们只需要稍做修改："技术决策不应由非技术人员做出。"这就是我们在第 7 章中讨论的 M&E 领域对具有技术背景的管理需求背后的哲学。M&E 机械师、工程师和技术管理人员意识到老化设备的需求不断变化以及对备件的需求日益增长。根据经验，这些专业人员还意识到什么是某一零件的合理替代品，什么不是，即使两个零件的规格都在限制范围内。这些人过去的经验比财务和行政人员的经验更有利于实现 M&E 的目标。

因此,我们的建议是航材保障工作应成为维修与工程部的一个组成部分,并由会计和财务监督支出。说到这里,我们继续讨论航材部的职能。简单地说,其职能包括① 为 M&E 活动的各个方面提供零件和耗材;② 备有足够的存货,并放在方便的地点,以便维修人员快速取用;③ 在合理的预算范围内为维修部门提供充分的保障。

15.2 材料管理

材料、库存、仓库和物流管理的主要职能是了解物流和航空库存管理的范围。这些职责包括关注库存零件的补充、库存成本、新的和内部可用库存的预测、库存的实际和物理空间、最小和最大补货数、备件、归还的和有缺陷的零件、未经批准的零件、了解供应网络及其需求以及持续的飞机零件利用过程。日常所需的材料和其他料件需要复杂的维修保障。

仓库管理层与飞机制造商、零件大修供货商、飞机零件供应商以及硬件和软件供货商保持持续联系。他们根据机队规模、零件利用率、零件可靠性以及供货商的维修能力和停航时间确定所需的库存。经理设定通常可实现的目标和目的,以平衡对产品可用性的需求。材料管理职位可能因航空公司的运营而异。我们将简要描述库存控制、仓储、采购以及收发等方面。

1) 库存控制

库存控制是指对飞机零件的供应、储存和可得性进行持续监督。库存控制部有责任确保在整个 M&E 过程中在选定地点保持所有必要的零件和耗材库存。其目的是通过保持足够的零件供应和零件储存,为所有维修活动提供保障,而不是供应过剩或供应不足,并避免任何飞机停飞待用(AOG)。库存控制部还监控原材料库存,监控正在进行的部件修理单,准确清点现场库存,并确保适航零件的可用性。对库存系统进行监控有助于保持低成本,这意味着当零件的供应达到其最低目标时,如果 AOG 的成本高于零件的正常价格,则在零件降至临界水平之前订购零件。

由于飞机零件价格昂贵,因此航空公司的物流管理和库存控制应努力保持良好的平衡。通过执行全自动化集成软件系统战略以获得实时库存可用性,并通过精益库存控制和管理,航空公司可以通过重新谈判供货商、供应商和 AOG 合同以实现节省成本的目标,从而实现最低库存、部件维修最短停航时间、供货商库存系统、采购解决方案、新一代库存补充订货和供应流程以及最低或没有

AOG 费用。

2) 仓储

仓储部负责向机械师发放零件,并与机械师退换零件。仓储部还负责根据需要将零件运送到工作中心,并确保需要特殊储存和搬运的零件和耗材得到妥善管理。仓储部还将可修理件送到适当的维修车间。

3) 采购

采购部负责采购 M&E 使用的所有零件和耗材。他们主要与供应商和制造商对接,处理规格、成本、交货等事宜。本质上,采购部主要控制材料的预算,并在支出和预算方面与财务部密切合作。

采购部和库存控制部协同工作以避免 AOG 情况,因为在 AOG 情况下采购零件将成本昂贵。由于成本和预算的原因,采购部和仓库部在飞机零件采购、保修和改装(本章稍后讨论)方面协同工作。

4) 收发

收发区是航空仓储和物流最繁忙的区域之一;仓储部不仅为自身和维修接收零件,还为位于主枢纽的整个航空公司运营接收快递。收发部通常处理进出航空公司的零件和耗材的所有包装和拆包。他们还能处理可能需要的与货物收发有关的任何检查。

收发部需要经过资格认证的人员和管理人员,因为收发部还收发危险品。相关人员有责任确保装运危险品的容器足够,并根据公司的危险品政策正确填写文件。他们必须了解制造商的材料安全数据表(MSDS)要求的易燃、腐蚀性和温度敏感等物品的隔离过程。

航材部因航空公司的结构、规模和经过资格认证的人员的可用性而异。为了部门方便,有些活动可能会合并。在下面的章节中,我们将讨论航材部的各种职能。

15.3 航材部的保障职能

这些保障职能可以简述如下:① 零件订购;② 零件储存;③ 零件发放;④ 零件控制;⑤ 零件搬运。前四个主要涉及零件,而最后一个(搬运)涉及零件在各有关设施之间的搬运。我们将单独讨论这些项目。

1) 零件订购

零件订购包括新设备和系统加入机队后的初始供应;此外还包括在库存耗材低于某个水平时补充订货(稍后会详细介绍)。初始供应在开始时根据机身制造商准备的推荐备件清单确定。此清单基于制造商的建议以及已经在类似运营中使用该设备的航空公司整个机队的经验。

根据初始供应和航空公司在该机型投入使用后的持续体验,库存水平和库存数量的变化将不可避免。库存部件和日常运营所需的数量由许多变量决定,这些变量在不同的运营中会有所不同。飞行计划,包括飞行小时数和周期数、航程、飞行环境以及机队中的飞机数量,都会影响部件的使用率,从而影响为维修和运营提供保障所需的零件库存数量。维修地点也可能影响库存水平,因为可能有多个航站需要补充零件和耗材,以方便维修。

此外,维修质量、维修人员的能力和技能也可能影响备件和组件的需求。航材部需要不断地查看库存使用情况,以优化库存水平。当然,库存使用率会影响采购零件的频率,也就是补充订货点。这需要为使用的所有零件和耗材建立使用率和补充订货点数据。对于可修理件,修理交付周期(即将料件送到维修车间、进行修理并将其送回仓库重新发放所需的时间)可能会影响所需的库存水平和补充订货点,因为在此修理周期内,可用库存将用于其他飞机维修活动。最后,某些供应商根据订货数量对某一料件所给予的折扣的影响可能会决定这些料件更经济的补充订货点。然而,这必须与采购的额外材料的储存成本相协调。

2) 零件储存

零件的储存是下一个要考虑的航材部的职能。这里有两个概念:① 将每个零件放在容易找到的地方,并在需要时发放;② 在特定条件下储存某些零件。后一类包括正确储存燃料、润滑剂、油漆、油和其他易燃或易腐蚀物品。氧气瓶和氧气系统上使用的工具需要专门搬运和储存。所有这些适当的储存均为航材部的职能。

基本或标准的储存布置为传统的储存货架或储仓布置,用坐标系标记,以便每个零件都有一个位置,并且每个位置都很容易找到。这通常是运营人选择的"排-货架-仓位"定位方格。例如,零件 No.1234-5678-C 可以放在 D 排、2 号货架、14 号仓。在这里成排的货架上标明:"A、B、C……"货架从上到下编号为"1、2、3……"最后,每个仓位(每个货架上)从左到右依次编号为"1、2、3……"可以使用任何类似的系统。

该定位系统可根据飞机机型进一步分层。尽管许多部件、组件和零件可以用在多种机型上,但许多零件和组件是一种机型所独有的。大多数拥有混合机队的航空公司的每种机型都有单独的零件仓位,以便按机型保存单独的成本信息。任何需要从一个机型的仓库发出零件以用于另一个机型的情况,都将由材料人员通过文书工作流程处理。这将包括显示零件可用性和位置的计算机记录。

　　特殊作业需要额外的储存设施。例如,为了便于维修并最大限度地减少寻找零件用于维修所需的时间。除了正常停航维修外,还可以在航站提供备件以便为有限的维修提供保障。

　　仓储设施和储存必须考虑周全,必须按要求运作。需要仓库设施以处理昂贵而精密的零件,由于某些零件的敏感性,必须提供适当的储存,其中一些需要冷藏或空调环境。仓储部需要大量的空间和容积,因为需要大量的货架和仓位,以保持零件井然有序,并在 AMT 需要时可以方便地拿到。为方便仓储人员,仓储设施区域细分为多个区域:

　　(1) 检疫区。

　　(2) 易燃、危险品和冷藏区。

　　(3) 可用、不可用和红色标签零件区。

　　(4) 零件发放和归还区。

　　(5) 零件接收检验区。

　　3) 零件发放

　　向机械师发放零件是航材部的一个主要职能。螺栓、螺母和其他通用五金件等物品最好存放在靠近工作场所的开放式、易取用的仓位中,以便机械师可以轻松取用。对于其他物品,如黑匣子、组件和其他大件物品,最好所有相关人员都有“零件窗口”或其他设施,以便材料人员可以根据需要向机械师发放,并注意正确处理零件标签和其他重要的文件和计算机工作。

　　当然,其中一些零件可以修理,机械师需要“以一换一”。退换由材料控制员处理,材料控制员还应确保两个零件上的维修标签已正确填写(由机械师填写),并确保归还的零件被送到适当的维修设施进行返修。对于无法修理的物品,航材部负责报废零件。

　　此零件发放窗口应尽可能靠近工作中心,以最大限度地减少机械师寻找零件的时间。在一些航空公司,所需的零件可以通过工作现场的计算机终端订购,并通过航材部交付给机械师(见本章后面的“零件控制”)。无论使用何种发放方法,每次领取或退换零件时,材料控制员都有责任更新计算机“库存数量”信息。对于可修理件,航材部(通过计算机)还必须始终跟踪零件的位置(车间、仓库、运输途中、飞机上)。

　　航材部提供的另一个有用的服务是为某些维修活动开发器材包。为了拆除和更换某些物品,除了主要零件及其附件之外,还需要某些五金件。经常拆卸的五金件、“O”形圈、垫圈等不可重复使用。对于某些 SB 或 AD 活动,需要额外的部件(线束、支架、五金件)才能完成。当航材部可以针对所有这些必要零件开发器材包,并将其打包发放时,可以为维修带来好处。这些器材包可以在维修人员或工程人员的协助下开发。通常,航空公司可以使用机身制造商或部件供货商提供的器材包对 SB 和 AD 进行改装。

一些航空公司为航站维修活动提供协助,对飞机上的随机器材包(FAK)进行维修。这些器材包内包含在有维修人员但没有耗材的航站进行停航维修保养可能需要的物品。可能包括轮胎、发动机机油和其他通用部件等物品。

FAK 的目的是在需要时提供这些物品,但飞机超重可能会限制携带多少物品。FAK 内携带的零件应基于过去的飞机停飞历史经验和维修所需的一些最低设备清单(MEL)零件需求。FAK 器材清单记录了 FAK 内的零件,并由飞机维修部门监控。除了监控 FAK 内的器材外,还必须更换材料,以确保飞机上始终有全套器材。当飞机被送去进行"A"检以及随后的每次"A"检时,监控 FAK 应该是工作包的一部分。针对 FAK 应建立一个日志,以识别缺少的器材或处理中的订单和零件的使用情况。

有些航空公司使用 FAK,而有些不使用。这是个人喜好的问题。然而,通常 ETOPS 航空公司会使用 FAK,以方便维修,避免将 ETOPS 降级为较短的改航时间(120~180 分钟)或非 ETOPS。这种降级通常意味着航程更长,随后会给乘客带来转机问题。在这些情况下,FAK 变得非常重要。

4) 零件控制

零件控制涉及各种活动。我们已经提到了对所有零件的储存位置进行识别,以及在处理过程中跟踪某些部件(如可修理件)的必要性。我们还提到了航材部需要将零件和耗材运送到维修工作中心,以最大限度地减少或消除维修人员在寻找零件上花费的时间。为此增加航材部人员对维修工作有很大帮助。

还需要跟踪飞行时间、起落次数、日历时间和被定为"寿命有限"零件的零件位置。这些是序列编号零件,需要在规定的周期前停止使用。这些零件仅在使用时才计算时间或周期。因此,必须知道安装这些零件的飞机,飞行时间和/或周期必须记录在零件之下。如果在达到寿命之前拆除部件,则可以根据需要对其进行修理、恢复或彻底检修,可以将时间清零,也可以不清零(有关将寿命有限物品的时间清零的详细信息,请见第 17 章)。如果在此活动完成后,物品放置在仓库中,以便在另一架飞机上重复使用,则一旦将其重新安装到飞机上,其时间和周期将再次开始计数(在先前的水平或零位)。航材部通过计算机系统,将负责跟踪寿命有限零件。

对进出内部维修部门、供货商或外部维修承包商和保修方的零件进行控制是航材部的主要控制职能，但还有一个额外的控制要求。零件偶尔会从较大的组件上拆卸（无论是否获得正式批准），以方便航线或机库维修工作，并使运营飞机快速恢复航行。虽然这可以加快维修速度并最大限度地减少对飞行计划的影响，但不利的一面是对维修和材料成本以及以后的工作产生不利影响。

拆用使主要组件（被挪用的组件）无法使用或需要维修。如果航材部批准拆用以加快航线或机库维修，则航材部必须启动被挪用零件补充订货和后续维修。如果拆用没有得到航材部的批准，则维修部门负责挪用，从而负责被挪用组件的补充订货和后续维修工作。

许多航空公司采用的零件控制流程之一是零件隔离区。该区域用于隔离从飞机上拆下的零件，直到确定是否需要修理或某个零件是否可以送到仓库重新发放。如果替换件解决了问题，则认为处于隔离状态的零件需要维修，航材部会将其送到适当的维修设施。如果替换件不能解决问题，则认为处于隔离状态的零件没有问题，并将其送回仓库。然而，这并不总是最好的方法。一些航空公司会将被隔离的零件送回车间进行登记，然后再送回仓库以确保可使用性。

此隔离活动是故障排除的组成部分，应由 QA 和可靠性部门进行监控，以确定维修人员的故障排除技能是否存在问题。请参见附录 C 中讨论的"未发现故障（NFF）"流程。

5）零件搬运

零件搬运有时被称为"收发"。然而，后一个术语并不能说明全部情况。首先接收零件，在某些情况下，包括由质量控制部门进行来料检验，以确保零件正确：零件号、序列号（如适用）、改装状态、可用性、有效期（如适用）等。物理状态也要检查。这可以由质控检验员完成，或者由质控检验员指定的航材部人员执行这些检查（见第 17 章。）在收料和来料检验后，零件被分发到适当的地方，如仓库、机库、航线、车间等，计算机记录也会相应更新。

在日常运作中，航材部会向机械师发放零件，在某些情况下，还会接受退换件。退换要求航材部在检查机械师是否正确标记后，将零件送到适当的车间、供货商或承包商处进行维修。维修后的零件送回后，航材部将检查标签是否正确，更新计算机记录，并将零件运送到仓库。

零件处理的一项职能是保修性维修处理，这是航空公司有时会忽略的一个相当重要的财务考虑因素。事实上，许多飞机部件成本高昂，维修费用也很高。因此，对于航空公司来说，利用保修请求来避免不必要的成本非常重要（见第 3

章的目的 5)。

　　每当一个零件交到航材部以换取可用件时,航材部的首要责任是检查来件的保修状态。如果仍在保修期内,则对其进行处理并运送到保修方(或指定的维修设施)进行维修。如果零件不在保修范围内,则将其送到适当的内部或第三方设施进行维修。

　　如果零件送到外面进行保修性维修,则在返回仓库之前有时会需要更长的交付周期。在这种情况下,航空公司有两个选择。通常的选择是增加库存水平或补充订货点,以适应交付周期延长。但在某些情况下,有维修能力的航空公司会与保修方签订合同,自行进行维修。这不仅减少了处理时间,还为航空公司的合同工作提供了额外的收入。

15.4　航材部的其他职能

　　前述五项职能是直接影响维修部门的航材部基本职能。在仓库和航材部的日常运作中,还有一些其他职能和活动,用于自身的保障或维修保障活动。这些项目将在以下章节中简要讨论。

　　1) 过时零件

　　过时零件是指由于部件升级或更换而不再需要的零件。当航空公司升级机队而使零件变得无用时,也会发生这种情况。这些已经过时的零件仍然很好,可以卖给另一家航空公司或机构,他们或许可以升级这些零件或部件。库存管理必须及时找到过时零件的买家,以获得采购新零件的资金,并在零件仓库中留出必要的空间。如果不能在规定的时间内找到买家,则这些过时零件必须报废。

　　2) 零件接收的质量控制

　　QC 在检验过程中起着至关重要的作用,尤其是在接收新采购的零件、维修后返回的零件或从另一家航空公司借用的零件时。QC 的职能是审查新零件和文件,以确保其完好无损。维修的零件通常来自被选为修理零件的公司认可的供货商。当零件从供货商处返回时,质控检验员检查零件和随附的文件,给出一份完整的拆卸报告,描述问题、解决方法以及进行了何种测试以确定其适航性,以便重新安装。审核完所有信息后,来料检验员在文件上签名或盖章,这意味着可以将零件放在货架上,以便立即或以后使用。

　　3) 借用零件及未经批准零件

　　拥有同一类型机队飞机的航空公司有时会相互签订借用零件合同或协议。当一家航空公司需要另一家航空公司的零件时,它可以为自己的飞机借用零件。

这些类型的零件被称为"借用零件"。拥有所需零件的航空公司将其发给需要的航空公司。当另一家航空公司收到零件时,它会生成自己的文件,表明为租用零件,并且零件足够好,可以在其机队中使用。这些文件有助于 AMT 和两家航空公司的仓储部跟踪借出的零件。当借用零件的航空公司收到零件时,他们将从自己的飞机上拆下借出的零件,并将其归还给借出零件的航空公司。

未经批准零件一直在航空业流通,估计价值为数百万美元。未经批准零件可能是假冒的、盗用的、未经授权销售的超量生产零件、可能已超过其时限的零件,或者是无法追踪且缺少任何类型的文件因而没有足够凭证,带有欺诈性标记的零件。例如,发动机装架螺栓由特殊材料制成,用于固定飞机发动机。未经批准零件通常由一些较轻的材料制成,这可能会导致飞机失效和损坏。当飞机制造商制造飞机或飞机系统所需的零件时,他们的工程师会花时间检查和测试零件所用的材料,以确保它们能承受飞机运动时产生的应力。未经批准零件可能由劣质廉价材料制造,会对飞机或其部件造成损伤。这些零件可能会发生故障,比合法零件需要更换的频率更高。需要一双训练有素的眼睛才能捕捉到这类零件。FAA 识别未经批准零件的网站载有以下有关如何识别不合格供应商的信息:

(1)虚报低价。

(2)令人怀疑的快速服务。

(3)缺少数据。

(4)缺少文件支持。

如果出现上述任何一种情况,您应该检查产品,检查零件跟踪,并检查零件是否有外观缺陷。在美国和其他国家/地区,对未经批准零件的处罚可能包括刑事指控和巨额罚款,具体取决于案件的严重程度。

4)工具标定程序

FAA 要求建立工具标定程序。FAA 要求飞机维修使用的专用工具,如扭矩扳手、万用表、全静压箱和其他专用工具,必须根据航空公司的维修站工具手册定期进行标定和测试。专用工具送到外面进行标定,当返回时,接收并检查这些工具是否有正确标定和认证文件,说明送出去的所有材料已根据 FAA 法规和公司政策进行标定。

5)库存水平调整

航空公司的初始供应规划类似于为新飞机和新运营人开发的初始维修大纲(见第 2 章)。运营人的经验表明,随时间需要改变这个"起点"。所需零件、库存需求数量以及补充订货点将由实际的维修活动决定,而这将因航空公司而异,也因航线而异。这也可能随着季节和可用的维修质量而变化。这些改型没有一个可以完全由管理层控制,但必须定期监测并适当处理。因此,有必要对零件的使用情况进行持续监控,并根据需要进行调整。这是维修和航材部门的共同努力,与成本控制和预算编制活动相称。

6)生命周期

生命周期计划由物流/仓储管理和人员监控,这定义了由于变质和化学变化产生的限制,物料可以在航空公司的仓库库存中保留多长时间。这些生命周期也由制造商推荐。航空公司的仓储部有责任确保任何物料都不会超过其预定日期,并且超过预定日期的物料不会在任何飞机上使用。公司必须制订如何处置生命周期已过的物料的计划,这些物料通常属于 OSHA 和 EPA 的法规要求。

生命周期零件有一些储存要求,前面已经讨论过,因为这些零件对高温或暴露在环境中很敏感,容易燃烧和腐蚀,因此必须保存在金属柜中,并贴上危险材料、制冷剂等标签。生命周期物料示例如下:

(1)O形圈。

(2)航空润滑脂。

(3)油漆和油漆相关物料。

(4)渗透润滑油。

(5)防卡剂。

(6)绝缘剂。

(7)航空密封剂。

(8)干膜润滑剂。

仓储部必须每月或每半个月进行一次检查,以清除任何即将到期的生命周期物品。仓储部必须寻求部件重新认证,如果是易耗品,则必须按照公司的指南进行报废。质量控制管理员和质控检验员在仓储部的生命周期计划中扮演着重要角色,他们执行抽查以确定生命周期物品的储存条件;审查生命周期政策和程序;监督仓储管理的基础设施、设备和生命周期物品过期后的处置系统。

7)零件退换、保修和改装

零件退换、保修和改装工作可能非常繁琐,通常由仓储和物流采购部门负责。零件通常与供货商退换,以避免 AOG 的情况。仓储部必须确保退换后的零件的性能与发出的旧零件相同,并且飞机系统的完整性不会因零件状态升级或改装而受到损害。零件退换在航空工业中很常见。

保修工作需要航空维修人员的帮助。由于这些 AMT 已出于其预期目的拒绝了某个零件,因此它会贴上一个绿色标签,说明导致其被拒绝的问题。航空公司的仓储部必须勤勉工作,以避免保修工作出现任何延误。这正是航空公司的可靠性部门发挥作用的地方,因为他们监控所有飞机零件周转提前拆卸和系统故障,这有助于仓储部向维修供货商解释零件的故障。

系统集成、适航指令(AD)和不断出现的故障导致重新审视设计和部件,飞机零件需要进行改装。一旦确认某个零件或部件必须改装,供货商就立即开始处理手头的部件和修理单。航空公司的零部件部门开始将部件送去改装或升级。由于改装错误可能会对飞行安全造成风险,因此这类改装需要供货商、仓储部管理层和工程部之间的持续监控和沟通。升级或改装后的零件的零件号与旧零件相同,但尾号可能更大,或可能在零件号的末尾添加一个字母。以一个旧零件号为 8260121 - 2 的起动发电机轴承的改装为例,更新后的零件号将为 8260121 - 3 或 8260121 - 2A,这表示改装按照 AD 或任何其他方案完成,并附有相应的文件。此外,仓储部还会在系统中显示更新后或被替代的零件号,以避免发放旧的未改装的零件。

8) 预算编制

现代管理方法要求每一位管理者都要认识到其所领导的部门的成本要求。如果 M&E 希望完全控制材料,正如我们在本章开头所建议的,那么 M&E 必须对所发生的成本和整个活动的预算编制承担全部责任。这主要是材料主管的责任,但材料主管(毫无疑问)会将其自身活动的责任下放给每位管理者。当然,归根结底,公司层面的会计和财务将对工作进行监督,并对预算分配做出最终决定。毕竟,会计和财务也有老板——航空公司的首席执行官。

确定库存水平的主要问题之一是库存物品的成本。一些航空公司囤积货物,避免在急需的时候缺货。囤积的结果可能是最大限度地减少维修停机时间和随后的延迟和取消,但代价是太多的资金被未使用、不需要的耗材占用,或者在某些情况下,在保存时便过期或过时。

一些航空公司采取的另一种极端做法是在备件上投资很少,从而最大限度地减少了开办和运营航空公司所需的资金。缺点是维修停机时间以及延误和取消往往会增加,从而影响飞行计划、乘客满意度,甚至维修质量。

像航空业的许多事情一样,预算编制和库存水平都变成了不确定的需要兼顾的事务,需要技巧、熟练度,也许还需要一点运气才能完成。

第四部分
监 督 职 能

在第 6 章中,我们讨论了 FAA AC 120 - 16E 的 CASS 要求。FAA 咨询通告 AC 120 - 79A 提供了有关 CASS 的更多细节,包括组织该职能的各种方式。在本书中,我们通过四个监督部门讨论 CASS 要求。每个职能包含具体的关注领域,可协助维修大纲评估主管进行这些监督工作(见图Ⅳ-1)。这些部门被称为(在我们的结构中)质保部、质控部、可靠性部门和维修安全部门,每个部门将在单独的一章(第 16 章至第 19 章)中讨论。

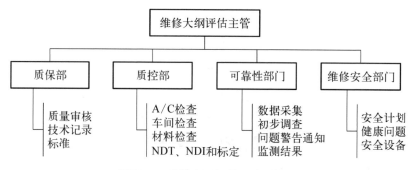

图Ⅳ-1　维修大纲评估组织结构图

质保(QA)部是负责为 MPE 主管实施某些行政措施并对所有 M&E 部门进行年度审核的部门,包括那些为航空公司提供工作协助或其他协助的航空公司外部组织。质控(QC)部关注维修工作和维修工作的实际实施情况。他们还负责特殊检查以及工具和测试设备的标定。可靠性部门负责监控飞机系统和部件的故障率、拆卸率等,以衡量整个维修大纲的有效性。如果发现任何缺陷,则可靠性部门会将问题移交给工程部进行调查,并制订适当的解决方案。剩下的监督职能为安全部门。维修安全部门关注 M&E 活动中涉及的健康和安全问题。这需要制订健康和安全计划并监督其实施。

第四部分的每一章单独讨论了特定监督职能。然而,航空公司的 CASS 应整合各监督单位的活动,全面监控航空公司的维修和检查大纲。拥有 FAA 认可的可靠性计划的航空公司通常会设立一个委员会来解决这些活动中发现的问题。该委员会由各 M&E 单位的代表组成,负责审查大纲以及通过可靠性计划发现的问题的分析和解决方案,通常称为"可靠性控制委员会(RCB)"。

为了处理并随后解决与任何其他监督活动的结果有关的任何问题或难题,航空公司应设立一个维修大纲审查委员会(MPRB)。该委员会取代上面提到的 RCB。监督职能的范围不同,MPRB 的活动也会有所不同。例如,QA 审核产生的记录主要是关于对航空公司或 FAA 规则和规定的违反,因此纠正措施将确保部门合规。如果在某些情况下,QA 记录要求更改规则或程序,则 MPRB 将参与讨论此事,并确定必要的方法。如果涉及 FAA 条例,则 MPE 主管将与 FAA 协调 MPRB 的活动。对于 QC、可靠性和安全问题,分析和纠正措施将因问题类型和相关单位而异。同样,MPRB 的参与程度也会有所不同。

第 18 章对 MPRB 进行了定义,因为其主要工作是处理可靠性问题。

16 质 量 保 证

16.1 质量保证要求

对于飞行的每种机型,航空公司都必须制订运行规范(Ops Specs),其中包括制订维修和检查大纲,保持飞机处于适航状态。这被称为"持续适航维修大纲"或"CAMP",在运营人的运行规范中进行了定义。运行规范获得 FAA 批准,但这并不足以确保这些大纲的有效性。FAR-121.373(持续分析和监督)提供了附加要求。FAR-121.373 第(a)段内容如下:

各持证人应建立和维护一个系统,以持续分析和监督其检查大纲和其他维修、预防性维修和改装大纲的执行情况和有效性,并纠正这些大纲中的不足之处,无论这些大纲是由持证人还是由其他人执行。

这意味着,尽管航空公司有 FAA 批准的维修和检查大纲,他们仍必须监督这些大纲,以确定其有效性,并在这些大纲的任何部分被证明无效时实施适当的纠正措施。航空运营公司的这一要求不仅涵盖他们自己执行的工作,还涵盖第三方组织(包括其他航空公司)为他们执行的任何工作。对航空公司维修和检查大纲的这一审查要求在 FAA 咨询通告 AC 120-79A 中做了进一步阐述。

在本章中,我们将只讨论质量保证活动。其他 CASS 要求将在后续章节中讨论。QA 的职能包括如下几方面:① QA 和 CASS 活动的行政和管理;② 对所有 M&E 部门进行质量保证(QA)审核;③ 保存技术记录;④ 就所有 M&E 职能与监管机构联络。

16.2 质量审核

为支持 FAR-121.373 要求(即 CASS),应对 M&E 部门内的每个单位进行质量审核。通常,这将每年进行一次,但对于某些领域,(或多或少)可能适用其他时间表。这一审核工作应详细、实事求是,旨在审查运营的各个方面,确定偏差,并制订纠正措施,在有限的时间内纠正每个偏差。这意味着质保审核员或审核小组(如果需要的话)将审查运营的行政和监督方面以及工作绩效。关于工作绩效,他们将审查如下内容:① 工具、测试设备和设施的充足性;② 被指派人员的能力(执照、参加的培训、技能和技能水平等);③ 车间和办公室整洁和秩序;④ 工具、零件、耗材和文书的使用和处理。以下是应审核的航空公司活动清单示例,但并非详尽无遗。

(1)与航线、机库和车间维修有关的过程和程序:日志,完成的检查,短停、日常和 48 小时维修检查,延期维修的处理,加油活动,质量控制检查,换班时与工作移交有关的程序,以及零件和耗材的采购。

(2)与材料有关的过程和程序:零件和耗材的接收、储存、贴标和处理,包括高价值、寿命有限和易燃的物品;寿命有限零件跟踪;保修请求处理;随机器材包建立和补充;机库、航线和外站零件分配。

(3)与工程有关的过程和程序:维修大纲的制订,问题领域调查,政策和程序制订,服务通告、服务信函和适航指令评估程序。

(4)与培训维修和检查人员使用计算系统、手册、文件、技术库和安全设备有关的过程和程序。

表 16 - 1 显示了 M&E 各单位和执行质量审核的单位关注的各个领域。

表 16 - 1　质　量　审　核

序号	审核内容	机库	航线	车间	承包商	供应商	燃料	技术库	日志	检查	材料	工具和设备	延期	氧气	培训	安全
1	设施的充足性和维护	√	√	√	√		√				√	√		√	√	
2	GSE 的充足性和可用性	√	√													
3	可用性和标定:工具和测试设备	√	√	√	√							√				
4	技术手册的使用	√	√		√											
5	技能和合格人员的可用性	√	√	√	√					√					√	
6	文书处理	√	√	√	√	√				√						

序号	审核内容	机库	航线	车间	承包商	供应商	燃料	技术库	日志	检查	材料	工具和设备	延期	氧气	培训	安全
7	必检项目处理	✓	✓		✓											
8	人事记录	✓	✓	✓	✓											
9	零件：可用性、处理、控制	✓	✓	✓	✓						✓					
10	燃油：分配和储存		✓				✓									
11	除冰盐：分配和储存		✓													
12	符合航空公司要求				✓	✓										
13	能力				✓											
14	燃料的清洁度和质量						✓									
15	燃料设施的定期试验和检查						✓									
16	燃料装卸设备						✓									
17	加油程序		✓				✓									
18	手册修订状态							✓								
19	分配程序手册							✓								
20	修订适当签核							✓								
21	手册的时效性和完整性	✓	✓	✓	✓			✓								
22	日志的完整性								✓							
23	偏差适当签核								✓	✓						
24	数据传输到跟踪系统								✓							
25	延期维修处理		✓						✓							
26	日志中不恰当的维修记录		✓						✓							
27	检查包的完整性									✓						
28	检验印戳的使用	✓	✓							✓						

序号	审 核 内 容	机库	航线	车间	承包商	供应商	燃料	技术库	日志	检查	材料	工具和设备	延期	氧气	培训	安全
29	识别的飞机									✓						
30	未检出延期项目处理									✓						
31	来料检验										✓					
32	可用标签签核										✓					
33	车间检验报告				✓	✓	✓				✓					
34	待检区										✓					
35	生命周期控制(仓库)										✓					
36	可用件与不可用件分离										✓					
37	标定标记的时效性											✓				
38	重新标定控制系统											✓				
39	标准可追溯性(NIST)											✓				
40	延期项目报告和整改	✓	✓										✓			
41	延期的原因												✓			
42	延期的适当控制												✓			
43	工具、工作区域、零件的清洁													✓		
44	氧气瓶的正确储存													✓		
45	氧气质量													✓		
46	安全设备的可用性	✓	✓	✓												✓
47	安全培训															✓	✓
48	事故/事件报告	✓	✓	✓													✓
49	"禁止吸烟"区域的标识	✓	✓	✓			✓										✓
50	危险品贴标和处理	✓	✓	✓													✓

续　表

序号	审核内容	机库	航线	车间	承包商	供应商	燃料	技术库	日志	检查	材料	工具和设备	延期	氧气	培训	安全
51	培训课程大纲														√	
52	培训记录保存														√	
53	保修请求的处理										√					

　　质量审核主管及其工作人员应每年对每个 M&E 部门进行一次质量审核。应在每个日历年之前编制一份时间表，说明每次审核的大致日期和内容。这并不是为了"揪住"某人的错误。其目的是审查当前的运营，并确保偏差得到纠正。不过，如果情况需要，也可以实施抽查或突击审核。[①] 重要的是每年对 M&E 运行的各个方面进行审核，以确保符合法规和航空公司的要求。同样重要的是要认真对待这些审核工作。如有任何偏差，则必须及时解决并采取纠正措施。

　　审核应标准化。尽管具体的调查领域因不同的审核而不同，如表 16-1 所示，但有一些项目对许多部门来说是共同的。应制订标准表格，注明每个被审核单位的具体关注领域。

　　质量审核主管还负责审核所有与 M&E 部门有往来的外部组织，包括零件供应商、零件库、第三方维修部门和其他承包商。这不仅仅是对已经获得其所属监管机构或航空公司 QA 部门的粗略批准。航空公司所进行的质量审核必须确保这些承包商所进行的工作符合公司和法规的要求，无论这些质量审核工作与承包商的工作有多相似或不同。记住，FAR-121.373 规定航空公司负责监督飞机上的所有维修工作，无论谁负责维修。

　　某些其他类型的审核可以每年或根据需要进行。这些审核是对某些过程、程序或职能的审核，可能跨越 M&E 内部的两个或多个部门或活动。将对每个参与的部门在更大的过程、程序或职能中的角色进行审核，而不对其部门进行全面审核（除非这些或其他调查结果认为有必要）。这些审核包括如下几方面。

　　（1）停机坪操作。与停机坪和登机口区域活动相关的所有航线维修和支持职能，包括停放、滑行、加油、飞机服务、装卸（乘客和货物等）及停航维修。此类

---

①　大多数航空公司发现，对于质量保证审核科来说，定期审核的工作量相当大。

审核可以结合有关延误和取消的问题或结合一般的航站楼作业进行。

（2）飞机胎压检查和调整整个机队飞机胎压的过程（检查技术、氮气的使用等）可能会进行审核。这将包括各种机型、所有可能进行此类工作的航站以及相关的机组人员。

（3）车间记录。尽管这个问题通常是保存记录的单位的标准审核的一部分，但可能会出现需要对整个航空公司的记录保存过程进行审核的情况。例如，新的工序、新的计算机程序或可靠性计划结果可能需要进行此类审核。

（4）必检项目（RII）。同样，每次对涉及 RII 的任何单位进行审核时，都包括在标准审核中。但可能有必要检查 RII 过程本身，以及审查那些进行 RII 的机械师的授权。

（5）AD 和 SB 遵从性。所有 AD 要求在某个规定的时限内执行，通常适用于特定的飞机（机尾编号、型号或尾号等）。服务通告虽然可选，但如果被纳入，则必须对其进行审查，以确保其符合要求。有时会为已发布的 SB 生成 AD。即使航空公司拒绝 SB 作为 AD（无论什么原因），SB 也必须纳入。这项审核将考虑处理 AD 和 SB 的工程，以及随后 EO 和其他工作指令的生成；此外还将审查参与纳入这些改装的有关单位（维修、航材、培训等）。

（6）大修和改装。这些审核通常是为了确保在进行飞机大修或改装时符合要求。这些改装将对一个机队进行，但审核通常只进行一次。

（7）安全设备。各工作中心安全设备的可用性和可获得性可能是工作中心正常审核的一部分，但有时可能需要对所有安全设备进行特殊审核。这可能包括对安全部门本身进行审核。

（8）安全培训。安全设备的安置和使用以及安全措施的正确使用方面的培训也与工作中心审核一起进行，但同样，可能需要对整个安全计划进行特殊审核。

（9）事故/事件报告。这些过程和程序将在对安全部门的审核中进行处理，但可能需要对整个计划（包括其他工作中心）进行审核。

（10）消防/防火。所有与消防和防火有关的系统、设备和程序将接受一次性审核。

（11）危险品处理。正确处理这些材料需要对接触这些材料的人员进行培训。整个计划跨越多个工作中心，可能需要进行审核。

16.3　ISO 9000 质量标准

最近质量受到极大关注，包括工艺质量、服务质量、生活质量。全世界大多数工业都采用国际质量标准,即国际标准组织(ISO)的 ISO 9000。本标准规定了对从事设计和制造或为他人提供技术服务的组织质量体系的要求。本标准确定了三类组织,并针对每一类组织定制了 ISO 9000 规范。以下信息来自乔尔·莱维特的《维修管理手册》。[①]

ISO 9001 适用于设计/开发、生产、安装和维修产品或向说明如何提供产品或服务的客户提供服务的机构。

ISO 9002 适用于按客户的设计规范提供商品或服务的机构。

ISO 9003 适用于进行最终检验和试验的机构。

各机构必须根据所从事的工作种类通过适用的 ISO 标准程序认证。这些 ISO 标准没有专门涉及维修(飞机或其他),但美国以外的许多航空监管机构要求商业航空公司运营人使用 ISO 9000 制订质量标准。表 16 - 2 概述了对每一类 ISO 9000 组织的要求。最右边的一栏(由作者添加)列出了与航空维修相关的项目。

表 16 - 2　ISO 9000 质量组织要求

序号	ISO 9000 要求	9001	9002	9003	维修
1	管理责任	√	√	√	√
2	文件化质量体系	√	√	√	√
3	客户合同审核	√	√		
4	过程控制实施	√			√
5	文件控制	√	√	√	√
6	采购控制	√	√		√
7	供应商控制	√	√		√
8	产品可追溯性	√	√	√	√
9	文件化过程	√			√
10	检验与检测	√	√	√	√
11	工具和检测设备的校准	√	√		√
12	产品检验和试验	√	√		√
13	不合格产品的控制	√	√	√	
14	记录纠正措施	√	√		√
15	保护零件等免受损坏、盗窃等	√	√	√	
16	质量记录要求	√	√	√	√

① 乔尔·莱维特,《维修管理手册》,工业出版社,纽约,1997,第 18 章。

续　表

序号	ISO 9000 要求	9001	9002	9003	维修
17	内部质量审核	√	√		√
18	培训记录	√	√	√	√
19	维修跟踪	√			√
20	使用统计技术跟踪质量	√	√	√	√

资料来源：摘自乔尔·莱维特的《维修管理手册》，工业出版社，纽约，1997，第 18 章。经许可转载。

16.4　技术记录

在第 6 章中，我们确定了 FAA 对运营人的要求，即要求其保留有关运营飞机状态的某些记录。此要求旨在确保飞机保持适航状态并符合认证要求。这些记录使 FAA 或其他监管机构可以看到正在进行中的工作。记录显示了飞机的最新当前状态。如果飞机被出售、租赁或归还给出租人，则这些记录还可以让新的运营人了解飞机在 AD、SB 以及其他改装和大修方面的确切状态。这些记录还可以让新的运营人知道飞机的维修计划，以及在移交时飞机处于字母检的哪个阶段；例如，下一次"A"检或"C"检的剩余时间，以及可能需要进行哪些多重检查（3A、4C 等）。

运营人必须保存 4 种记录：连续记录、例行记录、重复记录和永久记录。

连续记录如表 16 - 3 所示，会不断更新，以反映航空公司在任何时间点的运营状况。例行记录如表 16 - 4 所示，通常保存 15 个月。某些例行记录可转为永久记录，如表中所述。

表 16 - 3　连 续 记 录

一般记录（飞机、发动机、部件、仪器）	执行方法（AD、SB、EO 等）
飞行时间记录	常用 AD 下次任务时间
时限	**飞机记录**
自上次大修到现在的飞行时间	目前检查状态
自上次检查到现在的飞行时间	自上次检查到现在的飞行时间
寿命有限零件	上次检查时执行的例行工作
运行限值	上次检查时执行的非例行工作
累计小时和循环	**部件记录**
根据 SB 和/或 AD 进行的改装	大修单（FAR - 121.380）
制造商或运营人的产品改进	自上次大修到现在的飞行时间
AD 状态	下一次大修的剩余时间
适用 AD 列表	部件历史记录卡
飞行日期和时间	

表 16 - 4　例 行 记 录

一般记录(飞机、发动机、部件、仪器)	飞行日志
机队活动(可转为永久记录)	维修日志
完成的检查表	客舱日志
维修转场检查表	**发动机和 APU 记录**
单发复飞转场检查表	日志
试飞检查表	**维修培训记录**
飞机记录	
日志	

　　重复记录如表 16 - 5 所示,识别所有定期重复的工作,如日常检查、短停检查和字母检。通常,字母检记录只保留到下一次检查完成时。然而,需要从这些检查中获得的信息证明检查周期调整的合理性(见第 2 章)。在这种情况下,将检查包数据存档,或对每次检查、每架飞机的重要项目进行汇总并归档,以备将来使用,并销毁原始检查包文件。

表 16 - 5　重 复 记 录

飞机记录
维修/检查(日常检查、48 小时检查、短停检查、字母检)
　　签核的例行工卡
　　签核的非例行工卡
　　检查包完成记录
维修/检查(4C、"D"检、所有机型结构)
　　签核的例行工卡(可转为永久记录)
　　签核的非例行工卡(可转为永久记录)
　　检查包完成记录
载重平衡
发动机和 APU 记录
大修、检查和高温部件检查

　　永久记录如表 16 - 6 所示,识别飞机、发动机、部件和仪器配置的永久性更改,并永久保存。如果飞机被出售、出租或归还给出租人,则永久记录必须随飞机一起移交给下一个经营人。

表 16 - 6　永 久 记 录

一般记录(飞机、发动机、部件、仪器)
　AD 执行记录

　　　　签署的文件(工卡、EO)
SB/SL 执行记录
　　　　签署的文件(工卡、EO)
大修/改装记录
　　　事故报告
　　　修理委托、草图、图纸
　　　SB、STC、改装、EO
　　　重量/CG 变化报告
　　　试飞报告
FAA 表格 337(大修和改装)

16.5　质保部的其他职能

　　处理记录的质保部还可能负责监督机械师执照和检验员资格和授权(RII 和有条件检查)的有效性。该小组还将对 TPPM 和其他需要 MPE 主管批准的文件的制订和修改进行行政控制。

　　质保部还执行内部审核和抽查,这些工作经常分不同班次完成,以了解公司维修政策和程序的遵守情况。这些抽查可能是对机库维修的飞机、航线维修、安全、维修车间、文件、工具或使用的设备进行检查。

17 质 量 控 制

17.1 引言

　　航空公司 M&E 部门的检查职能是第 6 章讨论的运行规范所建立的基本维修大纲的一部分。这项职能部分包括机械师在日常维修工作中进行的检查:一般目视检查、详细检查以及对自身工作的检查和重新检查。某些维修活动需要"第二双眼睛"执行检查,以确保正确或仔细执行检查工作。这包括必检项目(RII),还包括对新聘用或新培训人员的监督检查,以确保他们的工作符合标准。还有一种检查,即有条件检查,发生特殊事件需要进行这类检查,如鸟撞、硬着陆、雷击、飞越强烈气流,或着陆或滑行时翼尖或发动机短舱意外遇阻。对于这些特殊事件,检查必须足够详细,以发现可能的结构损伤,可能需要特殊的无损试验和无损检验(NDT/NDI)技术。要进行 RII 或进行有条件检查,机械师必须经培训合格,并获得质量保证部门批准按照 FAR - 121.371 进行上述检查。

17.2 质控部

　　为了执行所有这些检查要求,有必要在 M&E 部门内建立质量控制职能。这一职能可以采取多种形式。在典型的中型航空公司中,我们将质量控制职能纳入了 MPE 处。为此假设部门足够大,可以雇用专职质控检验员。然而,在较小的部门中,质控检验员可能会根据需要安排在工作中心。然而,航空公司通常会同时拥有两种类型的质控检验员。专职质控检验员称为"专职检验员",兼职质控检验员称为"委托检验员"(有时称为"委派检验员")。无论哪种情况,MPE部门内都应该有人监督所有质控检验员。如果没有质控部,则这一监督职能通常交给质保部。专职检验员可以是经验丰富的机械师、技术员或工程师,必须持有有效的 A&P 执照,必须经过一般检查技术培训,以及负责检查的特定领域所需的特殊技术的培训。质控检验员必须得到质保部的批准才能进行此类检查。

委托(或委派)检验员可以是特定工作中心的有资格执行某些检查的机械师或主管。委托(或委派)检验员通常仅限于在特定领域进行检查,原因很简单,因为航空公司没有其他专业人员有资格进行此类检查,或者此类工作不够多,无法指派任何人全职从事此类检查工作。在其他情况下,如果工作量少,则无法指派专职检验员,可以要求委托检验员在某一工作中心内执行所有 QC 检验。然而,为了保持委托检验员与检验对象分离,在检验活动中,委托检验员为质控部(或质保部)工作,而不是为工作中心工作。

在内部,质控部分为四个职能部门,每个部门均设有主管。根据航空公司的规模和管理层的偏好,可能会建议其他安排,但在典型的中型航空公司中,会设有负责飞机检验、车间检验、材料检验以及无损试验和无损检验的主管。

飞机检验主管将监督所有专职或委托检验员,他们负责对飞机进行检验,无论是机库检验还是航线检验。车间检验主管对所有支持和大修车间进行的离机维修检查负有相同的责任。材料检验主管负责对航材部处理的进出部件进行所有要求的检验。

质控部组织结构图上的第四个职位是负责监督所有无损试验和无损检验(NDT/NDI)主管,负责校准整个 M&E 使用的工具和检测设备。这包括航线上、机库和车间内使用的电子检测设备,以及需要定期检查校准精度的专用工具,如扭矩扳手。该主管负责确保所有这些工具和设备具有有效的校准标签,标明上次校准日期或下次校准的日期,即本次校准失效的日期。该主管还负责将此类设备送往适当的校准实验室,该实验室可能由航空公司或第三方运营。

17.3 FAA 和 JAA 差异

以上讨论涵盖了相对于美国标准而言的 QC 方法。在欧洲,联合航空管理局(JAA)下属的航空公司有不同的设置。根据 JAA 规则,不设质控部,只设质保部。然而,上述 QC 职能的所有方面在 JAA 下仍然存在,只是控制方式不同。JAA 不是监管当局。[①] 这是一个旨在规范整个欧洲的航空规定的咨询小组。在所有情况下,航空公司所在国家/地区的监管当局都对航空公司的行动拥有最终决定权。[②]

---

① 欧盟(EU)正在建立欧洲航空安全局(EASA),以规范欧盟的航空业。
② 联合航空局条例 JAR OPS 1。

经过认证和培训的机械师被认为有足够的资格检查自己的工作,以确保工作已正确完成。如果机械师受过适当的培训,工作认真负责,则可以检查自己的工作。然而,这些机械师必须在检验技术方面接受过适当的培训,并得到质保部的批准才能进行检验。对于需要另一位质控检验员的检验(如与安全或适航相关的检验),根据 JAA 规定,另一位质控检验员也必须经过适当的培训并得到质保部的批准。对于上述可能涉及结构损伤的条件检验项目,执行此类检验的质控检验员或机械师还必须接受适当的无损试验和无损检验(即 NDT/NDI)技术培训,并获得质保部批准进行这些条件检验。

根据 JAA 规定,如果没有 QC,则机械师没有"自由行动"权。上面使用的关键词是"经过适当的培训并得到质保部的批准"。这适用于 FAA 或 JAA。换句话说,在 FAA 和 JAA 的管辖下,要求相同,只是术语和使用的标题不同。

17.4 质控检验员资格

任何担任质控检验员的人员,无论是专职检验员还是委托检验员,都必须具备一定的资格。所有质控检验员的基本资格是持有有效的机械师执照,并在该执照下拥有 2 年的工作经验,且无任何违规行为。他们必须完成公司要求的所有培训和机队培训,并了解航空公司的规章、政策和程序;他们必须了解公司的 RII 大纲;已完成质控检验员课程,并顺利通过航空公司质控部的 QC 考试。

质控检验员课程应涵盖质控检验员的职责和责任以及检验方法和技术指导。该课程应涵盖腐蚀、腐蚀检测和腐蚀控制方面的指导。无损试验和无损检验技术应能满足各质控检验员履行其职责所需。该课程还应涵盖与质控检验员专业相关的监管和航空公司程序的审查。

经过 QC 检验培训并获得批准后,机械师必须熟练掌握所使用的检验方法、相关设备的规格、质量检测方法和程序以及检验辅助设备、工具和适用的 NDT/NDI 技术的正确使用。

航空公司必须保留经授权担任质控检验员的人员的记录。对于他们的身份(无论是专职检验员还是委托检验员)以及具备资格并获得授权检验的项目,必须进行记录,并提供给监管人员。

17.5 基本检验政策

航空公司应制订基本检验政策,让所有专职检验员和委托检验员遵守。业界最普遍接受的政策涉及以下方面:① 质控检验员盖章正式验收;② 跨班检验的连续性;③ 质控检验员决定的撤销;④ 被拒收工作(回购)重新检验;⑤ 检查自己的工作;⑥ 工作完成。下面将逐一讨论这些问题。

1) 质控检验员盖章正式验收

所有获得授权的质控检验员都会获得检验员印章。这些印章经编号并受控,各质控检验员自行负责安全保管印章。当工作由机械师完成时,由机械师在相应的工作卡或其他文件上签核。如某项任务需要质控检验员检验,由质控检验员审核验收后,在工卡上盖章、签名予以批准。当质控检验员离开公司或已经不在检验单位时,必须将印章交还质保部。

2) 跨班检验的连续性

当工作跨多个班次时,航空公司需要制订适当的程序(在 TPPM 中),以确保将完整的工作进度信息和状态移交给下一班。这一政策还必须包括将检验权移交给下一班质控检验员。在一些航空公司,即使需要加班,原工作机组仍继续工作,直到工作完成。而在另一些航空公司,机组人员轮班工作 10~12 小时,这涵盖了大多数工作岗位。而质控检验员,通常被视为管理层,可能只工作 8 小时。无论班次安排如何,航空公司的程序都必须明确确定如何保持连续性,以确保工作和检验工作的正确性。

3) 质控检验员决定的撤销

机械师或管理层不能撤销或推翻质控检验员对工作做出的验收、拒收或返工决定。当任何车间或工作中心的委托质控检验员进行检验时,由于检验在质控检验员的管理下进行,因此工作中心主管不能推翻质控检验员的决定。唯一可以推翻质控检验员决定的是质控经理、MPE 主管或 M&E 副总裁。如果质控检验员直接隶属于质保部,则质保主管或经理有推翻权。在任何情况下,如果质控检验员的决定被推翻,则由航空公司负责采取行动,而不是质控检验员或机械师。

4) 被拒收工作(回购)重新检验

质控检验员在检查("A"检、"C"检等)或抽查时记录的任何偏差以及质控检验员在验收检验时拒收的任何工作,必须在返工完成后由质控检验员重新检查以获得最终批准。这种最终检查和批准称为"回购"。对于"B"检及以下检查,如果没有质控检验员,则负责这项工作的机械师主管有回购权。

5) 检查自己的工作

如果需要两人签名,则机械师和检验员都不能检查和批准自己的工作。如果机械师拥有资格,工作认真负责,则可以检查自己的工作,以确保工作正确完成。但如果工作需要另一位质控检验员或需要两人签名,则另一位质控检验员不能与第一位质控检验员相同。

6）工作完成

每个工作包都有一个要完成检查必须完成的任务清单。大多数任务只需要机械师签核说明任务完成。有些任务还需要质控检验员检查、批准和签核。此外，负责检查的高级质控检验员有责任检查所有任务是否已成功完成并正确签核。这包括检查每张工卡的完成情况和签核情况，确保所有被拒收的工作已完成返工并验收，并验证检查过程中产生的任何质控记录是否已完成处理。所有因任何原因未完成的任务必须适当推迟。通常，航空公司希望飞机通过"A"检或"C"检，即没有延期，但这常常不大可能。在所有工作完成并签核（或延期）后，质控检验员将验收工作包，签核，然后将飞机放行。

17.6　其他质控活动

除上述检查活动外，质控部还负责特殊无损检测和检验技术、维修使用的某些工具和检测设备的校准，以及就维修问题向监管当局提交专门报告。我们将依次讨论这些问题。

1）无损试验和无损检验

维修中使用了许多特殊试验和检验技术，需要部分或全部拆卸部件，有些需要使用其他方法，而这些方法可能导致被测部件无法使用。尽管第一种可以容忍，但第二种不能。为了避免拆卸或损坏部件，已经开发了多种无损试验和无损检验方法，以检查或了解某些部件和系统的状况，而不永久损坏部件。这些技术被称为"无损试验"和"无损检验（NDT/NDI）"技术。

飞机维修中使用的 NDT/NDI 技术包括 X 射线、超声、着色剂、磁粉探伤仪和孔探仪。每种技术都很独特，都有其特定的应用。质控部负责进行这些试验和检验，或者在某些情况下，培训机械师使用这些技术。表 17-1 列出了这些NDT/NDI 技术及其适用性。

表 17-1　NDT/NDI 技术

名　　称	说　　明
X 射线	检查某些材料的内部状况，以发现内部的孔洞、裂纹或其他问题
超声	与 X 射线相似，但使用的是高频声波。内部像差会以不同的方式传导声音，从而在监视器上产生不同的模式

续　表

名　称	说　　明
涡流	各种材料中产生的涡流呈现出一定的模式。材料内部的裂纹会改变模式，从而显示出薄弱区域
着色渗透剂	在各种流动系统中使用专用着色剂。通过着色剂在错误点的泄漏，可以识别管道、垫圈、连接器等的泄漏
磁粉	将屑末探测器放在发动机中合适的位置，以检测机油中的金属微粒，指示发动机磨损
孔探仪	为了检查喷气发动机转子叶片的内部状况，将一个特殊的视频探头插入发动机的检修孔。然后可以在外部监视器上查看发动机的内部，同时旋转发动机风扇以查看所有叶片。在发动机运转前，必须将探头取下，并固定好检修孔

2) 工具和检测设备的校准

维修中使用的某些测量工具和测试设备需要定期校准。美国使用的标准是美国国家标准与技术研究院(NIST)的标准。航空公司必须按照现场标准对工具和检测设备进行校准，这些标准可以追溯到 NIST 标准。维修要求是只使用经过校准和认证可以使用的工具和检测设备。负责这一工作的是质控部，尽管通常会建立专门的实验室设施，并聘请有专业资质的计量技术人员来完成这项工作。

经正确校准的工具和检测设备将带有校准标签，注明上次校准日期或下次校准的日期。标签还应包括批准实验室的草签和盖章。机械师只能使用带有有效校准标签的工具和检测设备。质控部和质保部将监督是否合规。

然而，有效的校准标签并不能保证工具或检测设备仍在校准范围内。这些设备偶尔会发生故障，一个好的机械师应该能够发现这些问题。TPPM 应详细说明机械师和技术员向质控部报告未通过校准的工具或仪器的程序。进出校准实验室的处理可以通过质控部或航材部进行。

3) 向监管当局提交专门报告

当出现如表 17 - 2 所示的故障或缺陷时，应向 FAA 提交机械可靠性报告(MRR)。[①] 当发生事件时，MCC 通知质控部准备一份报告给 FAA。此类报告通常在 24 小时内(例如，周一上午 9:00 至周二上午 9:00)提交给航空公司的持证办公室。报告包括飞机的机型和识别号，航空公司名称，以及事件发生的日

---

① FAR - 121. 703。

期、航班号和飞行阶段。报告还将包括事件的性质、相关应急程序（如有）、表面原因、受影响的设备、处置以及与事件相关的任何其他信息的简要说明。最初提交时无法获得的信息必须在信息获得后以后续报告的形式提供给 FAA。

对于由表 17-2 中 MRR 类别以外的机械故障（已知或可疑故障）引起的每一次飞行中断、飞机航线计划外变更或任何计划外停航或改航，将向 FAA 提交机械故障摘要（MIS）。MIS 报告也由质控部负责，信息由 MCC 提供。

表 17-2 机械可靠性报告

飞行途中起火
相关火灾报警系统是否正常工作？
是否没有受到火灾报警系统保护？
虚假火灾报警
飞行途中发动机排气系统造成机械损坏，如：
发动机
相近结构
设备
部件
飞机部件导致有害气体在乘员舱/客舱内积聚或循环，如：
烟雾
蒸气
有毒烟雾
发动机因以下原因停车：
熄火
进入异物
结冰
发动机或飞机发生外部损坏时发动机停车
多台发动机停车
燃油或放油系统
造成燃油在飞行途中泄漏
影响燃油流量
飞行途中起落架收放
收放
起落架门开启或关闭
飞机停场时制动系统部件导致制动力损失
飞行中所有惯性导航系统故障
A/C 部件或系统导致机组人员采取紧急行动
飞行中客舱失压
地面疏散
在任何时候发生或发现的任何故障、失效或缺陷（当航空公司确定已经或可能危及飞机的安全运行时）

注：本表格摘自一家现已倒闭的美国中型航空公司的通用维修手册。另见 FAR-121.703。

4）必检项目

在整个 M&E 部门，机械师可能会参与 RII，但质控主管或经理有责任确保维修大纲得到适当管理。FAA 将 RII 定义为"如果执行不当或使用不当的零件，可能危及飞机安全运行的任何项目。"[①] 这将包括以下任务：

（1）飞行操纵系统的安装、装备或调整。

（2）主要结构部件的安装与修理。

（3）发动机的安装。

（4）发动机、变速器、齿轮箱和导航设备等部件的大修、校准或装备。

对于 RII，负责这项工作的机械师必须在完成任务后签核。然后一位质控检验员必须审查工作并签核。

该质控检验员应为经 QA 批准执行此类检验的机械师。

FAA 没有说明哪些项目应确定为 RII，但要求航空公司评估自己的工作计划，并确定适用于航空公司运营的 RII。除了确定 RII 之外，航空公司还必须说明其组织或任何其他合同组织中哪些人员具备资格并获得授权进行这些检查。FAR - 121.371 明确规定如下：

（a）任何人不得允许任何人执行要求的检查，除非执行检查的人员经过适当的认证和培训，具备资格并获得授权。

（b）任何人不得允许任何人执行要求的检查，除非当时执行检查的人员受到检验单位的监督和控制。

（c）如果某人参与了要求检查的工作项目，则他不得执行要求的检查。

（d）各持证人须保存或确定其安排进行要求的检查的每一人员保存一份经过培训、具备资格并获得授权进行要求的检查人员的最新名单。这些人员必须按姓名、职称和获得授权执行的检查识别。持证人（或者其安排执行要求的检查的人员）应向每一位获授权的人员提供书面信息，说明其职责范围、权限和检查限制。该清单应根据要求提供给局长查阅。[②]

---

① FAR - 21.369。
② FAR - 121.371。

18 可 靠 性

18.1 引言

可靠性等同于一致性。它可以定义为一件物品按照其预期设计,在特定的条件下,在特定的时间内执行所需功能而不发生故障的概率。可靠性计划是在飞机维修环境中提高运行性能的重要手段,旨在减少与维修相关的问题,提高飞行安全。该计划的目的是系统地处理出现的问题,而不是试图解决直接的症状。该计划通常根据飞行员定制,以准确反映具体的运行要求。尽管"可靠性"一词有很多含义,但在本书中,我们将对在航空维修和工程中有专门含义的术语进行定义。就可靠性而言,我们首先必须讨论这个词在应用上的一个重要区别。

在航空业中,可靠性概念有两种主要方法。一个方法主要着眼于整个航空公司的运营或整体中 M&E 的运营,另一个则主要着眼于维修大纲。这两种方法都没有错,但有所不同,必须了解这种差异。

第一种方法着眼于航空公司的整体可靠性。这主要通过签派可靠性衡量,即航空公司定期航班准时起飞①的概率。航空公司可以使用这种方法跟踪延误情况。延误原因分为维修、航班运行、空中交通管制(ATC)等,并相应地记录。M&E 部门只关心由维修引起的延误。

使用这种可靠性方法的航空公司往往会忽略任何不会造成延误的维修问题(与人员或设备相关的问题),他们只跟踪和调查会造成延误的问题。这对于制订良好的维修大纲仅部分有效。

第二种方法(我们实际上可以称为"主要方法")是将可靠性计划视为专门用于解决维修问题(无论这些问题是否会造成延误)的大纲,并就这些项目提供分析和纠正措施,以提高设备的整体可靠性。这有助于提高签派可靠性以及整体

---

① 准时起飞是指飞机在预定起飞时间的 15 分钟内推离登机口。

运行。然而,我们不会忽视签派可靠性。这是可靠性计划的一个独特部分,我们
将在下文进行讨论,但必须加以区分并理解其中的差异。我们还必须认识到并
非所有的延误都是由维修或设备引起的,尽管在这种延误中维修是关注的焦点。
我们也不能只调查造成延误的设备、维修程序或人员偏差。正如将在后面讨论
的,签派可靠性是整体可靠性的一个子集。

18.2 可靠性类型

“可靠性”一词可以用在各个方面。你可以讨论航空公司活动的整体可靠
性,部件或系统的可靠性,甚至过程、功能或人员的可靠性。然而,这里我们将专
门讨论维修大纲的可靠性。

与维修活动相关的可靠性有四种类型,分别是① 统计可靠性;② 历史可靠
性;③ 面向事件可靠性;④ 签派可靠性。尽管签派可靠性是面向事件可靠性的
一个特例,但由于其重要性,我们将单独讨论。

1) 统计可靠性

统计可靠性基于对系统或部件的故障、更换和维修率的收集和分析。从现
在起,我们将把这些不同类型的维修活动称为“事件”。事件率根据每飞行 1 000
小时的事件数或每飞行 100 个周期的事件数计算。为了进行分析,将参数归一
化。根据情况,可以采用其他事件概率。

许多航空公司使用统计分析,但有些航空公司往往过于相信统计数据。例
如,拥有 10 架或 10 架以上飞机的航空公司往往使用统计方法,但大多数统计学
教师和书籍告诉我们,对于任何少于约 30 个数据点的数据集,统计计算的意义
不大。在航空业可靠性研讨会上提出了一个不当使用统计数据的例子。航空公
司代表以此为例说明其所在航空公司为什么要停止使用统计可靠性。下面是具
体的例子。

我们一年中只有两个月使用气象雷达。当我们以常规方法计算故障率的均
值和警报级别时(本章稍后将详细讨论),会发现我们始终处于警戒状态。当然,
事实并非如此。

这位先生正确地确定了这种方法的错误,他也正确地确定了(至少在这一个
例子中)统计学不是一种有效的方法,原因如图 18-1 所示。

图 18-1 上面的曲线显示了设备运行时收集的 2 个数据点。图中还显示了
设备未使用、未收集数据月份的 10 个零数据点(12 个月一列)。这些零不是有
效的统计数据点,并不代表“零故障”,而是表示“无数据”,因此不应在计算中使

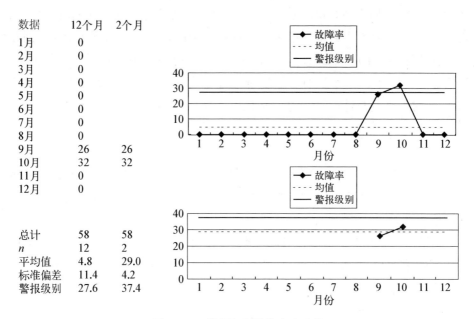

数据	12个月	2个月
1月	0	
2月	0	
3月	0	
4月	0	
5月	0	
6月	0	
7月	0	
8月	0	
9月	26	26
10月	32	32
11月	0	
12月	0	
总计	58	58
n	12	2
平均值	4.8	29.0
标准偏差	11.4	4.2
警报级别	27.6	37.4

图 18-1　警报级别计算方法比较

用。然而,使用这些数据可以得到均值 4.8(下图,虚线)和高于均值两个标准偏差的警报级别(上图,实线),即 27.6。

　　需要了解的一点是无论输入的数据是否正确,公式都会有效,会得到数值解。输入无效则输出也无效。问题是在图 18-1 下面的曲线(2 个月数据)中,只有两个有效的数据点。这里唯一有意义的统计数据是两个数字的均值 29(虚线)。这里可以使用适当的公式或计算器计算标准偏差(SD),但这个参数对于只有两个数据点的数据来说没有任何意义。通过此计算设置的警报级别为37.4(实线)。对于这个例子,统计可靠性不可用,但历史可靠性非常有用。我们将在下一节讨论这个问题。

　　2) 历史可靠性

　　历史可靠性是当前事件发生概率与过去经验事件发生概率的比较。在图 18-1 的例子中,收集的数据显示,在设备服役的 2 个月内,有 26 个机队和 32个机队发生故障。这是好还是坏? 统计数据不会告诉你,但历史数据会告诉你。看看上一年同一设备、同一时间段的数据。如果有的话,也可以使用上一年的数据。如果当前的事件发生概率与过去的经验相比更好,那么一切都没问题;如果与上一年的数据存在显著差异,则表明可能存在问题。这就是可靠性计划的全部内容：发现问题并随后解决问题。

历史可靠性也可以在其他情况下使用。最常见的一种是引入新设备（部件、系统、发动机、飞机），之前没有关于事件发生概率的数据，也没有关于预期事件发生概率的信息。对于这种设备，什么是"正常"？什么是"问题"？在历史可靠性方面，我们只是收集相关的数据，并从表面上"观察发生了什么"。当收集到足够的数据以确定"规范"时，可以将设备加入统计可靠性计划中。

航空公司也可以使用历史可靠性数据建立基于统计的可靠性计划。可以对保存 2 年或 3 年的事件发生概率数据进行记录或绘制成图形并进行分析，以确定正常或可接受的发生概率是多少（假设没有发生重大问题）。然后可以制订指南，以便下一年使用。这将在下面的可靠性计划部分进行更详细的介绍。

3）面向事件可靠性

面向事件可靠性涉及一次性事件，例如鸟撞、硬着陆、超重着陆、发动机空中停车、雷击、地面或飞行中断以及其他事故或事件。这些事件在航空公司的运营中不是每天都会发生，因此不会产生可用的统计或历史数据。然而，这些事件确实会不时发生，必须对每次发生的事件进行调查，以确定原因，防止或减少问题再次发生的可能性。

在 ETOPS[①] 中，与可靠性计划相关的某些事件与传统的可靠性计划不同，这些事件确实依赖历史数据和警报级别来确定是否需要进行调查，以确定是否可以通过更改维修大纲来减少或消除问题。

除了任何统计或历史可靠性计划之外，FAA 将与 ETOPS 相关的事件指定为通过"面向事件可靠性计划"跟踪的行动。并非所有事件都进行调查，但一切都在持续监控之中，以防出现问题。

4）签派可靠性

签派可靠性是衡量航空公司运营在准点起飞方面的整体有效性的度量。它受到监管机构、航空公司和乘客的极大关注，但它实际上只是面向事件可靠性方法的一种特殊形式。这是基于 100 次飞行的简单计算。这样，可以方便地关联签派率（%）。下面是签派率计算的示例。

如果在 200 次飞行中发生 8 次延误和取消，则意味着每 100 次飞行有 4 次

---

① 美国 FAA 咨询通告 AC 120 - 42B 中概述了双发延程飞行（ETOPS）的增程运行要求，本书附录 E 中也有讨论。

延误,即延误率为 4%,签派率为 96%(100%-4%延误率=96%准点签派率)。换句话说,航空公司 96%的飞行准点签派。

　　航空公司对签派可靠性的使用有时会被误解。很明显,乘客关心的是准点签派。为了应对 FAA 的签派率压力,航空公司往往反应过度。一些航空公司的维修可靠性计划只跟踪签派可靠性;也就是说,他们只跟踪和调查导致航班延误或取消的问题。但这只是有效维修大纲的一部分,签派可靠性涉及的不仅仅是维修。有一个例子可以证明这一点。

　　当机长遇到方向舵控制问题时,他距离到达站还有 2 个小时。他将问题记录在飞机日志中,并通过无线电报告给基地的飞行跟踪单位。到达基地后,维修人员迎接飞机,检查日志中是否存在偏差。他们找到方向舵控制记录,开始故障排除和修理工作。修理时间比计划的停航时间稍长,因此会造成延误。由于维修正在进行,而问题在于方向舵,因此延误由维修部门负责,并将对方向舵系统进行调查,以确定延误原因。

　　这种应对不当。维修是否造成延误? 是方向舵设备造成了延误? 还是航空公司程序不完善造成了延误? 换句话说:更改航空公司的程序是否可以避免延误? 让我们考虑一下所发生的事件,以及我们如何改进航空公司的程序。

　　如果飞行员和航班运行部门在着陆前 2 小时就知道问题,为什么没有第一时间通知维修部门? 如果他们收到通知,本可以在着陆前花时间研究问题并进行故障排除分析。那么,当飞机着陆时,维修人员很有可能可以立即进行修理。因此,应更改程序,以避免将来发生此类延误。虽然这种问题预警对维修部门和航空公司有帮助,但它并不总是能避免延误。需要记住的重要一点是如果延误是由程序引起的,则应归咎于程序,并应通过更改程序避免将来发生此类延误。这就是可靠性计划的意义所在:发现问题所在并加以纠正,而不是追究是谁或什么原因造成的。

　　过分强调签派可靠性的另一个谬误是一些航空公司会调查每一次延误(他们应该这样做),但如果涉及设备问题,调查可能会,也可能不会考虑其他未造成延误的类似故障。例如,如果在一个月内有 12 次方向舵问题的记录,而其中只有一次造成了延误,那么实际上有两个问题需要调查:① 可能由方向舵设备以外的问题引起的延误;② 实际上可能与潜在的维修问题有关的 12 次方向舵记录。必须明白,签派延误是一个问题,而方向舵系统故障是另一个问题。它们可能确实重叠,但却是两个不同的问题。延误是一个面向事件可靠性问题,必须单独调查;12 个方向舵问题(如果故障率高)应通过统计(或历史)可靠性计划解决。对签派延误的调查应着眼于整个运营。设备问题,无论是否造成延误都应单独调查。

18.3 可靠性计划

就我们而言,可靠性计划本质上是一套管理和控制维修大纲的规则和实践。可靠性计划的主要功能是监测飞行器及其相关设备的性能,并提醒注意任何需要采取纠正措施的情况。该计划还有两个附加功能:① 监控这些纠正措施的有效性;② 提供数据以证明在这些措施适当时调整维修周期或维修大纲程序的合理性。

18.4 可靠性计划的要素

一个好的可靠性计划包括 7 个基本要素以及一些程序和行政功能。基本要素(下面将详细讨论)包括如下几方面:① 数据收集;② 问题区域警报;③ 数据显示;④ 数据分析;⑤ 纠正措施;⑥ 跟踪分析;⑦ 月度报告。我们将更详细地研究这 7 个计划要素。

1) 数据收集

我们将列出 10 种可以收集的数据类型,尽管不一定所有航空公司都会收集这些数据类型。航空公司可以自行添加其他项目。

一方面,数据收集过程为可靠性部门提供了观察维修大纲有效性所需的信息。那些表现良好的项目可能会从大纲中删除,因为数据显示没有问题。另一方面,未跟踪的项目可能需要添加到大纲中,因为这些系统存在严重的问题。基本上,你需要收集所需的数据,以掌握实际的运营情况。通常收集的数据类型如下:

(1) 飞行时间和飞行周期。

(2) 超过 15 分钟的取消和延误。

(3) 计划外部件拆卸。

(4) 计划外发动机拆卸。

(5) 发动机空中停车。

(6) 飞行员报告或日志记录。

(7) 客舱日志记录。

(8) 部件故障(车间维修)。

(9) 维修检查包结果。

（10）严重故障。

我们将在下面详细讨论每一项。

（1）飞行时间和飞行周期。大多数可靠性计算采用"概率"，基于飞行小时数或飞行周期；例如，每飞行 1 000 小时发生 0.76 次故障或每飞行 100 个周期进行 0.15 次拆卸。

（2）超过 15 分钟的取消和延误。一些飞行员收集所有此类事件的数据，但维修主要关注与维修相关的事件。使用 15 分钟这个时间是因为其通常可以在飞行中弥补。延误更长的时间可能会导致航班中断或错过转机，因此需要重新订票。如前所述，此参数通常转换为航空公司的"签派率"。

（3）计划外部件拆卸，即前面所述的计划外维修，这肯定是可靠性计划的一个关注点。根据涉及的设备或系统，飞机部件的拆卸率可能会有很大差异。如果拆卸率不可接受，则应进行调查，并采取某种纠正措施。这里不包括计划内拆卸和更换的部件，例如 HT 项目和某些 OC 项目，但可以收集这些数据以帮助证明更改 HT 或 OC 周期计划的合理性。

（4）计划外发动机拆卸。这与部件拆卸相同，但显然发动机拆卸需要相当多的时间和人力；因此，这些数据单独记录。

（5）发动机空中停车（IFSD）。这种故障可能是航空业中最严重的故障之一，特别是在飞机只有两个（或一个）发动机的情况下。FAA 要求在 72 小时内报告 IFSD。[①] 报告必须包括原因和纠正措施。ETOPS 飞行员需要跟踪 IFSD 并应对过高的故障率，作为其 ETOPS 授权的一部分。然而，非 ETOPS 飞行员也必须报告停车情况，并通过可靠性计划跟踪和应对高故障率。

（6）飞行员报告或日志记录。这些是飞行机组在飞行过程中发现的飞机系统的故障或性能降低。跟踪通常使用 2 位、4 位或 6 位数字的 ATA 章节编号。这样可以根据需要精确定位系统、子系统或部件级别的问题。可以凭经验确定跟踪某个设备的级别。

（7）客舱日志记录。这些偏差可能没有飞行机组处理的偏差那么严重，但可能会影响乘客的舒适度和乘务员履行职责的能力。这些项目包括客舱安全检查、客舱应急灯、急救箱和灭火器工作检查。如果发现任何异常，则这些项目将由飞行机组在维修日志中记录为偏差项目。

（8）部件故障（车间维修）。在车间维修中发现的任何问题都将记录在可靠

---

① 见 FAR－121.703"机械可靠性报告"。

性计划中。这涉及黑匣子(航空电子设备)内的主要部件或机械系统内的零部件。

(9) 维修检查包结果。在正常计划维修检查(非例行项目)过程中发现需要修理或调整的系统或部件通过可靠性计划进行跟踪。

(10) 严重故障。涉及可能对运行安全产生直接不利影响的功能丧失或继发损坏的故障。

2) 问题区域警报

(1) 问题检测——警报系统。

数据收集系统允许飞行员将当前的性能与过去的性能进行比较,以判断维修和维修大纲的有效性。应提供警报系统,以快速识别那些性能与正常情况有明显差异的领域。这些项目可能需要调查存在的潜在问题。事件发生概率标准根据对过去的性能和与这些标准的偏差的分析制订。

警报级别基于对前一年事件发生概率的统计分析,补偿了 3 个月的数据。计算故障率的均值和与均值的标准偏差,并将警报级别设置为该均值故障率之上 1~3 个标准偏差(稍后将详细介绍设置和调整警报级别)。该值即控制上限(UCL),通常称为"警报级别"。可以进行额外的计算来使曲线平滑并帮助消除"误报"。这是 3 个月的波动平均值或趋势线。利用这两条线(月事件率和 3 个月的平均值)相对于 UCL 的位置确定警报状态。

(2) 设置和调整警报级别。

建议每年重新计算警报级别。确定警报级别使用的数据为前一年的事件发生概率,补偿了 3 个月的数据。稍后将解释其原因。

图 18-2 以图形形式显示了使用的数据和结果。在这个例子中,我们要为 2000 年 4 月至 2001 年 3 月建立一个新的警报级别。此级别在图 18-2 中以上面的直线表示。这些数据利用图中左边显示的 1999 年 1 月至 1999 年 12 月的实际事件发生概率获得。这 3 个数据点(在图 18-2 中 2000 年 1 月至 3 月的数据以菱形表示)将用于计算 3 个月的波动平均值,在收集新数据时使用,稍后将对此进行讨论。

计算时使用基本的统计数据。根据原始数据(1999 年 1 月至 12 月),我们计算这些数据点的均值和标准偏差。均值用作新数据的基线,以图 18-2 右侧的虚线表示。图 18-2 右侧的实线是我们针对这些数据选择的警报级别,等于计算的均值加上两个标准偏差。然后,根据这些指南绘制和衡量新的一年的事件发生概率。

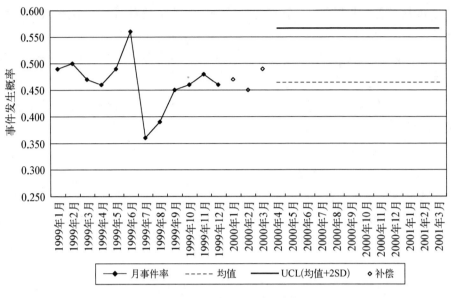

图 18-2 新警报级别的计算

（3）读取警报状态。

图 18-3 所示的数据显示了一年的事件发生概率（三角形锯齿实线）以及均值（下面的直线）和警报级别（上面的直线）。如图所示,事件发生概率在一年中（2月、6月、10月和12月）多次波动超过警报级别。当然,从这一年的事件来

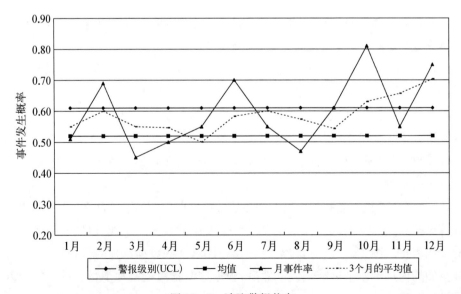

图 18-3 读取警报状态

看,很容易发现其中的规律。但实际上,你一次只能看到 1 个月以及之前的几个月。你无法获得有关下个月将要发生的事情的信息。

当事件发生概率超过警戒级别时(如 2 月),不一定是严重的问题。但如果连续 2 个月超过警报级别,则可能需要进行调查。初步调查可能表明存在季节性变化或其他一次性原因,或者可能表明需要进行更详细的调查。通常,它可以被认为是对可能出现的问题的"警报"。对此的反应是等待,看看下个月会发生什么。在图 18-3 中,数据显示,在下一个月(3 月),事件发生概率低于这条线;因此,不存在真正的问题。换句话说,当超过警戒级别时,并不表明存在问题;这只是对可能出现问题的"警报"。反应太快通常会导致花费不必要的时间和精力在调查上。这就是我们所说的"误报"。

如果经验表明某个项目每个月的事件发生概率在 UCL 上下变化很大,如图 18-3 所示,这对于某些设备来说很常见,那么许多飞行员会使用 3 个月的波动平均值,如图 18-3 中的虚线所示。对于新数据年的第 1 个月,使用图 18-2 中的补偿数据点确定 3 个月的平均值(实际上,只需要 2 个月的补偿数据,但我们喜欢以季度为单位)。补偿旨在确保绘制的新一年数据不包含任何用于确定在比较时所用均值和警报级别的数据点。

虽然事件发生概率在警报级别上下波动,但 3 个月的波动平均值(虚线)一直低于警报级别,直到 10 月。这种情况,即事件发生概率和 3 个月的平均值超过 UCL,表明需要更密切地观察活动。在这个例子中,事件发生概率在 11 月回落至 UCL 以下,但 3 个月的平均值仍高于警报级别,这表明应该对这个问题进行调查。

(4) 设置警报级别。

这些控制上限或警报级别及其数学算法一点也不神奇。当你遇到明确的问题时,它们不会告诉你,也不会告诉你要调查哪些方面或调查什么。它们会为你提供明智的指导,让你自己决定如何做。整个过程首先取决于你的智力和将这些警报级别设置为有效级别的能力。

在本章前面,我们讨论了一家拒绝使用统计可靠性的航空公司,并举例说明了原因。这位先生对这一决定给出的另一个理由是"我们知道发动机有问题,但发动机从未发出警报。"如果你使用 UCL 概念来警告你注意可能出现的问题,那么当你知道出现问题却没有收到警报指示时,无须多想便应该意识到你选择的警报级别是错误的。此警报级别是一个非常重要的参数,必须将其设置为有效级别,该级别将指示存在或可能正在产生问题。如果设置不当,则警报级别将无效。这不是统计数据的错误。

使用此警报级别旨在告诉你何时出现(或可能出现)需要调查的问题。但你必须知道哪些情况会成为可能的问题,并相应地设置警报级别。你必须了解你的设备及其故障模式,以确定什么时候应该进行调查,什么时候不进行调查。你必须识别"误报"。你还必须知道某个项目的事件发生概率的数据点是宽分布还是窄分布,即它的标准偏差是大还是小。这些知识对于设置有效的警报级别至关重要。

许多航空公司错误地将所有警报级别设置为均值之上两个标准偏差。很遗憾,这不是一种好的做法。这是一个很好的开始,但在某些情况下必须进行调整,以提供最有用的数据并避免误报。

正如在第1章中讨论的,并非所有故障率或故障模式都相同。如图18-3中的数据所示,通过可靠性计划跟踪的事件率可能相当不稳定。对于其他故障率,数字可能更稳定。数据的这一特征可以用统计参数标准偏差来描述,标准偏差是指数据点在均值附近的分布。标准偏差大意味着分布宽,数据点的值变化大。标准偏差小意味着数据点更接近。

图18-4显示了两组数据之间的差异。图18-4(a)中的数据点广泛分散或分布在均值附近,而图18-4(b)中的数据点非常接近均值。注意,这两组数据的平均值几乎相等,但标准偏差却差异很大。图18-5显示了钟形分布曲线。图中分别显示了1个、2个和3个标准偏差。从图中可以看到在1个标准偏差时,有效故障率只有约68%。在均值之上两个标准偏差处,分布中仍未包含所有点。事实上,均值上下两个标准偏差只包含曲线下方约95.5%的点;即刚超过95%的有效故障率。这就是为什么我们认为事件发生概率在此范围内不存在明确的问题。如果下一个月仍然高于这个水平,则可能表明可能存在问题。

此外,如果你使用的事件发生概率的数据的标准偏差很小,则很难区分2个和3个标准偏差。在这种情况下,警报级别应设置为3个标准偏差。

此警报级别系统有时可能会过大。所用的统计数据并不精确。我们假设事件发生概率将总是呈钟形分布。假设数据总是准确的,计算也总是正确的。但事实可能并非如此。这些警报级别只是为确定哪些应该调查、哪些可以容忍提供指导。警报级别的使用并不是什么高深的科学,但它有助于减轻拥有大型机队和小规模可靠性计划人员组织的工作负荷。一些航空公司只使用事件发生概率,可能会调查其中数值最高的10个;但这并不总是包括最重要或最严重的设备问题。利用警报级别方法,你可以划分这些问题的优先次序,并首先解决最重

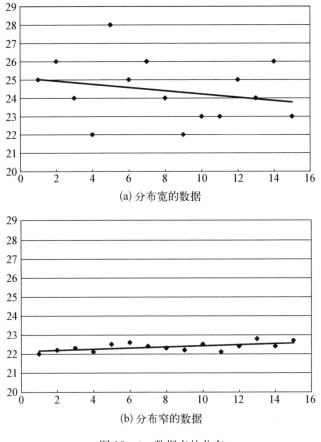

(a) 分布宽的数据

(b) 分布窄的数据

图 18-4　数据点的分布

要的问题。

　　3）数据显示

　　可靠性部门使用多种数据显示方法来研究和分析他们收集的数据。大多数飞行员都有个人电脑，因此可以很容易地以表格和图形的形式显示数据。这些数据以每飞行 100 个周期或 1 000 个小时的事件数显示。一些数据，如延误和取消，以每 100 次起飞的事件数显示。采用数值 100，可以很容易地将概率转换为百分比。

　　一方面，通过表格数据，飞行员可以将事件发生概率与同一表中的其他数据进行比较，还可以比较季度和年度数据（见图 18-1）。另一方面，通过图表，飞行员可以查看每月的性能，并更容易注意到那些事件发生概率增加和趋于警报状态的项目（见图 18-3）。这对分析很有帮助。收集到的一些数据可以按月、

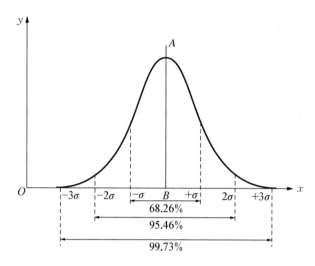

图 18 - 5　标准钟形分布曲线

（资料来源：航空航天工程师标准手册，纽约，McGraw-Hill，2003 年）

按事件或按抽样进行比较。

　　表 18 - 1 是典型航空公司记录的机队运营 1 个月的飞行员报告（PIREP）或维修日志条目列表。这些数字只是示例，并不表示任何特定的运营人、飞机或机队规模。对于这些数据，按 ATA 章节进行了记录，事件发生概率以每 100 次着陆的 PIREP 计算。表中显示了当月（1999 年 8 月）和前两个月的数据以及 3 个月的平均值。此外，还包括如本文所讨论的计算警报级别或 UCL 和事件发生概率的平均值。在这些 ATA 章节中，有 7 个章节在最后一栏中注明了警报指示。

表 18 - 1　每 100 次着陆飞行员报告（按 ATA 章节）　　　　单位：次

ATA 章节	系　统	PIREP	1999 年 6 月	1999 年 7 月	1999 年 8 月	3 个月的平均值	UCL	均值	警报状态
21	空调	114	3.65	3.77	3.80	3.74	3.75	2.70	YE
22	自动飞行	43	1.80	1.48	1.45	1.58	1.39	1.21	WA
23	通信	69	3.44	2.75	2.33	2.84	2.80	2.30	CL
24	电源	29	1.15	0.87	0.98	1.00	0.94	0.60	AL
25	设备/装饰	104	4.17	3.69	3.52	3.79	5.43	4.38	
26	防火	30	1.80	1.30	1.01	1.37	2.19	1.14	
27	飞行控制	48	0.99	3.07	1.62	1.89	1.94	1.26	

续　表

ATA 章节	系　统	PIREP	1999 年 6 月	1999 年 7 月	1999 年 8 月	3 个月的平均值	UCL	均值	警报状态
28	燃油	36	0.65	1.16	1.22	1.01	2.32	1.27	
29	液压	17	0.73	0.43	0.57	0.58	1.58	0.82	
30	防冰排雨	12	0.61	0.65	0.41	0.56	0.72	0.56	
31	指示/记录	49	1.76	1.48	1.66	1.63	2.46	1.66	
32	起落架	67	2.41	2.06	2.27	2.25	2.72	1.76	
33	照明	72	3.48	3.15	2.43	3.02	3.32	2.42	
34	导航	114	4.81	6.62	3.85	5.09	5.58	4.70	
35	氧气	19	0.31	0.67	0.64	0.54	0.41	0.23	YE
36	气源	25	1.11	0.80	0.85	0.92	1.19	0.77	
38	水/废水	16	0.42	0.36	0.54	0.44	1.10	0.56	
49	辅助动力装置	42	1.41	1.48	1.42	1.44	1.63	1.38	
51	结构	0	0.00	0.00	0.00	0.00	0.16	0.09	
52	门	31	1.41	1.05	1.05	1.17	1.62	0.92	
53	机身	0	0.00	0.00	0.00	0.00	0.33	0.02	
54	短舱/吊架	1	0.00	0.00	0.08	0.03	0.22	0.10	
55	安定面	0	0.00	0.00	0.00	0.00	0.16	0.09	
56	机窗	0	0.00	0.04	0.00	0.01	0.09	0.06	
57	机翼	0	0.00	0.00	0.00	0.00	0.33	0.15	
71	动力装置	11	0.65	0.54	0.37	0.52	1.30	0.91	
72	发动机	4	0.31	0.29	0.14	0.25	0.47	0.22	
73	发动机燃油和控制	17	0.96	0.47	0.57	0.67	0.84	0.61	
74	点火	11	0.08	0.40	0.37	0.28	0.46	0.30	
75	空气	53	1.52	1.63	1.79	1.65	1.11	0.66	RA
76	发动机控制	3	0.23	0.14	0.10	0.16	0.33	0.15	
77	发动机指示	22	0.53	0.76	0.74	0.68	0.96	0.68	
78	排气	3	0.50	0.43	0.10	0.34	0.90	0.64	
79	滑油	5	0.19	0.22	0.17	0.19	0.83	0.48	
80	启动	3	0.27	0.29	0.10	0.22	0.28	0.17	CL
	总计	1 070							

注：警报状态代码：CL=清除警报；YE=黄色警报；AL=红色警报；RA=保持警报状态；WA=观察。

在 ATA 第 21 章中,事件发生概率连续 2 个月(7 月、8 月)高于 UCL;因此,它指示黄色警报(YE)。根据问题的严重性,决定是否需要立即进行调查。然而,ATA 第 24 章则不同。7 月份事件发生概率很高,为 1.15。如果这是第一次出现,则在当月的报告中列为观察(WA)。事件发生概率在 7 月份有所下降,而在 8 月份再次上升。因此,在当前报告中,它指示全面警报状态。它不仅超过了警报级别,而且在 3 个月中有 2 个月超过警报级别,似乎有些不稳定。ATA 第 38 章呢?这作为练习留给读者分析其他警报状态项目。

4)数据分析

当项目处入警报状态时,可靠性部门会进行初步分析,以确定警报是否有效。如果有效,则向工程部发送警报状态通知,以便进行更详细的分析。工程部由了解维修和工程的经验丰富的人员组成。在这些警报方面,他们的工作是排查问题,确定纠正问题所需的措施,并发布工程指令(EO)或其他文件,以实施此解决方案。

乍一看,这似乎是一项维修工作。毕竟,故障排除和纠正措施是他们的工作。但我们必须坚持第 7 章中的基本原则,即把检验员与接受检验的部门分开。工程部可以提供对问题的分析,不受任何单位偏见的影响,并可自由考虑所有可能性。如果单位检查自己的流程、程序和人员,则可能不那么客观。工程部应向航空公司维修大纲审查委员会(稍后讨论)提供分析和纠正措施建议,以供批准和实施。

注: 附录 C 讨论了适用于工程师和机械师的故障排除过程;附录 D 概述了可靠性和工程警报分析工作的附加程序。

5)纠正措施

纠正措施可能不同,从一次性纠正程序中的缺陷,到对机械师进行再培训,再到修改基本维修大纲。根据对这些警报状态的调查,通常需要采取以下一项或多项措施:① 改良设备;② 更改或纠正航线、机库、车间的流程或工艺;③ 处置缺陷零件(或其供应商);④ 培训机械师(进修或提升);⑤ 在大纲中增加维修任务;⑥ 减少某些任务的维修周期。然后,工程部发布工程指令,以实施任何适用的措施。工程部还跟踪指令的进展,并提供必要的协助。在月度可靠性报告(稍后讨论)中记录纠正措施的完成情况。通过可靠性部门的持续监测,确定所选纠正措施的有效性。

纠正措施应在 EO 发布后 1 个月内完成。如果情况需要,可以推迟,但应尽快完成,使大纲有效。通常,维修大纲审查委员会(MPRB)要求以书面形式说明延长这一期限的理由；延期以及延期的原因将在月度报告中说明。

6）跟踪分析

可靠性部门应跟踪与警报项目相关的所有措施，以验证所采取的纠正措施确实有效。这应反映在事件发生概率的降低上。如果在采取措施后没有改善，则重新发出警报，并重复调查和纠正措施过程，由工程部采取另一种方法解决问题。如果纠正措施涉及对许多飞机进行复杂的改装，则事件发生概率的降低在一段时间内可能并不明显。在这些情况下，重要的是在月度报告中继续监测纠正措施的进展以及持续的事件率，直到所有飞机都完成纠正措施。然后采用跟踪观察，评估措施的有效性（合理性）。如果在一部分机队完成纠正措施后的合理时间内事件发生概率未发生重大变化，则应重新分析问题和纠正措施。

7）月度报告

每月发布一份可靠性报告。一些部门以摘要形式发布季度和年度报告。然而，最有用的是月度报告。该报告不应包含过多的数据和图表，而没有很好地解释这些信息对航空公司和读者的意义。报告应重点放在刚刚进入警报状态的项目、正在调查的项目以及正在进行或已经完成纠正措施过程的项目。任何仍在分析或实施的项目的进展也将记录在报告中，显示行动的状态和已完成的机队百分比（如果适用）。这些项目应包含在月度报告中，直到所有行动完成，可靠性数据显示出积极的结果。

其他信息，如警报级别列表（按 ATA 章节或按项目）和关于机队可靠性的一般信息也将包含在月度报告中。诸如签派率、延误和/或取消原因、飞行时间和飞行周期以及影响维修活动的任何重大运营变化等项目也将包括在内。报告应按机队组织，即每个机型将在报告中单独讨论。

月度可靠性报告不仅仅是为了让高层管理人员眼花缭乱的一组图表、表格和数字，也不是放在别人门口的文件，如质保部或FAA，看他们是否能发现你可能存在的任何问题。月度报告是维修管理的工具。除了提供运行统计数据外，如运行飞机数量、飞行小时数等，它还让管理层了解遇到的问题（如有）以及针对这些问题正在采取的措施，并跟踪纠正措施的进展和有效性。编写报告的责任在可靠性部门，而不是工程部。

18.5　可靠性计划的其他功能

工程部对警报项目的调查往往导致需要更改维修大纲。这可能意味着如下行动：① 更改特定任务；② 调整维修周期；③ 更改部件的维修过程（HT、OC 和 CM）。

更改特定任务可能意味着重写维修和/或检测程序或实施新的、更有效的程序。

调整维修周期可能是解决特定问题的方法。当前以月为周期进行的维修行动实际上应该每周甚至每天进行，以降低事件发生率。可靠性计划应提供用于调整这些周期的规则和过程。MPRB 必须批准这些更改，在某些情况下，监管当局也必须批准。不过，一般来说，更改到更大的频次（更短的周期）并不困难。然而应该记住，增加维修活动意味着维修成本更高。这一成本必须由产生更改的事件率的降低和因更改引起的维修需求的减少来抵消。更改的经济性是工程部门在调查警报条件时必须考虑的问题之一。更改的成本不一定会与可靠性或性能的提高相抵消（见第 3 章中的目的 5）。

18.6　可靠性计划的行政管理

在行政管理方面，可靠性计划将包括更改维修大纲任务的书面程序，以及更改维修周期（增加或减少维修周期）的流程和程序。识别、计算、设立和调整警报级别以及确定跟踪哪些数据是可靠性部门的基本职能。收集数据是不同 M&E 部门的责任，如航线维修（飞行时间和周期、日志报告等）、大修车间（部件拆卸）、机库（检查包）、材料（零件使用）。一些航空公司为此在 M&E 管理部门设立中央数据收集单位或其他一些单位，如工程部或可靠性部门。一些航空公司规定，数据源单位以书面形式或通过航空公司计算机系统向可靠性部门提供数据。在这两种情况下，可靠性部门负责收集、整理和显示这些数据，并执行初步分析以确定警报状态。

可靠性部门分析人员与 MCC 共同密切关注飞机机队及其系统是否存在任何重复维修偏差。分析人员每日审查可靠性报告和项目，包括飞机日常维修、延期维修项目、MEL 和其他存在任何类型的重复机械偏差的停机事件。

如果飞机重复维修偏差 3 次及以上，并用尽各种类型的修理方法，以消除飞机的维修偏差，则分析人员将计划一系列修理程序。分析人员通常与 MCC 以及当地飞机维修管理部门联系，与飞机制造商的维修服务台协调制订计划，以确保正确跟踪和记录实际维修偏差以及计划的纠正措施或执行的维修活动。航空公司需要这些类型的沟通进行成功的维修活动，并将飞机维修停机时间保持在最低限度。这通常发生在航空公司机队中增加一种新型飞机时。有时,维修需要帮助解决反复出现的问题。

1) 维修大纲审查委员会

解决可靠性问题并不是可靠性部门或工程部的专属职责范围;而是整个维修与工程部门的职能。这种小组方法可确保问题的各个方面都由最熟悉情况的人解决。因此,维修大纲的监督由 MPRB 负责,MPRB 由 M&E 关键人员组成。根据第 7 章的典型组织,MPRB 将由以下人员组成:

(1) MPE 主任担任主席。

(2) 固定成员。

a. 技术服务主任。

b. 飞机维修主任。

c. 大修车间主任。

d. QA 和 QC 主任。

e. QA 和 QC 经理。

f. 工程经理。

g. 可靠性经理。

(3) 兼职成员担任相关 M&E 部门的代表。

a. 工程主管(按 ATA 章节或专业)。

b. 飞机维修(航线、机库)部门的代表。

c. 大修车间(航空电子设备、液压系统等)部门的代表。

d. 生产计划与控制部门的代表。

e. 材料部门的代表。

f. 培训部门的代表。

MPE 负责人直接与监管当局联系,因此作为 MPRB 的主席,他将协调所有需要监管部门批准的建议更改。

MPRB 每月开会讨论维修可靠性的总体状况,并讨论所有处于警报状态的项目。固定成员或其指定的助理出席每次会议;顾问成员出席讨论与其活动有关的项目会议。首先讨论最近一个月进入警报状态的项目,以确定是否需要工程部进行详细调查。会上可能会讨论出现的潜在问题和解决方案。如果工程部正在进行或已完成对某些问题的调查,则这些问题将与 MPRB 成员进行讨论。然后讨论正在实施的项目,以跟踪和分析其状态,并评估纠正措施的有效性。如果任何正在进行的纠正措施需要长期实施,如必须在"C"检周期内对机队进行改装,则应研究纠正措施的进度和有效性,以确定(如果可能)所选择的措施是否有效。如果无效,将讨论新的方法,并随后修改原始工程指令实施。

MPRB 的其他活动包括设立警报级别,并根据有效管理问题的需要调整这些级别。有关可靠性计划的规则由 MPRB 批准制订。有关更改维修周期、警报级别和维修大纲涉及的所有其他行动的规则必须得到 MPRB 的批准。工程部制订的纠正措施和随后的 EO 在发布之前也必须得到 MPRB 的批准。

2) 可靠性计划文件

维修审查委员会(MRB)根据 FAA 咨询通告 AC 121－22B 设立,就衍生和/或新获得型号认证的飞机及其动力装置的最低计划维修周期/任务要求为航空业提供指导方针,供 FAA 批准。AC 121－22B 还将计划维修周期要求称为"维修审查委员会报告(MRBR)"。在获得 FAA 的批准后,运营人可以针对其特定类型的机队制订或拟定自己的维修大纲。

航空公司可以利用 AC 的规定以及自己的或其他的维修信息,规范、制订、实施和更新 FAA 批准的最低维修和/或检查周期要求,作为各类持证人的最终书面报告。

制造商发布的 MRB 修订将发送给机队维修经理(FMM)或航空公司指定的维修人员。在某些情况下,该维修人员为维修主任(DOM)。FMM/DOM 与飞机维修和生产部门联系,就 MRB 维修大纲的更新和修订向他们提供建议。航空公司通常按机队类型跟踪每次修订,以确保已推荐纠正措施计划,使维修生产部门符合要求。MRB 与持续分析和监督体系(CASS)和以可靠性为中心的维修(RCM)并行运行,并采用维修指导小组 MSG－3 系统。MSG－3 的起源与美国航空运输协会(ATA)有关。ATA 编码系统(详见第 5 章)将飞机分成不同的ATA 章节,为了监管,对每个 ATA 章节进行分析,以了解从系统中检索到的结果,然后传递给航空工业指导小组/委员会。在指导委员会审查数据并获得MRB 监管委员会批准后,结果将作为飞机维修手册的一部分发布。

可靠性计划文件还对数据收集、问题调查、纠正措施实施和后续措施进行了详细讨论。可靠性计划文件还包括对用于确定警报级别的方法的解释,更改维修过程(HT、OC、CM)或 MPD 任务周期的相关规则,何时启动调查,MPRB 活动和职责的定义,以及月度报告格式。可靠性计划文件还包括诸如文件责任、修订状态、分发列表和批准签名等管理要素。

可靠性计划文件是一份控制文件,因此包含一个修订状态表和一个有效页面列表,在航空公司内有限分发。它通常是一个单独的文件,但可以作为 TPPM

的一部分。

3）FAA 交流

在美国,邀请 FAA 作为无表决权的成员列席 MPRB 会议是一种惯例(从某种意义上来说,他们有自己的表决权)。由于美国各航空公司都指定了一名主任维修监察员(PMI)常驻现场,因此 FAA 出席这些会议很方便。对于美国以外的航空公司,如果每家航空公司没有现场代表,可能会觉得出席会议很难。但还是应该发出邀请。这可以让监管当局知道,航空公司在有条不紊地处理其维修问题,并让监管人员有机会提供可能需要的任何帮助。

19 维修安全

19.1 工业安全

　　美国联邦法规第 29 篇第 1910 部涉及工业安全(29 CFR 1910)。其标题为"职业安全与健康标准",是美国劳工部(DOL)法规的一部分。DOL 负责执行这些法规的机构是职业安全与健康管理局(OSHA)。这些 OSHA 法规中没有具体涉及航空领域,但涵盖了航空维修活动以及航班运行、办公室和航站楼活动的各个方面。表 19‑1 列出了截至 2003 年 1 月第 1910 部的各个分部。航空业自身应确定 29 CFR 1910 中适用于航空事务和材料的部分和分部,并直接针对这些航空活动制订要求。

表 19‑1 职业安全与健康标准

分　部	名　　称
A	总则
B	现有联邦标准的采用和扩充
D	行走‑工作面
E	疏散通道
F	动力平台、高空作业平台和高空作业车
G	职业健康和环境控制(通风、噪声、非电离辐射)
H	危险品
I	个人防护装备
J	一般环境控制(卫生、上锁/挂牌、危险标记)
K	医疗和急救
L	消防
M	压缩气体和压缩空气设备

续 表

分 部	名 称
N	材料搬运和储存
O	机械和机器防护
P	手持和便携式电动工具和其他手持设备
Q	焊接、切割和钎焊
R	特种工业(纸浆、造纸、纺织等)
S	电气
T	商业潜水作业

19.2 安全规程

联邦危害通报(FHC)标准29 CFR 1910.1200要求管理层向所有员工提供有关工作场所的化学危害信息。通过分发材料安全数据表(MSDS),这成为航空公司安全计划的一部分。这些数据表由化学品制造商生成,用于识别与化学品使用有关的危害、预防措施和急救说明。航空公司安全管理人员必须向可能使用或接触化学品的任何人提供适当的材料安全数据表。航空公司可以根据需要在材料安全数据表中补充任何附加信息,以明确化学品的使用,并提供有关报告事故和危险的信息。制造商的材料安全数据表提供有关化学品的基本信息;航空公司对材料安全数据表的补充涉及航空公司的具体问题和程序。

物理危害,如噪声、电离辐射、非电离辐射和极端温度,受29 CFR 1910的其他部分管辖,也应在航空公司的安全计划中做出规定。该计划将规定防护装备、安全措施和安全流程的提供、培训和使用。

姿势、力、振动和机械应力是工人在所有工作区域所面临的常见危险。当然,接触量和接触类型随所做工作的不同而不同。航空公司安全计划应满足每个工作中心的具体需求。

病毒、细菌、真菌和其他可以引起疾病的物质均纳入规程中。这些生物危害属于健康分类,也因所从事的工作种类和其他工作环境条件而异。

在这些安全和健康要求中,许多要求已经在航空工业文件和条例中做了规定。机身制造商的维修手册通常涵盖与进行维修有关的安全设施,如安全带的使用、防护服和防护装备的使用、危险品的正确搬运以及某些电气和机械设备的上锁和挂牌,以避免人员在此类系统上或附近工作时发生意外操作或后续事故。

航空公司的运行规范可以确定其他安全要求。当然,TPPM 应包含整个维修安全计划的摘要,安全管理人员应监控计划的各个方面,以确保符合《职业安全健康法》的要求。当然,这一合规性是 QA 审核职责的一部分,但由于其特殊性,安全作为单独的职能来监督这些活动。

19.3 维修安全计划

FAR‑119.65 确定但未定义运营航空公司所需的基本职位。虽然某些职位被认为是必要的,但持证人将决定结构内的实际职称和职级。FAR‑119.65 (d)段规定,持证人将定义部门中所有职位的"职责、责任和权限"。[①] 安全负责人负责航空公司的整体安全计划。航空公司将有单独的安全计划管理人员负责航班运行、维修和其他行政管理职能。一个人可能是其他人的协调员,而个人将负责自己的工作领域。在典型的中型航空公司(见图 7‑1),我们确定了维修大纲评估处的维修安全计划以及其他维修监督职能。

维修安全计划管理人员的主要职责如下:

(1) 识别和评估各个 M&E 工作区域内的所有健康和安全危害。

(2) 确定危险条件下需要采取的防护措施,并确保必要时为工人提供防护服和防护装备。

(3) 为搬运危险化学品的工人提供有关化学品危害和搬运程序的信息,包括制造商提供的所有数据,以及航空公司活动所需的其他信息。

(4) 提供有关危险识别、安全设备的位置和使用以及相关急救和报告程序的培训。

(5) 在技术政策和程序手册(TPPM)中制订并记录安全计划。

19.4 一般安全责任

正如许多人所说,安全人人有责。某些安全责任由公司自身承担;安全管理人员(协调员、主任或其他职务)、主管和员工承担其他职责。我们将逐一讨论这些问题。

1) 航空公司安全管理

对于任何航空公司来说,安全都是第一要务。每家航空公司都努力成为航空安全领域的领导者,从高层管理人员到机械师和其他人员,向各级员工宣传安

---

① FAR‑119.65。

全知识。航空公司的安全、安保和质量责任体现在他们通过安全管理体系,积极开发、实施、维护和持续改进安全文化,以达到预期结果。除飞机维修部门外还有许多其他部门,各部门负责对员工进行事故预防、工伤和环境问题方面的培训。

航空公司通常会制作政策手册,帮助他们评估、更改、编辑、修改或删除他们认为合适的政策和程序。航空公司的安全计划帮助他们以最安全的方式运营。安全计划涵盖属于公司的所有财产和设备。安全计划的目的不是取代任何其他计划或任何其他手册,而是与所有安全举措并存,并有效地将其最大化。该计划作为风险管理的预警系统。航空公司的安全部门必须随时掌握航空业的最新发展。航空公司的安全手册反映了其政策、程序和运营方式。这也表明,他们承担的责任必须延伸到所有员工、客户和供应商,以遵守最高安全标准,鼓励开放沟通、关注安全、识别危险,并采取适当措施纠正危险或潜在危险情况。

航空公司必须在其所有设施中提供安全、卫生的工作条件。这包括在所有机库和工作中心配备充足、更新的急救箱,在使用酸性和其他腐蚀性材料或刺激物的区域配备洗眼和淋浴设施,以及在整个 M&E 工作区域容易接近的位置配备适用的化学和二氧化碳灭火器。灭火器应定期检查,以确保灭火器的可用性,并贴上标签注明检查日期。对于需要接触酸性和腐蚀性材料的员工,应提供适当的防护服、防护眼镜或护目镜、耳塞和防护罩,并可供随时使用。公司还应负责就这些安全装备的使用和位置提供必要的培训,并在技术政策和程序手册中制订安全装备的使用要求以及适用的使用程序。为了保护设备和人员,航空公司还必须为飞机提供足够的接地设施,并在航线和机库中提供足够的灭火能力,包括为机库提供自动雨淋系统。还需要制订在失火的机库和建筑物中人员和飞机的转移程序。

2) 安全管理人员职责

安全协调员是安全计划的管理员。安全协调员负责制订安全规则和程序,与 QA 负责人一起审核 M&E 部门设施是否遵守安全政策,对安全计划进行改进,以及保存涉及 M&E 部门人员和设备的事故和事件记录并索赔。事故索赔由航空公司的行政职能(人事、法务等)负责,但安全协调员将直接参与 M&E 方面的索赔。

3) 主管职责

各工作中心主管负责其设施和人员的安全,首先要保证办公室、车间和其他工作区域的清洁、整洁。主管必须执行所有安全规则,并对规则、规定和方法进行说明和解释,以防止其工作区域内发生事故或事件。

4) 员工职责

航空公司的每位员工,无论是有执照的机械师,无执照的帮工、工人、主管,还是管理人员,都有责任遵守航空公司的所有安全规则和规程。他们都有责任向直接主管或领导报告如异常、不安全行为和不安全设备等缺陷。员工负责正确使用工具和设备以及正确操作机器。员工还需运用在安全课程和培训中学到的安全规则。

19.5　一般安全规则

任何航空维修安全计划都有多个需要进一步讨论的特殊领域,如吸烟条例、防火、消防、危险材料的储存和搬运、坠落防护以及机库雨淋系统。

1) 吸烟条例

吸烟材料是指雪茄、香烟、烟斗和其他易燃材料,如火柴和打火机。安全协调员应指定"禁止吸烟"区域,并且必须执行相关规定。典型的禁烟区包括① 飞机内部(任何时候);② 停在停机坪的飞机 50 英尺范围内;③ 任何加油活动或加油设备 50 英尺范围内;④ 油、溶剂或油漆储存区 50 英尺范围内;⑤ 机库内,但办公室、洗手间和其他指定吸烟区除外;⑥ 机场管理局指定为禁止吸烟的机场任何地点。

与吸烟材料相关的其他消防安全要求同样适用。在受到溢出燃油和其他易燃材料或蒸气的影响后,应避免吸烟。这适用于可能遇到此类泄漏的其他人员。该限制适用于清理溢出的物质和消除蒸气之前。

不得将点燃的吸烟材料从指定吸烟区经过禁烟区带到另一个吸烟区。吸烟材料只能在合适的烟灰缸或其他防火容器中熄灭,不得在地板、垃圾桶或其他不合适的容器中熄灭。

2) 消防

吸烟材料不是产生火灾的唯一火源。静电放电也会产生点燃易燃蒸气和其他物质所需的火花。因此,所有飞机在机库或停机坪上时都应正确接地,尤其是在加油和卸油作业期间。其他易燃烧的材料包括碎布和纸张。易燃碎布必须存放在国家消防协会(NFPA)批准的封闭容器中,纸张和其他易燃垃圾必须存放在合适的垃圾桶中。其他物品,如低闪点挥发性清洗液、油和油漆,也必须妥善储存和搬运。存在这些物品时,将适用禁止吸烟的规定,并且需要足够的通风。

使用这些挥发性材料的任何工作中心的主管都必须确保产品储存正确,且数量与合理需求相称。不得在任何有明火、运行中的电气设备、焊接作业(电弧或乙炔)或磨削活动的室内使用这些和其他挥发性材料。

易燃材料,如油漆、涂料和清漆,必须保存在 NFPA 批准的封闭容器中,并远离高温或其他火源。如果易燃材料是散装供应品,则必须储存在远离维修活动的单独建筑中。如果有必要在飞机上进行焊接活动,则管理人员必须确定适当的程序,并在活动期间安排备用消防员和设备。

3) 机库雨淋系统

机库结构复杂,价格昂贵,通常可容纳一架或多架飞机,而飞机的价格则远高于机库。由于机库中有大量其他设备,以及飞机可能会被顶起、被脚手架和维修架包围或处于不利于随时移动的其他条件下,因此机库必须配备足够的灭火设备来保护航空公司的资产。

在飞机和机库工作区周围放置灭火器(根据需要选择二氧化碳和泡沫灭火器),并执行所有消防和安全规定。但为了保护价值 5 000 万美元～1.5 亿美元的飞机,还需要用到一种极为重要的系统。全球许多机库均安装有这种机库雨淋系统。这是一种精心设计的系统,将装有阻燃剂的容器埋在地下或机库地板下,并与管道系统相连。管道系统将阻燃剂与水混合,产生泡沫,并将其分配到整个机库。该系统通常在机库内或附近设有一间控制室,供操作人员操作该系统,并使消防设备(可移动、可调节的喷嘴)朝向特定区域。该系统也可以是自动化系统,覆盖整个机库。

活动顺序是先疏散机库中的人员,然后释放灭火剂。将飞机移出机库(如果条件允许的话)所需的时间往往比实际情况下留给我们的时间更长。

4) 坠落防护

OSHA 关于坠落防护的规定涉及工作表面、脚手架和其他不稳固的高处(如建筑工地),但不具体涉及维修人员偶尔必须停留的飞机机翼和机身。然而原则是一样的。必须标示危险区域,并应配以特定的设备和程序,以保护在这些区域工作的人员。

飞机没有像建筑物和脚手架那样的平坦表面。尽管 OSHA 对这类结构(栏杆、安全带和保护带)的规定确实适用,但飞机的圆形曲面会带来额外的问题。一方面,在飞机表面行走并不总是安全的,而且飞机表面用黑色大字标注了"禁止踩踏"。由于飞机曲面的结构,以及通常没有可以供抓握的结构来减缓下坠,使得在飞机表面行走比在其他高处更危险。OSHA 规定,工人坠落的高度不得超过 4 英尺。超过该高度时则需要配备栏杆、安全带或保护带等安全装置。波音 747 的机身顶部距离停机坪 32 英尺 2 英寸,大约有三层楼高。

19.6　事故和受伤报告

　　无论人员、设备或设施是否属于航空公司或其他单位,涉及航空公司人员的设施和/或设备损坏或人员受伤的每起事故都必须向安全经理报告。事故或事件发生后,应立即使用电话、电传、传真、无线电或任何其他可用的通信手段进行初步报告。如果事件或事故发生在基地,则应直接向安全办公室报告。如果发生在外场,则应通过 MCC 报告。事故或事件发生后 24 小时内,发生地的工作中心主管将向安全办公室发送一份完整的事故报告或人员受伤报告(按适用情况)。此类报告的表格应由安全办公室制订,并提供给所有航空公司工作中心。这些表格的样本以及正确填写和提交表格的说明应包含在技术政策和程序手册的安全计划部分。

　　无论是在基地、外场还是承包商设施,安全办公室都将创建一份涉及航空公司人员所有事故和事件活动的日志。PP&C 组织将发布工作指令号,用于在调查、修理、保险索赔或任何其他所需流程中跟踪每个事故或事件。工作指令还将用于收集与事故或事件相关的时间和成本数据。

第五部分
附　　录

下列提供的材料作为本书的附录部分。

附录 A"系统工程"通常是一项设计工程活动,在本书中扩展到包括设备的整个使用寿命。了解系统对于了解飞机和维修问题十分重要,工程师和维修人员均可从这种方法中获益。

近年来,维修中的人为因素受到了极大的重视。附录 B"维修中的人为因素"简要介绍了该领域的历史,概述了航空维修中的人为因素活动,并讨论了将人为因素纳入系统工程概念的必要性。

技术学校通常很少教授故障排除,有时甚至会完全忽略。在本书中的附录 C"排故艺术与科学"用作指南,以帮助 M&E 开发更好的技术来解决航线、机库、车间维修以及在工程中的问题。

附录 D"可靠性警告调查"描述的是分析可靠性警告条件和解决维修问题的过程。该附录主要用于可靠性和工程,是附录 C 中讨论的故障排除过程的应用和扩展。

附录 E 简要讨论了双发延程飞行(ETOPS)。

附录 F 是常用术语汇编。

附录 A　系统工程

A.1　引言

一般来说，当谈到系统或系统工程时，我们想到的都是电气、机械或液压系统，又或者是结合了部分或全部这些学科的系统。我们通常会想到武器系统、通信系统以及其他许多部件、组件和学科的集合。但还有其他类型的系统，如政府系统（民主、寡头、独裁等），操作系统（检查表、程序等）和维修系统（计划任务组、计划外维修程序等）。甚至文书工作也可视为一个系统，如就工作、政府合同或商业合同而填写的一系列表格。因此，系统不仅仅是机械或电气部件。系统是一种或多种元素的集合，共同执行某种功能或实现某种期望的结果。任何有组织的组件、过程或行动的集合（机械、电气、精神、物理、过程、概念类的），只要是组织起来以产生一些预期的结果，都可以归类为系统。系统是一种完成任务的工具。

这种系统的概念可以应用在事实发生之前、期间或之后。也就是说，系统这个概念可以应用在创建某个实体（设计工作）之前，设计和开发过程之中（通过一个过程的逐步程序），又或者事后（结果分析、系统维修或操作）。

A.2　系统化方法与系统研究法

有两个术语经常互换使用，但并不完全相同。这两个术语是系统化方法和系统研究法。术语"系统化方法"通常指的是一个逐步的过程，一个基本是线性的过程或程序，人们通过按顺序一次执行一个步骤来实现某个目标，直到达到期望的结果或目标。例如，飞行机组的检查清单，或者用于测试设备或拆卸和更换部件的维修程序。系统化方法是一个深思熟虑的步进过程，每次都以相同的方式执行。这种方法有条不紊，具有系统化特征。

本书中使用的系统研究法与系统化方法有些不同。一个系统的结构可以很简单,包括一系列步骤或过程,一次一个,或者以连续的流程执行。但是大多数系统都有些复杂,也许有许多元素同时执行,元素可能一致,在某些情况下又可能相反,如反馈回路(电气)或阻尼器(机械)。系统的各种元素可以交换各种输入和输出,所有这些都由大量的内部和外部事件所控制。这确实是一个多维的过程,与简单的线性过程截然不同。

处理任何问题或系统的系统研究法涉及观察所有这些交互的元素之间的关系,并理解其活动的整体结果的能力。系统研究法是对复杂系统的各个方面进行单独和集体观察、理解和反应的过程。虽然所有部件都必须按照设计者的意图运行,但是所有这些交互的部件也必须按照系统的预期用途一起运行。因此,系统研究法是一个同时看到和理解系统所有方面的过程,也是看到和理解这些方面如何交互来实现期望目标的过程。无论你是设计一个系统、使用一个系统、维修一个系统,还是把系统的属性传授给别人,都是如此。你可以在过程中的某些时候使用系统化方法,但是系统研究法需要同时了解和理解系统中的所有过程和元素。在附录 C 中,我们阐述了人们在试图查明问题时,有时需要对系统的某个部分、功能或方面运用系统化方法,但是故障定位的整个过程也必须从整体上考虑系统及其功能。因此,尽管系统研究法和系统化方法有很大的不同,但两者不一定相互排斥。

A.3　系统工程

"系统工程"这一术语用于描述工程师和设计师在系统设计层面解决"总体系统方面"的工作。系统工程师关心的是整个系统,其任务是确保一个系统的所有相互关联的组件正确接合,并且系统中的所有元素最终都能够实现原始系统概念的整体意图。系统工程师负责"大局"的设计方面、互连组件的兼容性(接口控制)以及整体系统性能。

A.4　定义

为了更彻底地理解系统,必须首先定义几个术语:系统、系统层级、系统边界、系统元素(内部和外部)和系统接口。下面依次讨论这些术语。

1) 系统

每个工程学科都有自己对系统的定义。罗伯特·E. 梅考尔[1]所著的《系统

---

① 罗伯特·E. 梅考尔,《系统工程手册》,麦格劳-希尔公司,纽约,1965 年。

工程手册》从不同的来源列出了系统的六种定义。其中一些相当简洁，有些则较为啰唆。当中一项定义涉及数学方程。其他来源列出了类似的定义。[1][2][3] 然而，仔细研究之后发现，所有这些定义在本质上是相同的。我们可以这样概括："系统是一同来执行某个功能的组件的集合。"

　　但这种定义并不充分。在图 A‑1 中[4]，鲁布·戈德堡（Rube Goldberg）的"系统"符合定义，但这并不是执行预期功能的高效方法。该系统无法重复，甚至可能根本不起作用。换言之，这是个糟糕的设计。为了更高效地解决问题，必须对鲁布·戈德堡的系统进行一些额外的工程设计。在上述的基本定义中，缺少了两个重要的概念：设计和效率。我们需要在定义中加入这些词，这样就可以避免出现不完善的系统：

> **系统是设计用于共同高效执行某个功能的组件的集合。**

　　这两个新增的词是定义中最重要的部分。如果一个系统不能高效地发挥其设计功能，那就不是一个好系统。如果系统是由一系列被选择的部件组成，却不考虑这些部件之间的交互，那么系统就不能实现其预期功能。我们将在后文中看到系统各个组件之间的成功交互是系统工程中一个非常重要的部分。

　　2）系统层级

　　任何系统都可以包含相关联的部分，这些部分可以称为"子系统"。这些子系统本身就是系统，所以也可以有子系统。从原子到宇宙（不包含）的一切都是某个其他系统的子系统，从原子到宇宙（包含）的一切都是由子系统组成。这种"洋葱结构"定义了系统工程世界的复杂性。为了简化问题，需要定义想要研究或构建的事物的界限，方法便是确定系统边界。

　　3）系统边界

　　对一组组件的研究、分析、观察或使用方面的考虑范围将决定系统的边界。这些边界因研究的范围或考虑的程度和范围而异。例如，对于航空电子工程师

---

[1]　斯科尼克·梅里尔，《雷达系统简介》，第 13 章，系统工程与设计，麦格劳‑希尔公司，纽约，1965 年。

[2]　戴尔·D. 梅雷迪思等，《工程系统的设计和规划》，Prentice‑Hall 出版社，新泽西州恩格尔伍德克利夫斯，1973 年，第 6 页。

[3]　唐纳德·G. 芬克，《电子工程师手册》，第 5 节，系统工程，麦格劳‑希尔公司，纽约，1975 年，第 2～5 页。

[4]　梅纳德·弗兰克·沃尔夫：《鲁布·戈德堡发明》，西蒙与舒斯特出版社，纽约，2000 年，第 122 页。经许可转载。

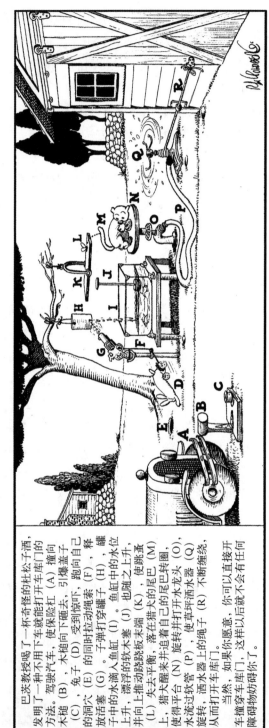

图 A-1　鲁布·戈德堡的系统

（资料来源："鲁布·戈德堡"商标和版权归鲁布·戈德堡公司所有）

巴茨教授喝了一杯奇怪的杜松子酒，发明了一种不用下车就能打开车库门的方法。驾驶汽车，使保险杠（A）撞向木桩（B），木桩向下砸去，引爆盖子（C），兔子（D）受到惊吓，跑向自己的洞穴（E），同时拉动绳索（F），释放酒塞（G）。子弹打穿罐子（H），罐子中的水滴入鱼缸（I）。鱼缸中的水位上升，漂浮的软木塞（J）也随之上升，并向上推动跷跷板末端（K），使跳蛋（L）失去平衡，落在猎犬的尾巴（M）上，猎犬醒来并追着自己的尾巴转圈（N），使得平台（O）旋转并打开水龙头（O），水流过软管（P），使草坪洒水器（Q）旋转，酒水器（R）不断缠绕，从而打开车库门。

当然，如果你愿意，你可以直接开车撞穿车库门，这样以后就不会有任何障碍物妨碍你了。

来说,一个系统可能由构成飞机扰流板控制系统的部件组成。电路设计师可能会将扰流板控制模块中的单个印刷电路板(PCB)视为系统。然而对于航空工程师来说,扰流板控制系统只是飞机飞行控制系统的一个组成部分。

4）系统元素

在系统已有定义的情况下,任何可以被赋予功能或属性的组件都可称为“系统元素”。系统元素可以是内部元素,也可以是外部元素,具体取决于系统边界的定义。我们还将术语“组件”和“子系统”与术语“元素”互换使用。

（1）内部元素。内部元素是指那些在系统定义的边界内的元素。这些元素是系统设计者、用户、操作人员或维修人员最关心的组件或部件。只要输入是可用且正确的,这些元素就是使“黑盒”或系统发挥功效的元素。

（2）外部元素。外部元素是指与系统运行有直接或间接关系的系统定义边界之外的元素。这些元素也许可控,也许不可控。外部元素主要由系统输入和输出组成。这包括操作人员或用户的输入,或信号、电压等来自其他接口系统的输入。电磁干扰(EMI)和天气也可能是某些系统的外部元素。

5）系统接口

但凡两个系统或一个系统的两个元素相互连接或交互,就会有接口存在。这种交互可以是直接的,也可以是间接的;可以是电气的,也可以是机械的;可以通过感知装置实现,也可以通过传输装置实现。我们在附录 B 中讨论的其中一种接口是人类定义的系统之间的接口。

A.5　系统接口控制

系统工程师在设计层面的主要职能之一,是确保无论两个系统或系统元素在哪里交互,该接口都为实现最佳性能而设计,这称为“接口控制”。对于非常复杂的系统,以及在由不同组织设计和构建的各种元素和子系统组成的系统中,必须按照系统接口规范,以相应的规格和公差精确地定义这些接口。这将确保所有相关的设计者都将按照相同的规范工作,并且当这些元素连接在一起时产生的系统将“高效地执行”预期功能。

因此,接口控制是确保系统的所有元素与所有其他相关元素高效交互的过程。必须啮合的机械或物理部件、交换的电信号或数字信号、通信所需的数据传输模式和媒体等众多元素,都必须“设计”成能够适当交互。

举一个相当明显的例子:一个系统的一个元件需要 28 伏的直流电源输入。同一系统中的另一个元件需要 400 赫兹、115 伏的交流电。一个计算机芯片用在一个单元的电路板上,需要一个 5 伏的直流稳压电源。电源设计者(可能在不同的部门甚至不同的公司工作)必须设计一个电源单元(即子系统),用于将所有这些电压传送到主系统。其他规格,如电压调节和限流参数,也可由系统设计者指定。来自电源的电缆和连接器必须与所有接口装置兼容,并且必须小心确保向这些装置供电的电缆不会在无意中交叉,导致向装置输送错误的电源。此外还必须考虑电缆长度可能造成的信号丢失或劣化。

A.6 系统优化

系统优化是系统工程中的另一个重要概念。优化系统的一个元素或接口不一定能优化整个系统。当系统的所有元素根据各自的设计和该学科中相应的最先进技术进行优化时,这些元素可能不再与接口控制兼容。举几个例子。一个复杂的电子元件可能会对一些接口元件(信号或电源输入)的输入变化过于敏感。机械元件(如金属夹具)可以由高度耐用的材料制成,在其使用区域(如在喷气发动机上)承受极端高温和振动。但对于火灾传感线脆弱的绝缘层来说,这种夹具可能太硬了。在极端振动条件下,绝缘层可能会磨损,最终导致短路和错误的火灾报警指示。[①]

这种情况有许多例子,如在系统运行过程中发现的夹具。虽然不能在设计系统之前或设计过程中预测所有可能的系统故障或缺陷,但在开发下一个类似系统时,可以借鉴这些经验教训。

系统优化是确保所有元素和所有接口以实现整个系统最佳整体性能的方式一起工作的过程。系统优化不仅包括运行性能,还包括系统可靠性、可维修性以及与运行和维修相关的经济因素。

A.7 系统的一个例子——"洋葱结构"

下面谈谈这本书中我们最感兴趣的部分——商用飞机。这些系统(飞机)是商业航空系统的一部分,而商业航空系统又是航空运输系统的一部分。航空运输系统是整个国家运输系统的一部分,包括空中、陆路、海上、管道和铁路系统。

如果把飞机视为我们感兴趣的系统,那么可以考虑该系统中数百个子系统的任意一个,如飞行控制系统。飞行控制系统可分为两大类:主要飞行控制系统(副翼、升降舵、方向舵)和次要飞行控制系统(襟翼、缝翼、扰流板、配平片)。

---

① 这种情况实际上发生在现代喷气式客机的发动机上。

这些系统或任意一个子系统都可以进一步分为电气、机械或液压组件,并且这些组件中的每一个都可以指定为所选系统的子系统甚至子系统的子系统。

飞行控制系统的电子控制单元可能包括一个或多个黑匣子(并不总是黑色)。每个黑匣子都包含子系统和组件,如变压器、端子板、印刷电路板等。印刷电路板由电路(硬接线或集成电路)组成,这些电路又由电阻、电容等其他元件组成。如果我们愿意,可以把这种"洋葱结构"一直分解到最小层级。负责集成电路和其他固态设备开发的人员可能会对这个"系统"非常感兴趣。

从上述内容和表 A－1 中可以看出,在三层或四层之后,系统/子系统术语的使用可能会变得非常不灵活。因此,为了避免混淆,我们把这个层次结构中的任何一层都称为"系统",将该系统的组件或组成部分称为"子系统"。标准的术语如下:系统是我们关注的一组组件,且该系统由设置的边界来界定。然后,可以说附加的组件或元素是指定系统的内部或外部元素。

表 A－1 系统和子系统

序 号	名 称	序 号	名 称
1	运输系统	7	电气、机械、液压组件
2	航空运输系统	8	黑匣子单元、机械单元
3	商业航空系统	9	印刷电路板、变压器等
4	飞机	10	电路
5	飞行控制系统	11	部件
6	主要和次要飞行控制系统	12	网格化结构

但是一个系统不仅仅是组件,还包括系统使用,运行或维修方面的人员(用户、操作人员、维修人员),过程和/或程序。系统可能需要来自电气、机械和/或液压系统或组件的输入,以及来自用户、操作人员或维修技术员的输入。毫无疑问,系统将提供各种形式的输出(电信号和波形、机械运动、仪表显示、计算机数据),供人和/或其他系统使用。

对这个分层世界的深入程度取决于他个人这个系统的兴趣。以印刷电路板为例,它的用途是向驾驶舱显示器提供模拟电压,以显示机翼襟翼的伸展角度。对于正在编写襟翼系统报告的航线机械师来说,其关心的领域是含有错误印刷电路板的黑盒。这个黑盒是一台可以轻易拆卸和更换的装置,以使飞机恢复使用。然而,航空电子设备车间的技术员对印刷电路板及其对系统(即襟翼角度指示器）运行的影响非常感兴趣。那些对系统链中任何更高层级的系统感兴趣的机械师和工程师对印刷电路板的细节就不会那么感兴趣。同样，只有那些建造印刷电路板或其集成电路的人员才会对集成电路组件的物理和原子特性感兴趣。

在设计工程中，在新系统开始开发时应用系统工程概念属于常规流程。这样做是为了确保每个组件或子系统都被设计成与系统的其余部分兼容，以保证无论由谁构建组件或子系统，都能实现系统的目的。虽然这些系统的用户通常不会参与系统的设计或重新设计，但是系统概念和系统工程技术的知识对于理解系统及其运行是十分重要的。系统知识在这些系统的维修和故障排除中也非常有用。阅读和研究本书的主要章节时，应记住这一点。

附录 B 维修中的人为因素

B.1 背景

20世纪80年代初,航空业实施了机组资源管理,以努力检查和纠正飞行机组犯下的人为差错。这一行动取得了成功,并仍在继续。20世纪90年代,人们决定采用同样的方法来识别和纠正导致飞机事故和事件的维修活动中的差错。这项行动(维修中的人为因素)已经发展成为维修资源管理(MRM)计划。FAA在咨询通告 AC 120 - 72 中提及了该行动。①

虽然许多人认为维修中的人为因素指的是机械师的行为,但维修资源管理计划承认了多个可能发生维修差错的主要领域。这些领域是① 设备设计和制造;② 制造商文件和程序的编制;③ 航线程序和工作区;④ 机械师培训和表现。

机身和设备制造商已经实施了人为因素计划来改进设计,以更加便于维修,并减少可能出现的差错。此外,制造商也在仔细研究维修手册和其他文件的改进,一些学者正在研究人为差错方面的问题。但航空公司也有责任监督其采用的流程和程序,并在减少人为差错方面改进这些流程和程序。培训机构应改进课程,以适应任何必要的变化,满足人为因素方面的要求,并且需要开设"维修中的人为因素"课程。咨询通告 AC 120 - 72 为此类课程的开设提供了指南。

在本附录中,我们将首先讨论作为系统工程一部分的人为因素(见附录 A),然后讨论"维修中的人为因素"的一些其他活动。

B.2 基本定义

《航空航天工程手册》对"人为因素"一词的定义如下:

工效学[人为因素]是一门科学学科,涉及理解人类和系统其他元素之间交

---

① FAA AC 120 - 72,维修资源管理培训,2000 年 9 月 28 日。

互,并运用理论原则、数据和方法进行设计,以优化人类福祉和整体系统性能……①

另一个通俗的定义则相当简短,但抓住了人为因素的本质。

在胶囊形式中,人为因素的核心可以认为是为人类使用而进行设计的过程。②

在过去,"human factor"通常是指人的体貌特征,如高矮胖瘦、力量、身体敏捷度和视觉敏锐度。但还有其他人的属性会影响系统的性能,并影响人员使用或维修系统的能力。诸如缺乏对系统工作原理的了解或理解之类的人为特征,可能会导致使用不当、故障排除不当或维修不当。人的健忘甚至一个人的态度都会影响系统的工作效率,或者影响人与系统交互的方式。那些以任何方式与系统交互的人的属性可以通过他们的能力或能力缺乏对系统的性能产生影响。设计人员可能不了解维修需求,培训人员可能无法向他人传达正确的信息,操作人员可能错误地使用系统。

B.3 人为因素和系统工程

在附录 A 中讨论了系统工程。我们讨论了系统边界、系统元素以及与这些系统、子系统和组件的交互有关的接口。我们接受了这样一个概念:与系统交互的人类,即用户,操作人员或机械师以及所有其他人(作家、设计师、教师等),必须被视为系统的元素。同样,这些元素和接口必须在系统的设计阶段解决。

人与系统的交互使得在系统生命周期的设计、开发和运行阶段必须考虑用户、操作人员和维修人员。在设计和开发期间,必须在系统的所有层级上了解或预期人的需求和交互。这不仅包括设备,还包括设备的手册和培训计划。在运行阶段,来自现场的反馈将用于指示与操作人员、用户或机械师相关的系统改进所需的变更,包括本地程序、制造商程序、培训和设计工作。制造商在开发新系统或改进现有系统时,可以利用在运行期间获得的与系统人机交互相关的经验教训。

传统的系统工程师需要熟悉各种工程学科才能顺利完成工作。把人为因素加入工具箱,就意味着多了一门学科——人因工程。这不仅涉及对人类特征的

① 布赖恩·P.凯斯特逊、威廉·L.兰金、史蒂文·L.索格:维修人为因素,第 18 节第 8 部分,《航空和航天工程师手册》,麦格劳-希尔公司,纽约,2001 年。
② 欧内斯特·J.麦考密克:《工程与设计中的人为因素》,第 4 版,麦格劳-希尔公司,纽约,1976 年,第 4 页。

理解,而且还涉及这些特征如何与系统的整体运行相关联。这需要系统工程师了解这些人对系统运行的影响,无论必要的交互是否存在,响应是否正确,甚至在需要时响应或交互是否存在。作为基本系统设计的一部分,系统工程师有必要解决这些影响。人类存在的影响就像电压和机械连接的存在一样真实。人是系统的一个元素。当所有元素都正常工作时,系统就会正常工作。

B.4 系统的目标与用户的目标

埃尔温·爱德华兹[①]指出系统的有效性是通过系统目标的实现程度来衡量的。麦考密克[②]也曾提到系统的功能有效性是设计的目标之一。在本附录中,我们将附录 A 中讨论的系统工程理念与人为因素理念相结合。在这种情况下,我们认为重要的不是系统的目标,而是系统的用户期望通过使用系统来实现的目标。

我们不能再为了系统而设计,也不能再为了技术而设计。这种新的理念要求现在需要为系统的应用程序而设计。无论是简单的录音机,还是独特的运输方式,系统都只是一个工具,是人们用来完成一些个人目标或与工作相关的目标的工具。为了使这种工具"用户友好",必须设计成可供人使用。这意味着系统不仅必须有效地执行某些功能,还必须以系统用户希望的方式执行该功能。

一个实现了一组机电部件设计目标的系统可能代表了完美的工程设计,但如果这个系统无法被人们用于某些人为目的,那就只是一个机电部件的集合,一种"奇妙的装置"而已。

B.5 人机接口设计

无论讨论的是电气系统还是机械系统,是要执行的流程还是程序,抑或是在维修期间需要填写的表单,这些系统和人类用户之间的接口都必须像所有其他系统接口一样进行处理。在附录 A 中讨论的系统优化工作必须用于使整个系统(包括用户)高效工作。然而主要的区别在于,人类与其他系统元素不同,不能在优化过程中被重新设计以改进整个系统的运行。因此,这些系统的设计者必须遵守几项基本规则。第一,将系统设计成与人的能力、需求和优势相兼容;第二,围绕人为差错和缺陷来设计这些系统,以避免可能的人为差错。

---

① 埃尔温·爱德华兹:《航空中的人为因素》,美国学术出版社,乔万诺维奇出版社,日期不详。来自埃尔温·爱德华兹的介绍。

② 欧内斯特·J.麦考密克:《工程与设计中的人为因素》,第 4 版,麦格劳-希尔公司,纽约,1976 年。

第三项规则在开发优质、可用的系统时尤其重要。对于上述两项规则无法解决的任何问题或条件，或由于各种约束（如本书第 1 章中讨论的设计限制、权衡或预算要求）而受到限制的问题或条件，设计者必须向用户、操作人员、机械师等提供系统方面的充分教育和培训，以解决由于对设计的错误理解而可能产生的所有与人为因素相关的问题。这些系统人机接口的基本设计规则汇总于表 B-1 中。

表 B-1 人为因素基本设计规则指南

序 号	基 本 设 计 规 则
1	系统的设计应与人的能力、需求和优势相兼容
2	系统的设计应能弥补人为失误和不足，从而避免人为差错
3	为系统中的人为因素提供充分的教育和培训，以解决不能通过应用上述两条规则来缓解的人为因素相关问题

B.6 维修中的人为因素

在附录 A 中，我们扩展了系统的定义，使其不仅仅包括通常考虑的机电组件。系统也可以是检查表、程序或需要填写的表格。当然，维修会涉及所有这些类型的系统，而人为因素在每个系统中都同等重要。维修人员的表现只是问题的一部分，他们所处的设施、遇到的设备，以及他们使用的形式、流程和程序都会受人的行为影响，因此也会受人为差错影响。差错并不总是由机械师所造成。在维修中有多个方面会导致用户、操作人员或机械师出现差错。

B.7 人为因素责任

人为因素的工作通常分为三个基本活动类别：① 飞机和组件的设计；② 维修产品的设计；③ 维修大纲的应用。[①] 下面将对此进行讨论。

1）飞机和组件的设计

这一类别的责任由机身、发动机和安装设备的制造商承担，针对的是可维修性的设计任务。这涉及设备的设计，这些设备可用于维修、检查、调整和拆装工作。这些设计工作必须确保有足够的工作空间来完成所需的工作，并且有足够

---

① 布赖恩·P.凯斯特逊、威廉·L.兰金、史蒂文·L.索格：《维修人为因素》。

的空间来使用可能需要的工具和测试设备。制造商的责任还包括考虑正在维修的设备的重量和搬运特性。设备参数必须在特定任务所需工人的生理极限范围内。如果超出极限，则必须开发专用的搬运设备，以便正确搬运，并保护设备和工人。设计工作还应考虑到在合理的人员配置需求下完成给定任务所需的工人数量和技能。

无论何时使用内置测试设备(BITE)或其他外部系统进行计算机诊断，设备、流程、菜单和其他任务或信息选择方法都必须设计为便于机械师使用和理解，也就是说，应当采用用户友好型设计。这类活动的结果必须是机械师可以理解和使用的。

2) 维修产品的设计

维修人员在对飞机系统进行必要的维修时需要用到辅助设备和书面材料。地面保障设备(GSE)、专用工具和测试设备以及各种形式的文件必须考虑到机械师的能力和受到的限制，并且这些产品必须可供机械师使用。机械师必须能够有效使用地面保障设备和工具，因此上文讨论的机身、发动机和安装设备的设计要求也必须适用于这些元素。

无论是制造商、监管当局还是航空公司编写的文件，都必须清晰、易懂、准确(即技术上正确)，以便机械师有效利用信息。必要时须向航线、机库和车间的机械师提供这类书面信息。此外还必须向培训机构提供这些信息。所有这些维修产品都需要采用用户友好型方法。

3) 维修大纲的应用

根据维修指导小组流程制订的基本维修大纲基于设备需求(设计目标、安全性和可靠性)及监管需求(安全性、适航性等)。当航空公司收到飞机及其初始维修大纲时，该大纲通常是为特定的航空公司量身定制的。任务和任务间隔的调整还必须包括对人为因素的考虑。也就是说，大纲的调整必须符合人的能力和相关工作时间表、耐力和工作人员技能构成的要求，以避免过度工作、疲劳等。必须提供适当的地面保障设备、工具和测试设备来完成工作，并且必须对工作人员进行全面的工作培训，包括如下几类：需要执行的实际维修工作，地面保障设备、工具和测试设备的使用，内置或外置计算机诊断设备的使用，这项工作的基本人为因素。这些都是航空公司自己的责任。

B.8　安全

本书第19章讨论了与维修相关的安全和健康问题。简单想想便能意识到安全也是一种人为因素问题。虽然这两个领域涉及维修活动的不同方面,但两者并不相互排斥。

　　机身、发动机和安装设备的制造商正在尽力降低维修中出现人为差错的概率,但他们也需要航空公司和第三方维修组织的投入。学术界(行为科学家等)的研究也是推动技术发展的必要条件。与此同时,航空公司和其他维修设施方须对其机械师的行为和机械师使用的材料负责。在人为因素和安全方面,各级工作人员必须不断意识到问题,并准备好实施解决方案。人为因素是一种生活方式。

附录 C　排故的艺术与科学

C.1　引言

对故障排除最常见的误解之一是这基本上是一系列的盲目猜测（WAG），或者充其量是一系列科学化的盲目猜测。如果你知道自己在做什么，情况就不是这样；如果你不这样做，那就没什么帮助。还有人声称不能"教授"排故。作者并不认同这一观点。可能有些人由于缺乏知识或技能而无法教授这门学科，也可能有些人出于某种原因无法学习这门技术。但经验表明，艺术和科学是可以教授的，而且排故是两者的结合。也就是说，可以在一定程度上教授排故。因为排故涉及一些技巧（即艺术），所以一个人对排故的了解必须来自内心。然而，有一些基本概念可以应用于排故（即科学），而且这些概念是可以教授的。

本附录将尝试介绍故障排除的系统化方法，以及可以教授的方面。文中将讨论排故的艺术与科学。

随着电子和机械设备变得越来越复杂，技术员或机械师的工作也变得越来越烦琐。今天的新一代喷气式飞机成为人类有史以来设计最复杂的系统。以往每台设备或每个系统都需要相应的专家来维修和修理，使其达到最佳状态。故障排除包括检查系统以确定其是否有故障，并询问用户以确定系统是否正常运行。如今，凭借机械系统的电子控制、冗余系统、计算机故障记录以及系统之间为逻辑决策而进行的数据交互，技术员或机械师不仅需要对自己的设备有更广泛的了解，还需要了解与该设备交互的那些系统。来自空中/地面继电器、起落架放下传感器、空中数据计算机以及许多其他系统和传感器的输入，使各个系统和组件之间的分界线变得模糊甚至消失。机械师需要了解整架飞机，以有效隔离飞行机组的报告、故障灯、计算机故障消息、驾驶舱灯和其他"飞行中出现异常的东西"所指示的问题。① 机械师需要理解系统研究法。

虽然飞机制造商向机械师提供了故障隔离手册,其中包括用于隔离问题的系统故障树,但这种做法既不完整也不完全令人满意。这些故障定位程序通常是为了发现特定的故障而编写的,不一定能让你找到该故障树所处理的系统中可能出现的所有故障。机械师或技术员负责提供附加程序或修改现有程序,以便发现其他问题。这些程序构成了排故科学的一部分,在这一点上是不完整的科学。

排故艺术与排故科学同样重要,只有通过不断努力学习和修理设备才能领会。这门艺术包括思考问题的能力,以及运用你对问题、设备和失效本质的所有理解,帮助你解决最困难和最复杂的问题。本附录将首先确定排故过程中的基本步骤,然后讨论学习排故艺术的过程。

C. 2 排故的三个层级

可以将排故问题分为三个层级:① 组件或系统的问题(即独立的问题);② 与系统及其环境有关的问题;③ 与两个或多个系统的交互有关的问题。这些层级都需要不同的方法,下面将依次讨论。

1) 第 1 级:组件或系统的问题

这种类型的问题存在于组件或系统自身的世界中。这是一个简单、标准的错误,有着简单、标准的解决方案。这是问题解决者正常的日常活动。排故图表或常识通常足以解决这些问题。

该组件或系统出现故障或完全失效。检查输入、输出等。在设备/系统内部进行故障排除。了解系统如何工作,并遵循正常的排故做法。

2) 第 2 级:与系统及其环境有关的问题

系统在其运行的某个部分出现故障或"异常"。系统可能会恢复正常,不再出现症状,也可能间歇性出现症状。在地面或车间测试时,系统可能工作良好,但在正常飞行操作过程中,故障仍会在空中重现。

解决这些问题需要了解和调查主要系统或组件及其输入和输出,但也必须考虑外部环境及对系统的影响。这包括调查系统或设备的操作方式(正确与否?)以及故障期间还发生了什么(外来输入)。

---

① 《图书馆学刊》对《我是机长》一书的书评,该书作者是托马斯·M. 阿什伍德机长,他是航空公司飞行员协会国家飞行安全主席。

3）第 3 级：与两个或多个系统的交互有关的问题

当一个系统运行时，另一个系统就会发生一些事情。这两个系统可能相互关联或连接，也可能互不关联或互不连接。假设其他标准的故障排除失败，可以寻找一些机械干扰，如零件摩擦或来自附近设备、电缆或其他系统的电磁干扰。作为最后的手段，可寻找来自辐射场的干扰（高或低强度，任何频率）。这些是干扰问题系统的车载或非车载系统的辐射。飞机上使用的复合材料（非金属）越来越多地出现这种情况。现代飞机使用的复合材料无法提供旧版金属框架和机身所能提供的电磁屏蔽。

同样，查明这些问题所需的知识范围比上文讨论的简单组件或系统失效更加广泛。关于系统之间这种类型的交互方面的知识也许只能随着时间和经验而积累，但是在从维修助手成长为熟练机械师和故障排除员的过程中，有必要锻炼这种洞察力。一旦做到这一点，你就成了一名艺术家。

C.3　故障知识

在了解流程本身之前，必须理解一些关于问题解决和故障排除的一般概念。下面将简要讨论这些问题。

1）什么样的东西会出错？

大多数系统都有一套已知的东西，这些东西可能会出错。同样的失效会一次又一次地出现。随着故障排除员知识库的不断发展，对这些组件或系统特性的经验将越来越有助于故障排除。有了这些知识，机械师有时可以跳过排故图表或程序中的某些步骤和检查项目，进入与手头问题直接相关的步骤。但如果没有这种对失效的先验知识，优秀的故障排除员仍然可以通过了解系统中可能出现的错误类型来集中解决问题。与处理过相同系统并可能遇到过类似问题的人进行讨论是最有帮助的。

2）经验是最好的老师

"经验是最好的老师"这句话司空见惯，几乎是老生常谈，甚至经常被当作陈词滥调，但这句话却不假。在总是遗忘事情之前，在维修领域，记忆可能是你最宝贵和最有用的财富之一。同样的问题不断重现。如果问题是一样的，那么解决方案也是一样的。故障排除变得越来越容易。但总会存在就连最优秀的故障排除员也感到棘手的顽固问题，而这就是所拥有的经验、理解和运气发挥作用的时候了。缺少其中任何一项，你都无法解决这个难题。

3）未发现故障

讨论故障排除，就不得不提到"未发现故障（NFF）"的概念。地面检查未发现任何问题时，通常会在飞机日志上签署一个问题，并注明"NFF"。NFF 结论也可以在故障排除失败后使用。NFF 条目似乎是排故无效或排故不良的统称。如果飞行机组在飞机日志上填写了这一项内容，那么必定是有什么问题。机械师找不到问题的根源并不意味着报告有误。如果不能通过传统方法找到问题，那么就必须使用不同的方法。NFF 并不代表排故已经结束，而是表明需要重组，并在排故过程中采用不同的方法。这可能意味着进入第 2 级或第 3 级方法。

4）易损设备

有一种特殊类别的高失效率项目，通常称为"易损设备"。这并不是指高失效率的设备（黑匣子、组件部件等），而是指似乎有规律地出现失效的一类设备（可能编号，也可能不编号）。例如，假设有 25 个黑匣子（如无线电），一个月就有 10 个黑匣子出现失效，每次都是不同的黑匣子或在不同的飞机上出现失效，黑匣子便可视为高失效率系统或设备，但并不是易损设备。此外，如果大多数或所有的失效涉及单个设备（可能编号，也可能不编号），那么该特定设备可能被视为易损设备。

在第 1 章中，我们讨论了公差及其对可靠性的影响。关于公差，还必须考虑另一个问题。尽管组件是按照设计规范构建的，设备的整体性能仍可能会有一些差异。汽车发动机缸体中的活塞和活塞缸筒是按照规格制造的，这些规格定义了带有规定公差的理想直径，允许这些部件配合在一起并一起工作。

如果活塞位于公差带的一端，而活塞缸筒位于公差带的另一端，则根据具体情况，实际配合可能偏紧或偏松。虽然在这两种情况下，这些部件都在公差范围内，但其性能可能不同。因为在一种情况下，部件处于紧配合，会产生更多的摩擦，从而产生更多的热量和磨损；而在另一种情况下，部件处于松配合，由于不良的侧向运动（倾斜）而导致一些能量损失。因此，虽然部件按照允许的公差范围制造，但在极端情况下，可能会对有效运行造成一些不利影响。如果在一个给定的系统或者连接的系统的交互部件中，有数个这样的"不利公差条件"，那么这些条件是可以相加的。系统可能会表现不佳，并且该系统发生故障的频率可能比按照相同规格制造的另一台设备更高，公差的极端变化也更小。通常称这个设备为"劣质设备"或"易损设备"。

如果知道是哪些组件造成了问题，并且这些组件可以更换或返工，那么有时可以修复易损设备。这项任务通常留给了制造商，但往往成本高昂，甚至不可能做到。在大多数情况下，对于易损设备而言，更明智的做法是将故障设备从供应系统中移除。虽然这对于像现代飞机上使用的那些昂贵设备来说可能很难做到，但是这项成本必须与持续维修的成本以及改造该设备的成本相比较。

5) 未经批准零件

易损设备不应与未经批准零件混淆。未经批准零件是指由供应商或承包商制造的不符合原制造商规范的零件，而且这些零件的制造通常未取得原始制造商或监管当局的批准。这些零件通常更便宜，这也是主要的吸引力，但其质量低劣。这些零件通常失效率高、磨损性能差或带有其他不利的性能特征。虽然易损设备和未经批准零件之间有相当大的区别，但航空公司的可靠性计划应该能够发现并消除这两种类型的设备和零件。

6) 其他显著差异

经验表明，维修人员会根据自己接受的培训和经验以不同的方式解决问题。机械师倾向于查阅以前的报告，或者在使用排故图表或程序之前观察运行中的设备。而航空电子技术员则倾向于直接使用图表或程序。主要差异在于故障的性质。航空电子设备（电气和电子）无论是否正常工作，外观上看起来都是一样的。但是许多机械故障可以通过简单的操作而看到或感觉到，或者可以从飞行机组对发生情况的描述中得知。不是所有的机械师或航空电子技术员都做同样的工作，也不是所有的问题都需要同样的方法，但有可能的是许多问题都可以通过感官来解决，而其他人则必须直接进入理论环节。当然，这一点因问题和人而异。

C.4 知识就是力量

对设备工作原理以及操作人员或用户应该如何使用设备的透彻了解是有助于故障排除的最重要工具。不当操作可能以两种不同的方式发生，这需要在故障排除过程中加以区分。

如果操作人员没有从系统中获得期望的结果，则通常会写下差异。操作人员可能不知道系统操作不当或某个开关位置错误。对操作人员来说，这是个有效的记录。

设备的某些误用可能会导致错误的结果，有时甚至会损坏设备。尽管在后一种情况下，必须修理或更换设备，但也必须提出问题（误用）的解决方案。差错及其对设备的影响也可以记录在知识库中，以供将来排故时参考。

1）了解系统

故障排除本质上是一个思考的过程。首先要全面了解系统的工作原理，了解设备或系统的操作原理；其次要理解所有功能和操作模式，了解各种操作模式共有的组件或电路，以及每种模式特有的组件或电路；最后要了解需要运行哪些其他系统才能使你的系统获得所需的全部输入。

2）了解故障指示器

了解与系统相关的故障灯、故障消息、驾驶舱效应等，并了解在每种操作模式中哪些指示可以出现，哪些指示不能出现。了解如何处理特定的问题，以免从故障树的开头开始，执行一系列不必要或不相关的步骤。了解系统运行所需的断路器，熔断器和辅助系统（液压、气动、电气等）。

3）了解系统中哪些东西可能出错

当然，每个系统的情况都有所不同。利用自己的经验，利用他人的经验，使用从状态监控程序或可靠性计划中获得的所有适用数据，使用服务提示、服务信函和服务通告中的信息，与使用相同设备的其他公司的机械师、技术员或工程师交流。换句话说，就是要非常了解你的设备。

4）了解接口系统

除了了解哪些系统必须运行才能让你的系统正常工作之外，还必须了解这些系统或设备如何与你的系统或设备接合。了解这些接口系统运行所需的断路器，熔断器和辅助系统（液压、气动、电气等）。了解并理解这些系统对你的系统的影响。了解如果这些接口系统（逻辑、电气、机械、气动或电磁）的输入不存在或存在但不正确会造成的后果。

了解这些系统有哪些故障指示设备，并确定其中是否有故障；了解这种故障会对你的系统造成什么影响；了解解决接口系统问题是否能缓解或解决问题。

5）了解系统的使用方式

了解操作人员如何使用系统，以及在操作过程中对系统的期望。操作人员的使用无论对错，都可能影响系统的运行以及故障排除工作。操作人员或用户的常见差错包括如下：① 未能打开设备；② 未选择正确的模式；③ 未检查设置是否正确；④ 未检查断路器或熔断器（有些不是用户的需求，但有些是具体取决于设备和操作）。

有三种类型的人会与设备和系统交互，即用户、操作人员和维修人员（见表 C-1）。他们每个人对设备或系统都会有不同的看法，并与之有不同的关系。因此，他们对设备或系统的了解程度与他们需要了解的程度差异很大。

表 C-1　与设备和系统交互的人

类　　型	与系统的交互方式
用户：受益于设备或系统的人，包括交通工具的乘客、电视观众、收音机或录音音乐的听众、享受各种现代便利的家庭或公寓居住者	他们不必知道这些设备的工作原理，只需要知道如何让这些设备为自己所用，以及如何识别设备是否工作正常
操作人员：操作或驾驶设备的人，包括飞行员，卡车、公共汽车或汽车的司机，为设施提供电力的柴油发电机工程师	这些人可能对系统如何工作，或者应该如何工作有不同程度的了解，但是细节并不重要。当操作人员使用一件设备时，期望得到某些响应、某些指示和某些结果。如果得不到这种反馈，则操作人员会认为是设备出现了故障。他们没有时间，或者在某些情况下，不具备相应的知识来找出问题所在，因为这属于维修工作
维修人员：负责维修和修理系统的人	其与设备的关系和运营人或用户的大不一样。维修人员不仅懂得系统及其许多组件和子系统的详细操作理论，还必须了解和理解失效、失效模式和其他设备异常。维修人员还必须了解如何排除系统故障，如何测试系统，测试设备如何工作等。此外，为了能够在维修完成后执行测试和确认过程，维修人员还必须知道如何操作和使用该系统

6）不要被理论所束缚

掌握过多的理论可能会影响排故工作。首先寻找最简单、最明显的问题，包括设备未启动、未选择正确的模式、熔断器熔断或断路器跳闸、操作不当、设备未插入。对那些不太明显的问题进行测试和测量：输入和输出是否正确？是否从其他单元接收到正确的信号？有时，如果你忽略了一些简单的事情，则很容易过分专注于示意图、接线图和维修手册。

C.5　建立自己的知识库

许多现代飞机维修机构都有大量的计算机系统，用于记录维修数据，如飞行员记录、可靠性计划数据和例行维修中发现的问题。这些记录显示了差异、采取的纠正措施、更换的零件、执行的测试，甚至涉及的飞行、客舱和维修人员。记录的其他数据包括飞行信息（飞机类型、出发地/目的地、出现差异的飞行阶段）。只要出现问题，就可以访问该数据库，以便机械师或技术员确定以前是否出现过相同或类似的问题。针对先前故障采取的纠正措施可用于解决当前的问题。

一名优秀的机械师或技术员通常都记得自己过去遇到的问题以及最终采用的解决方案。但在大多数航空公司的运营中，机械师在白天（或夜间）的工作过程中，会从一架飞机转到另一架飞机，从一种型号转到另一种型号。即使有可能跟踪每一架飞机和每一次故障，也是非常困难的。然而，轮班主管、维修控制中心人员以及维修和可靠性工程师应能在计算机的大量帮助下，根据自身的职位和经验在这方面积累一定量的知识。对于机构中的每个人来说，几乎没有什么问题是完全神秘的。

1）经验

维修人员的教育方式一方面是在各种技术和职业学校接受正规培训。其中一部分属于半正式教育，即在工作单位内开设专项培训，由制造商或其他航空公司开设培训班。维修人员培训的另一方面是个人提升。机械师在职业生涯中的个人努力包括持续教育（正式的和非正式的学习）、与其他维修人员的互动，以及与同事的相互竞争。

这种教育大部分来自经验。日复一日地处理同样的设备，通过纯粹的重复来直接学习。

跟踪系统、设备或飞机上发生的故障。尽管有些现代系统很复杂，但同样的故障经常会重复出现。第一次出问题的地方经过修复后，如果问题再次出现，那么采用同样的解决方案便可解决。但如果故障没有得到充分解决，或者故障经常发生且间隔时间很短，那么所采取的修理操作可能不够充分。在这种情况下，必须重新解决问题。制订更好的解决方案（即使不得不召集管理层或工程部门商讨），然后记住新的解决方案。

2）继续教育

机械师或技术员的继续教育在多种场合下进行，包括工作中、家中、在岗期间、教室中。在工作中，可以和遇到相同或相似问题的其他人互动。周围随时有维修手册副本可供使用。故障排除所用到的"艺术"之一便是头脑风暴。积极与他人讨论问题。对问题进行假设。建议一些可能的解决方案，并讨论该解决方案成功或失败的原因。只要时间允许，你可以尽情发挥，因为这能让头脑运转起来，并有助于创造新的想法。正确的答案很快就会浮出水面。

在家里，你有时间放松，让自己的头脑处理其他事情。当然，那是你的意识思维。你的潜意识会继续处理你向意识思维提出的任何问题。有了组织良好的知识和信息仓库，你的潜意识可以在思考的时候为你制订解决方案。不过要小心，解决方案可能会在你不方便和尴尬的时候突然浮现。话虽如此，但组织良好的头脑仍是故障排除的最佳工具之一。

无论是正式课程、公司培训班,还是在职培训;无论是新课程还是复习训练;在课堂上,你都有机会学习、重新学习并填补以前学习中的知识空白。即使你所做的只是重复你已经熟悉的事物或者是向同事解释一些事物,你也总能学到更多东西。你自己懂得是一回事,将其变成语言让其他人听到或阅读是另一回事。作者在大学时期的一位电气工程学教授告诉全班同学,"如果你想知道你对这种东西真正了解多少,试着向一个完全没有任何技术背景的人解释一下。如果你能让对方听懂,那就说明你弄清了主题。"

C.6 了解事件序列

在维修和故障排除活动中,几乎每个系统都有多个事件顺序,你需要了解所有这些事件。首先是打开和设置系统的顺序,以供使用。其次要了解的是正常运行的系统在使用中以及在运行模式之间切换时的运行顺序。最后一个要了解的顺序是导致当前失效的事件顺序。下文做了更具体的解释。

1) **参与工作系统的事件顺序**

了解操作人员或用户在运行开始时,以及在正常的持续运行过程中,如何开启、通电、调谐、调节、定位系统等。这包括开关和断路器处于正确的位置,以及其他设备的开启或关闭。重要的是了解该顺序并将其与操作人员实际使用的顺序进行比较。正如之前所述,程序错误可能是操作人员的问题,培训操作人员或用户可能是问题的解决方案。此外,系统使用不当可能会导致设备或系统受损。排故人员必须了解这一点,并知道如何确定其正在排查的特定系统是否属于这种情况。

2) **操作系统中的事件顺序**

了解系统内部如何运行,也就是说,知道在系统正常运行或使用期间发生的事件的正常顺序。知道系统在运行时做什么,什么时候做(例如,在飞行过程中,在地面上,结合执行的某些其他动作,或使用的其他设备),并知道在顺序的哪个部分可能发生和不能发生哪些动作、响应和故障指示。了解每种模式下的事件顺序以及从一种模式转换到另一种模式所涉及的顺序。这有助于跟进用户对系统在故障之前的性能的详细说明。

3) **导致故障的事件顺序**

了解导致性能下降、失效或故障的事件顺序。这必须从功能障碍发生时"正在控制"系统的用户或操作人员处了解。在许多故障排除工作中,了解这一顺序非常重要,因为该事件顺序可能会揭示一种发展模式或迹象,这不仅包括故障,而且包括故障的可能位置。

C.7 故障排除的八个基本概念

故障排除过程的一部分是知识和经验,剩下的就是逻辑程序和创新,有时还有运气成分。部分简单的设备或系统可省略以下一些步骤,而其他复杂的设备或系统可能需要更详细的程序。

以下八个概念应能涵盖大部分故障排除工作。

(1)了解设备。涉及任何系统的故障排除工作时,无论是多么简单或复杂的系统,最适合的就是很好地了解系统如何工作。了解系统的所有功能、运行模式以及每种模式和功能下的失效模式及其影响。

(2)了解控制装置和显示器的工作方式。故障排除过程通常需要操作和调整设备上的各种控制装置和开关,以开启设备,进行各种测试,并检查其整体运行情况。了解操作人员如何使用设备及其使用的模式或配置,这有助于理解操作人员在提供给你的故障报告中所载的内容。

(3)了解其他设备如何与自己的设备接合。了解哪些辅助设备连接到了你正在使用的系统或设备(包括 BITE)。如今许多航空电子系统都依赖于其他系统的输入。辅助设备的电气、电子和/或机械输入有时会影响自己系统的运行和功能。这些相互作用及其影响必须是已知的,包括接口设备正常工作和不正常工作时对系统的影响。此外还必须了解输入信号不存在或不正确时对系统的影响。了解系统的输出及其去向。了解接收输出的其他设备如何影响你的设备。系统输入错误或丢失会影响数据返回,辅助设备短路或阻塞系统输入也会影响系统。这些情况因系统而异。

(4)了解和理解维修文件。设备随附的维修、原理图和接线图手册是了解设备或系统工作原理的最佳信息来源,这些手册提供了设备(与你的设备接合)数据和工作原理。文件将说明如何开启和操作所有设备,以及安全操作的先决条件和注意事项。也就是说,需要打开或关闭哪些电气、液压或气动系统,需要打开或关闭哪些断路器,以及在测试和故障排除过程中的类似设置要求。

(5)以系统和逻辑的方式处理问题。一旦采取了必要的准备措施适应上述步骤,便可开始实际的故障排除。必须系统地、有逻辑地进行处理,从已知症状到原因。当然,说起来容易做起来难。第一种方法是遵循明显的线索,第二种方法是遵循不太明显的线索。如果上述两种方法都不奏效,则开始解决不可能或看似不可能的事情。

（6）根据设备运行情况分析可用信息。为了制订解决计划，应在故障排除开始时做出一些基本判断。以下五个步骤是指导原则：

（a）判断哪些工作正常，哪些不正常。如果有两个或两个以上的模式或功能出现故障，则判断这些模式或功能之间是否有任何共性，寻找共同原因。

（b）判断设备是否工作正常但不够准确，或者判断设备是否工作不正常或根本不工作。

（c）判断是否有一种、多种或所有工作模式受到影响。根据这些症状，通过判断问题可能（或必定）出现在哪个领域，将注意力集中在适当的问题领域。

（d）确定哪些其他系统与你的系统交互，并确定这些系统对当前问题的影响（如有）。

（e）分析如何使用或操作设备。

表 C-2 列出了在努力查明问题时应该提出和回答的一些具体问题，但并非在每种情况下都需要提出和回答所有问题。当然，判断需要提出和回答哪些问题是排故"艺术"的一部分。

（7）能够对设备执行完整的检验程序并了解结果。通常制订有检查系统的既定程序：① 飞机的地面检查（操作检查、功能测试）；② 车间的工作台检查；③ 装置本身的内置测试设备（BITE）。BITE 系统可能存在导致错误指示的内部故障。在所有情况下，必须明白能够从这些程序中获得什么信息，无法获得什么信息。

表 C-2 排故时应该提出和回答的具体问题

分　类	具　体　问　题
问题历史	对于你正在调查的失效或故障，书面文件、计算机或人员记忆中是否有任何相同或类似的先例记录？如果有，它们有什么相似之处？采取的纠正措施是否纠正了问题？如果没有，原因是什么？如果这是先前问题的正确解决方案，那么是否适用于当前问题？
运行	故障设备是否开启？是否所有必要的断路器都已闭合和/或熔断器已安装并且可用？出现问题时，系统是否正常运行？
电力/信号电缆	对于电子设备，黑匣子是否正确地安装在其框架中（包含连接器的框架）？所有连接器是否正确连接和固定？故障设备中是否有熔断的熔断器或跳闸的断路器？如果更换或复位该装置，问题会消除吗？（最初的失效可能是由于电源浪涌，而不是故障。这就是熔断器和断路器的用途。）

续　表

分　类	具　体　问　题
多系统	如果你正在调查的设备或系统与其他设备或系统之间有输入和/或输出,这些设备或系统是否正常运行? 这些设备或系统是否正常接合? 检查与这些系统相关的故障灯、故障消息、报告等
接口系统	你的系统运行时所需的所有电气、液压和/或气动系统是否正常接合并工作?
环境	对于依赖地面站信息的系统,地面站是否正常运行? 飞机在地面站的范围内吗? 附近是否有任何干扰(即高强度或低强度辐射场)会导致你的设备出现问题?

(8) 能够使用工作所需的适当工具和测试设备。许多故障排除工作得益于使用通用或专用工具和/或测试设备。了解和理解这些工具应该如何使用,以及这些设备如何工作,对于有效运用这些工具解决问题而言至关重要。了解这些工具和设备的功能和局限性,以及你正在排故的系统的功能和局限性。同样重要的是要能够判断工具和测试设备是否正常工作。

故障排除不是臆测,不是随意解决问题的方法,也不是胡乱猜测或广撒网式排故。如果不明白这个道理,就没有掌握本附录的要点。如果不知道这一点,那么在故障排除和修复复杂系统时就会遇到困难。

我们把故障排除员定义为准确指出问题并解决问题的人。因此,故障排除是准确指出问题的艺术与科学。两者的关键词都是准确指出。必须运用系统化和集中化的技术专注于调查问题。一旦发现问题,便能予以纠正。

"广撒网式排故"是一种贬义说法,这种做法不可取。广撒网是指大量猜测各种原因,指望能够蒙对答案。这是故障排除员能力不足、自暴自弃的一种表现,是在黑暗中摸索答案。

从这一点而言,必须将故障排除视为发现问题(故障)的系统化方法。需要了解你的设备,了解你的职业(故障排除员的职业)。随着对职业的追求,你在艺术和科学方面的发展会越来越好。

祝好运,愿你所有的问题都能迎刃而解。

附录 D　可靠性警告调查

D.1　引言

在访问一家著名的小规模国际航空公司期间，作者帮助该公司执行可靠性计划，工程部的负责人问："我该如何着手调查这些可靠性警告？"该负责人大学毕业没几年，刚刚接手这项工作。这不是能简单地回答的问题。"工程师知道该做什么"这一假设并不总是正确，因为要发现一个问题就已经足够困难，而知道从哪里开始以及如何着手解决这个问题往往并不容易。得到的答案是笼统的，但尚可接受。作者在本书后文中拓展了对本附录材料的解释。由此产生的过程不会找到所有的答案，也不会为你提供简单明了的程序，但应该有助于你专注于这些可靠性调查中需要解决的独特问题。我们将首先讨论可靠性评审，然后简单讨论可靠性警告调查的跨职能流程，之后将讨论总体流程、初步和详细调查流程。

D.2　可靠性评审

可靠性计划是管理维修和控制维修大纲的一套规则和做法。可靠性计划提供对维修活动的持续审核，并建立标准来确定大修、检验和检查机身、发动机和设备的间隔时间。可靠性计划根据既定标准衡量设备性能，以识别问题领域并采取纠正措施。

对于中型到大型航空公司(拥有 10 架或更多飞机)，通常采用基于统计分析的可靠性计划。在这个以统计为导向的计划中，警告级别和趋势线的使用有助于操作人员限制需要调查的项目数量。对于拥有少量飞机的航空公司而言，由于可用的数据量很小，因此以统计为导向的可靠性计划并不真正可行。对于这种规模较小的航空公司，一种方法是评审和调查所有故障和拆卸，这称为"以事件为导向的可靠性计划"，即调查每个事件。另一种方法是使用历史数据，即用前几年或前几个月的数据来判断当前的表现。无论采用哪种方法,都需要系统化方法来解决问题。

必须调查由基于统计的可靠性计划生成的所有警告,并酌情采取行动。该职能通常由工程部负责。负责各项领域(部件、机身、系统和动力装置)的工程师应向维修大纲审查委员会提供分析和纠正措施建议(关于 MPRB 的组成请参阅第 18 章)。这些纠正措施包括一次性措施、机队的改进,维修大纲的变更等。警告通常会促成设备的改进,车间、航线或机库维修过程的纠正,缺陷零件的处理,额外的机械师培训,或维修间隔的改变。因为每个问题都是独特的,所以每个解决方案也是独特的。

D.3　警告调查——跨职能活动

图 D-1 是可靠性警告调查(跨职能流程),展示了可靠性警告的识别和处理。这并不是可靠性部门或工程部的专有活动。该活动涉及维修与工程部内的不同单位,由这些单位共同合作,评估问题并制订令人满意的解决方案。这只是第 7 章讨论的日常活动中对跨职能合作的需求之一。下文简要说明了该流程。图 D-1 中括号内的数字是方框编号。

可靠性部门(1)负责收集事件数据并制成表格,这些数据由不同的 M&E 工作中心(9)不断提供。每月将这些数据制图并初步调查分析(2),以确定在维修活动中可能出现的问题。这些问题提交至工程部(3),工程部负责根据需要利用各 M&E 工作中心提供的额外信息(10)来详细调查分析问题(5),确定问题并制订解决问题的纠正措施计划(6)。该计划由维修大纲审查委员会负责评审(14),该委员会成员包括受影响的工作中心人员(11)。如有必要,MPRB 将联系监管当局(15)予以批准(16)。MPRB 批准后,纠正措施计划将返回给工程部,并且该计划以工程指令(EO)(7)的形式发布给所有适用的工作中心。每个工作中心执行其负责的纠正措施计划部分(12),根据需要与其他工作中心协调,并在完成后向工程部报告完成情况(13)。当所有工作中心都报告完成了其工作时,工程部结束 EO(8)并将此类措施通知可靠性部门。然后,由可靠性部门继续监控参数,以确定纠正措施的有效性(4)。

当然,每个问题都是独特的,参与制订和/或实施解决方案的工作中心也会有所不同,但流程在本质上相同。大部分责任由工程部承担,因为该部门是 M&E 的技术专家,也是维修大纲的制订者。下文详细讨论了可靠性部门的初步调查流程和工程部的详细调查流程。

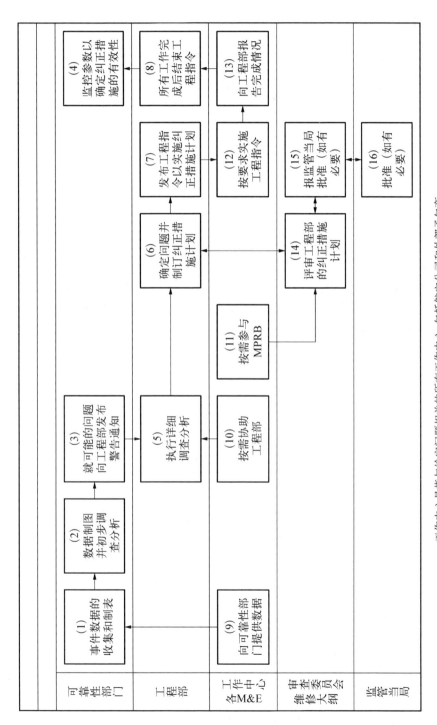

图 D-1　可靠性警告调查（跨职能流程）

工作中心是指与给定问题相关的所有工作中心，包括航空公司和外部承包商。

D. 4　专注于问题

并非所有问题都需要采取同样的行动。很多时候,问题的性质或问题发生的地点将决定行动的方向。例如,假设警告出现在 ATA 第 33 章"灯光"系统中。调查的第一步是审查产生该警告的可靠性数据,并确定过高的比率是否与特定的照明系统(面板、闪光灯、着陆等)有关,或是否分布在该章对应的整个系统(即所有灯、所有子章节对应的系统)中。部分 ATA 章节(如第 33 章或第 25 章)包含多种类型的系统,而其他章节(第 29 章或第 32 章)包含的系统类型数量则较为有限。无论是哪种情况,都可以根据故障在给定章节对应的系统中的分布,以不同的方式进行调查。

如果问题集中在某一方面(ATA 的某一个或两个章节),则应根据涉及的设备类型进行问题调查。检查项目的维修历史,查看过去发生过哪些失效和修理措施。检查这些措施的充分性。检查现有文件资料,查看是否正确完成了维修和检验(如需要)。如果维修程序似乎不充分或执行有误,则评估程序以确定程序中是否存在差异,或询问机械师以确定其是否对如何执行程序存在误解。所需的纠正措施可以采取重写和改进程序的形式,或者为机械师提供设备和/或程序方面的额外培训或补救培训。

若失效(拆卸等)分布在 ATA 章节内所有子章节对应的系统中,则意味着该章节的所有活动都存在一个共同的问题。这可能意味着车间、航线或机库维修程序存在问题,或操作该设备的机械师或专业人员存在问题。也可能是来自某些共同来源(制造商、供货商、供应商或修理设施)的零部件问题。

初步调查的另一个重点是确定问题是否与特定的飞机(即尾号)、特定的飞机型号、特定的发动机类型、特定的航站(航线或常驻机场)甚至特定的班次、飞行机组或机械师有关。同样,行动将由这些条件决定。

最后要注意的是分析方法因系统、部件和事件而异。下文讨论了部分方法的指南。

D. 5　关于警告分析流程图

本节用四张相互关联的流程图(图 D‑2 至图 D‑5)展示了调查过程。首先,图 D‑2 是总体流程图,展示了流程中特定部分的详情。我们将逐步讨论这个过程,根据需要从一张流程图转移到另一张。这会让你对整个流程有所了解。每个可能的警告都会在图表中产生不同的轨迹,并可能在不同的步骤中涉及或多或少的措施。为便于引用,对流程图中的方框进行了编号。编号用括号表示,例如方框(7)。图 D-2 方框(1):可靠性部门已根据为参数建立的警告级别以及当月和前一个月的事件率确定了可能的问题领域(警告条件)。图 D-2 方框(2):第一步是由可靠性部门进行初步调查。

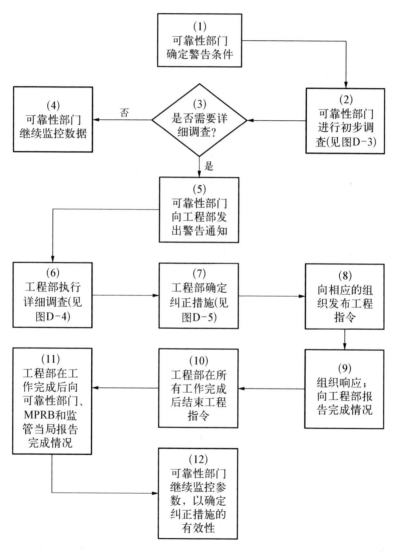

图 D-2 分析可靠性警告总体流程

然后来到图 D-3 方框(1)。根据具体情况,初步调查将涉及多项措施,以确定该警告是否有效。考虑当前的事件率和事件率的整体模式:事件率在 UCL

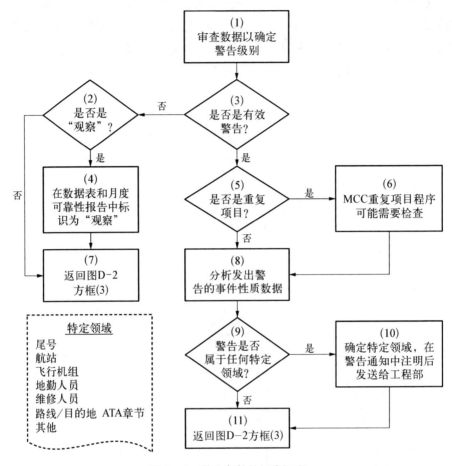

图 D-3 警告条件的初步调查

上下的大幅波动,以及每月和 3 个月的事件率的走向。确定这是正常活动(无警告)、需要关注的情况(观察趋势)还是可能需要进一步行动的情况(可能需要调查)。如果方框(3)中问题的答案是"否",则进入下一个问题[方框(2)],询问这是否是"观察"项。如果答案是"是",则可靠性部门会在数据表和月度可靠性报告(4)中指出这一点。对于特定项目,返回图 D-2 方框(3)。如果不是观察项,即如果图 D-3 方框(2)的答案是"否",那么直接进入图 D-3 方框(7)。该方框会回到图 D-2 方框(3),且问题的答案是"否"。如果图 D-3 方框(3)的答案是"是",那么警告是否有效?进入图 D-3 方框(5)中的问题。

确定警告是否还涉及重复项目。在可靠性计划文件或运行规范中,重复项目通常定义为 5 天内发生 3 次(或 7 天内发生 4 次)的事件。这些项目由 MCC

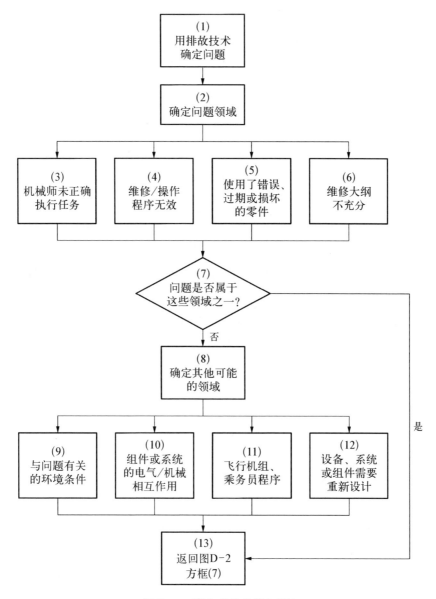

图 D-4 警告条件的详细调查

当场调查。如果可靠性警告项目也是重复项目,那么两者可能相关或不相关。必须注意这个事实,工程部必须进行调查。可能的情况是 MCC 对重复项目的程序无效或者未正确使用。也有可能这两种情况之间根本没有关联。工程部将在稍后的详细调查中确定这一点。

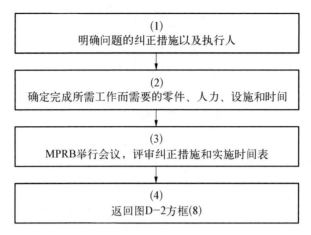

图 D-5　确定纠正措施

　　无论警告项目是否是重复项目,可靠性部门都将继续分析图 D-3 方框(8)中的数据,以确定该警告条件是否在某个特定领域中,例如左侧虚线框"特定领域"中所列的那些领域。数据的收集方式有助于这一分析。例如,数据可以用两位数、四位数或六位数的 ATA 数字来计数,也可以用航站、飞行机组等来计数。如果图 D-3 方框(9)中问题的答案为"是",则该信息将被记录在发送给工程部方框(10)的警告通知中,以帮助其进行调查。无论是哪个答案(是或否),我们都将转到方框(11)并返回图 D-2 方框(3)。

　　图 D-2 方框(3)询问是否需要详细调查。初步调查后,我们确定"是",因此可靠性部门向工程部发出警告通知方框(5),说明情况并请求调查。如果在图 D-3 中,确定了重复项目的可能关系,或者确定了任何相关特定领域,则将在警告通知中注明这些内容。图 D-2 方框(6)将转至图 D-4 方框(1)开始详细调查。工程部开始使用传统的故障排除技术进行分析,意识到不同的问题由于其性质而需要不同的方法。但第一步是正确识别问题。人们常说,正确识别问题就已经解决了 90% 的问题。如果问题识别不佳或不正确,则后续解决方案也会毫无效果。

　　我们之前的结论是所有问题都属于六个基本类别:人员、程序、零件、维修大纲、干扰和设备设计(见第 18 章)。为了便于分析,我们将进一步把这些类别分成两大类。可能性最高的原因为图 D-4 方框(3)~(6),可能性较低的原因为方框(9)~(12)。下文将详述这些类别。

　　人员[方框(3)]:机械师可能没有正确执行任务。这里的任务可能是有计划的维修任务,也可能是没有计划的维修任务。机械师排故技能不足也可能是问题之一。如果确定这是事件率高(即警告)的原因,那么解决方案很可能是培训机械师。这可能是任何性质的培训,从提醒遵守适当的程序,到某个维修领域的完整课堂培训。当然,确切的性质应该根据工程部进行的详细调查来确定。

程序[方框(4)]:问题的第二个来源可能是维修、故障排除或用于进行所需维修和维护活动的其他程序。AMM、MRB 报告或航空公司运行规范中的程序可能有误或不充分。这可能需要咨询制造商。所使用的程序可能已被航空公司修改或重写,这些程序可能无效或不正确。此外,机械师可能会由于程序的编写方式而产生误解。这些原因使得需要重写程序和/或对机械师进行再培训。

零件[方框(5)]:零件可能会以多种不同的方式成为问题的根源。可能因为从仓库获取零件的程序造成零件发放错误,或者使用的零件号不正确,而使用了错误的零件。这可能是人为和/或材料问题。零件造成问题的另一种可能性在于零件供应商。零件供应商可能会提供不符合规格要求的零件(劣质零件或未经批准零件)。即便零件可修理,负责的修理机构(贵方或第三方)也可能无法达到要求。质保部有责任审核 M&E 各单位以及外部零件供应商,重复这项工作可能是解决正在调查的警告条件的办法之一。零件也可能在安装或运输过程中损坏。机械师、材料人员和托运人的处理程序可能出错。在部分情况下,对于有时间限制的零件,零件可能已经过期,但材料部或安装人员没有发出通知。这些零件问题可以从几个层面解决:机械师在零件绘图和搬运方面的培训;零件的材料加工、搬运和储存;零件供应商和承包商(第三方维修)程序。在任何情况下,工程部都有责任确定原因并确定合适的解决方案。

维修大纲[方框(6)]:工程部从一开始就决定了采用的维修任务、任务间隔(如果不同的话),以及任务和检查包的计划方式。正如所料,这个初始计划对于实际操作条件来说可能并不完美。如第 2 章所述,如可靠性数据所示,这些任务和间隔及其组合和阶段可能需要根据经验而变。因此,工程部对警告条件的调查可能表明需要修改这种理想的维修大纲。可以添加或删除任务,可以缩短间隔,甚至可以制订新的任务。此外也可能有必要合并先前拒绝的修改(服务通告、服务信函甚至适航指令),以解决产生当前警告条件的问题。

这些领域代表了遇到的大多数常见问题。图 D-4 方框(7)提问,问题否出现在以上一个或多个领域。如果"是",则转至方框(13),并回到图 D-2 方框(7)。如果"否",则意味着还没有确定警告条件的原因,那么转至图 D-4 的方框

(8)以确定其他可能的领域。这些领域虽然罕见,但仍有明显的可能性。具体内容如图 D-4 方框(9)～(12)所示。

环境条件[方框(9)]:当飞机停在停机坪时,有许多飞行条件并不存在,且无法复制。这些条件是极端温度(极高和极低)、振动和已安装设备长期处于这些条件下。在地面的正常条件下,在车间或实验室的"原始"环境中,设备可以完美地工作,地面测试的结果是"未发现故障",即 NFF(关于 NFF 的讨论见附录C)。然而,要隔离任何问题,就必须考虑并在可能的情况下复制遇到原始故障的确切条件。这可能需要机械师、技术员或工程师乘飞机一同飞行,以便观察并解决问题。在某些罕见的情况下,可能需要一次特殊的非营利飞行来实现这一点。设备问题的其他环境来源可能是天气、腐蚀或沙尘。这可能会因航空公司而异,具体取决于航空公司的总部和飞行目的地。但这些都是必须解决的可能原因。

电气和机械干扰[方框(10)]:电磁干扰(EMI)可能来自各种来源,并以不同方式影响各种电子元件。电磁干扰的影响可能是持续、间歇或短暂干扰,问题的隔离和解决可能有相当的难度。干扰问题的第一种可能来自地面(各种发射器)、附近的其他飞机,或者来自飞机内部的电子或计算机设备。例如,在来自飞机内部的情况下,可能是安装在飞机上的设备存在屏蔽或接地回路问题,或者可能来自乘客携带的设备干扰。

干扰问题的第二种可能是其他类型的干扰,可能出现在某些类型的设备中,这可以称为"机械干扰"。电缆、滑轮和其他移动的机械部件可能会干扰飞机上的其他设备,并导致两者或两者之一出现问题。与电磁干扰不同,机械干扰通常可以看到,有时也可以感觉到。观察有助于确定解决方案。

干扰问题的第三种可能是两个或多个系统共享输入、输出、电源或电源总线。这些常见的连接可能会导致一个系统出现故障或错误,进而影响另一个系统的性能。同样,这可能很罕见,但也是一种可能性,需要予以考虑。

飞行机组和乘务员程序[方框(11)]:航空维修人员尽职尽责。但凡出现与飞机系统和设备相关的差异或记录,都首先假设是维修问题(因此先考虑前面的方框 9～10。)但偶尔的差异或记录是由于飞行机组或乘务员没有按照预期的方式使用设备而造成的。这些问题可能是由于飞行机组对于设备能做什么和不能做什么缺乏了解。有时是操作中程序不当(旋钮/开关位置错误、使用错误的模式等),或者在其他情况下,设备未打开、未切换到"传输"或断路器已拉起或未接合(出于各种原因)。飞行机组使用设备为自己提供某些信息或控制。如果飞行机组没有得到这些信息,或者不相信得到的结果,或者没有得到期望的充分控制,则很可能会将其记录为故障。乘务员操作的设备也是如此。正如一位飞行员告诉作者的那样,"我们没有时间对系统进行故障排除,如果没有得到我们应该得到的东西,就把它记录下来,然后采取一些替代措施。"当维修人员检查该设备并发现其工作正常时,可能会怀疑操作程序。当然,解决方案是为相应的飞行机组或乘务员提供充分的培训,或者澄清操作程序。

需要重新设计设备[方框(12)]:在图 D-4 的方框(3)~(6)中,我们已经研究了与这些飞机系统维修相关的普通问题领域。在图 D-4 的方框(9)~(11)中,我们已经讨论了与设备相关但不一定与维修直接相关的其他可能领域。如果工程调查显示问题没有出在这些领域,则必须转向最终可能的来源——设备设计。如果不能满足可靠性标准,并且已经确定① 维修和操作程序已正确实施,② 没有其他外部来源的责任,那么唯一的选择是联系设备或机身制造商,寻求可能的解决方案或重新设计。

第一步是确定制造商是否意识到这个问题,并找出其他航空公司是否有类似的经历。制造商可能已经有(或正在研究)解决方案。这可能采用了服务通告、服务信函或适航指令的形式,或者可能正在进行一些重新设计。如果不是则可以确定该问题是航空公司及其运行条件(环境)所特有的问题。在这种情况下,航空公司和制造商应该共同努力得出解决方案。无论如何,航空公司都可能需要向制造商提供事件率的数据和问题的其他方面,以帮助解决问题。

图 D-4 方框(13):不论问题出在哪里[方框(3)~(6)或方框(9)~(12)],均返回图 D-2 方框(7),以确定所需的纠正措施。这将引导至图 D-5 方框(1)。

图 D-5 方框(1):确定问题后,应规定纠正措施。工程指令草案中将详述纠正措施和执行人。纠正措施计划还包括完成方框(2)所需的零件、人力、设施和时间等。纠正措施计划将在 MPRB[方框(3)]的月度(或特别)会议上讨论。出席该会议的将是 MPRB 的固定成员以及与这一特定问题有关的任何其他成员(见第 18 章)。MPRB 将评审指令的准确性和可行性。一旦 MPRB 同意纠正措施计划和实施时间表,则返回图 D-2 方框(8)。

图 D-2 方框(8):工程部最终确定并向所有受影响的组织发布工程指令。各组织将完成情况通知工程部[方框(9)]。当所有措施完成后[方框(10)],工程部结束工程指令,并在必要时向可靠性部门、MPRB 和监管当局报告完成情况

［方框(11)］。然后,可靠性部门继续照常监控参数,以确定纠正措施的有效性［方框(12)］。

如此一来,循环便结束,一切恢复正常。如果可靠性部门通过随后的数据收集确定纠正措施在降低事件率方面无效,则重复该流程。

附录 E 双发延程飞行

E.1 引言

商业航空已运行双发延程飞行(ETOPS)超过 15 年,但对于 ETOPS 的情况以及航空公司运行 ETOPS 的要求仍存在一些困惑。本附录描述了 ETOPS 的部分发展史,并确定完成这种新的飞机操作和维修方法所需的条件。

E.2 背景

20 世纪 50 年代中期,FAA 为双发和三发飞机(三发涡轮螺旋桨飞机除外)制定了一项基本规则,该规则至今仍然存在。该规则是 FAR‐121.161,其中部分规定如下:

除管理局另有批准外,根据地形特征、运行类型或所用飞机的性能,任何证书持有人不得在距离适当机场超过 60 分钟飞行时间(在无风状态下,正常巡航速度,其中一台发动机失效)的航线上运行双发或三发飞机(三发涡轮驱动飞机除外)。

FAA 在一份关于 ETOPS 的咨询通告中进一步指出:"值得注意的是这条规则适用于穿越海洋区域或完全在陆地上飞行的往复式、涡轮螺旋桨、涡轮喷气和涡轮风扇飞机。"[①]在制定规则的时期,基本上所有的双发飞机都是由带螺旋桨的往复式(活塞)发动机驱动。这些内燃机容易在飞行中出现失效并停车,增加飞机的发动机数量并没有明显改善这种情况。然而,三发和四发飞机通常有足够的动力在其中一台发动机失效的情况下维持安全飞行。因此,三发和四发飞机可以在保证安全的情况下远离备降机场飞行。FAR‐121.161 要求双发飞

---

① FAA 咨询通告 AC 120‐42A,双发延程飞行(ETOPS),1988 年 12 月,以及 AC 120‐42B(ETOPS 和极地运行),2008 年 6 月。

机保持在备降机场 60 分钟航程以内，以防发生一台发动机必须关闭的情况。

　　喷气式发动机的引进是对往复式发动机的巨大改进，并且具有更好的安全性和性能。自喷气式发动机首次使用以来，其技术便越来越先进。[①] 在 20 世纪 80 年代初推出现代"玻璃座舱"飞机（波音 757、波音 767、A300）后，运营人希望将这些飞机用于美国到欧洲的北大西洋航线。然而，问题是双发规则要求这些飞机在整个飞行过程中与合适的备降机场的距离保持在 60 分钟航程以内。这意味着从纽约飞往伦敦和其他欧洲目的地，途经格陵兰上空，而三发和四发飞机可以在北大西洋航线上飞行，这使得它们在格陵兰南端的飞行线路更短。

　　为了缓解这种差异，行业要求 FAA 改变 60 分钟限制，理由是发动机技术和性能已显著改进以及当时有更好的导航系统。FAA 没有取消或修改 60 分钟限制，而是在 1985 年发布了一份咨询通知，提供了允许运营人获得 FAA 批准，以"偏离规则"的指导方针。这使得运营人在满足某些要求（稍后解释）后，可以在距离合适的备降机场 120 分钟航程范围内飞行。这让取得 ETOPS 批准的双发飞机运营人可以使用北大西洋航线——一条更短、更具竞争力的线路。

　　1988 年，在运营人为双发飞机寻找其他世界航线时，咨询通告得到了修订（AC 120 - 42A），并允许符合一些额外要求的运营人享有特权，即可以在距离合适的备降机场 180 分钟航程范围内飞行。对咨询通告的这一修订使双发飞机几乎可以在世界任何地方飞行。[②] 但北太平洋区域的运营人受限于是否有合适的备降机场可用。近年来，FAA 将运营人在距离合适的备降机场 180 分钟航程范围内飞行的这一规定延长至 207 分钟（比 180 分钟多 15%）。这不仅堵住了漏洞（南极洲除外），还让在北太平洋运行的双发飞机运营人有了更好的备降机场选择。

　　为了符合 207 分钟的 ETOPS，飞机最初必须根据 ETOPS 而设计，并将根据具体情况予以批准。截至本文撰写之日，尚未针对 207 分钟的运行而修改咨询通告。目前还在讨论将 ETOPS 改航时间延长至 240 分钟（即 4 小时）。这种延长不会为双发飞机开放任何重要空域，但能让取得批准的运营人在备降机场

---

　　① 　波音 777 双发喷气式飞机上的一台发动机比原波音 707 的所有四台发动机提供的推力之和更大，即波音 777 每台发动机的推力为 80 000～90 000 磅（1 磅≈0.453 6 千克），而原波音 707 每台发动机的推力为 18 500 磅（总推力为 74 000 磅）。

　　② 　在 120 分钟的改航时间里，双发飞机无法飞越南极洲、太平洋的大部分地区以及世界上其他一些偏远地区。这些区域大部分都因为 180 分钟限制而关闭。双发飞机仍然无法飞越太平洋和南极洲的一部分。

方面有更好的选择。这将使运营人在飞机改航的情况下提高乘客舒适度。①

E.3 偏离 60 分钟限制

尽管基本规则 FAR - 121.161 从未改变,但 FAA 已经制定了批准偏离该规则的要求。这些要求包括对设备和航空公司的维修和航班运行计划的具体变更。

1) 设备改造

对 ETOPS 的主要要求是变更飞机发动机以满足更高的可靠性标准,这使得许多发动机都进行了改造。其他改造则是在机载设备方面。辅助动力系统(APU)最初设计用于在地面运行,在发动机不工作时提供交流电源,后来针对 ETOPS 做了改进,以便在飞行中一台发动机不得不关闭的情况下作为备用动力。这种改造保证了辅助动力系统能够在不超过 41 000 英尺的高度启动和运行。此外,还在部分型号上安装了液压电动发电机,以便在辅助动力系统失效时提供额外的交流电源。

所有这些改造都由服务通告(SB)确定,并汇编在 FAA 批准的名为构型、维修和程序(CMP)标准的文件中。该文件还包括可能需要的任何维修或操作程序。虽然这些服务通告对于非 ETOPS 运营人而言属于可选项,但对于 ETOPS 运营人而言,却因 FAA 批准的 CMP 而成了强制规定。因此,对于 ETOPS 运营人,这些服务通告与适航指令(AD)的地位相当。一般来说,这些改造会因发动机的类型和机体而异。所以,CMP 针对每种机型而制定,包含关于可用于机身的所有发动机和辅助动力系统的信息。一开始,这些改造需要长达一年的时间才能用于运营人的飞机。这让运营人有时间去熟悉飞机并制订 ETOPS 计划。再后来,运营人可以购买或租赁 ETOPS 构型的飞机。

2) 航班运行要求

ETOPS 咨询通告指出,飞行机组的工作负荷不应因 ETOPS 而增加。也就是说,如果在距离合适的备降机场超过 60 分钟航程范围飞行,或者用一台发动机飞到备降机场,则飞行机组不需要承担比常规航班更多的职责。但在准备 ETOPS 航班时,对航空公司有额外的要求。

一旦确定了 ETOPS 航班的出发地和目的地,就必须确定备降机场并标出航线。每个备降机场的距离取决于机体/发动机的组合和飞行区域。一台发动

---

① “合适的备降机场”是指飞机着陆和起飞的适合性,但其中一些机场可能没有足够的乘客设施。

机失效时的飞行高度由飞行的实际地形和燃油最佳燃烧效率所需的高度决定。根据这些条件确定飞行速度,计算到达备降机场的时间并换算成距离。这是按照 FAA 的批准飞行时,与备降机场的距离。[①] 在整个运行过程中,该线路及相应的飞行路径和高度将保持不变。但对于每个航班而言,航空公司的签派员必须确定航线上的风和天气(标准程序)以及所选备降机场的条件,然后计算完成改航备降机场所需的燃料储备,并将其添加到基本燃料需求中。

3)维修大纲变更

维修专家一致认为,FAA 对 ETOPS 补充维修大纲的要求,本质上就是所有优质维修大纲应该具备的条件。咨询通告声明,如果航空公司当前的、FAA 批准的维修大纲不包括咨询通告中所述的流程和措施,则该大纲应升级以纳入这些流程和措施,或者必须采用能实现相同目标的其他流程和措施。

咨询通告中所述的补充维修大纲确定了多项措施。其中有 6 个项目直接影响航线上的日常维修活动,即下文中列出的第 1 至 6 项。还有其他 4 项要求,即第 7 至第 10 项,应包含在维修管理活动中,以帮助实施 ETOPS 计划。以下各项构成了 ETOPS 补充维修大纲:

(1)出发前服务检查。每次 ETOPS 出发前都要进行 ETOPS 服务检查。包括正常的短停检查、油耗监测任务以及 ETOPS 所必需的任何额外检查。

(2)油耗监测程序。一种监测程序,用于确定 ETOPS 飞机每个航段的发动机和辅助动力系统的耗油率(无论是否属于 ETOPS 航班)。

(3)发动机状态监测(ECM)程序。该程序用于如下几方面:① 确保不超过发动机参数;② 在问题导致情况恶化或停车之前予以解决。将该程序与油耗监测程序结合使用,以监测发动机的总体健康状况。

(4)推进系统监测程序。该程序用于监测 ETOPS 飞机的空中停车率,以确保采取措施修复发动机,并确定是否可以避免或减少问题的再次发生。

(5)差异解决程序。该程序用于确保在出现发动机空中停车、ETOPS 重大系统失效以及油耗和/或发动机状态监测程序指示的任何不利趋势后,采取适当的应急纠正措施。维修后检查修理的系统,以确保飞机放行前纠正措施的有效性。

(6)多个类似系统的维修。该程序用于避免在同一次巡修中对双系统的两

---

① 该距离是在无风假设下确定的。在实际飞行中,盛行风可能会改变飞行时间,但不会改变飞越该区域的许可。

个单元进行维修,如发动机、燃油管路等。如果工作必须在一次巡修中完成,则不同的工作人员可用于不同的系统。

（7）ETOPS 零件控制程序。该程序用于确保在 ETOPS 飞机上只使用获得 ETOPS 批准的零件（在 CMP 或其他服务通告或适航指令中标识）。

（8）辅助动力系统高空启动程序。该程序用于确保辅助动力系统有足够的高空启动能力,通常在运行前两个月完成。在此期间,运营人应设定 95% 或更高的启动率,这将确保改造和维修措施的充分性。

（9）ETOPS 培训。所有涉及 ETOPS 维修大纲的人员必须接受关于 ETOPS 原则和具体要求的培训,重点是与正常运营的区别。

（10）确定 ETOPS 重要系统。这是一份系统清单,由运营人针对其具体运行而编制,用于确定与 ETOPS 运行直接相关的系统。这些系统是其他补充活动中的重要系统。

E.4　ETOPS 维修与传统维修

如前所述,ETOPS 维修的咨询通告要求并不构成在维修执行方面的实质性变化。提议的程序只不过是一种不同的维修方法,也就是所谓的"实时"维修方法。

传统维修活动主要是反应性和预测性维修活动。反应性维修方法包括在故障发生时解决故障,或者在某些情况下,将维修推迟到另一个更方便的时间,或者将问题留给下一站的工作人员。预测性维修方法包括事后数据收集和差异分析,努力预测此类问题可能发生的时间或频率,以便制订特定的维修措施,定期解决这些问题。当然,经验表明,不同的项目需要不同的方法,大多数维修大纲都包含反应性和预测性维修。

实时维修方法更加具有前瞻性。实时维修的主要特点是对故障做出迅速有效的反应,并监控某些功能,以识别表明即将出现问题的趋势。因此,可以在情况升级为更严重的问题之前采取行动。例如,ETOPS 的油耗和发动机状态监测将在发动机出现问题时予以显示。在发生失效或发动机停车之前,可以采取维修措施来纠正缺陷。ETOPS 的差异解决概念是努力对问题做出迅速反应,并确保所采取的行动有效。

并不是飞机上的所有东西都必须用到实时维修方法,反应性和预测性方法也不是普遍适用。对于任何优秀的维修大纲,都应该有选择地使用这三种方法。这不是维修原则的重大变化,只是一种更尽责的维修方法。

E.5 非 ETOPS 飞机的 ETOPS

不用于 ETOPS 的双发飞机,以及三发和四发飞机可以像 ETOPS 构型的飞机一样受益于这种实时维修方法。尽管针对 ETOPS 的改造可能包含,也可能不包含在特定的飞机中(或者甚至适用于某些机型),但上文列出的维修工作适用于所有飞机。油耗监测和发动机状态监测程序将为所有飞机上的发动机提供发动机健康状况的持续视图。无论是否属于 ETOPS 飞机,快速解决差异和立即确认所采取的纠正措施对所有飞机都有益处。ETOPS 为监控所有重要系统以跟踪和响应趋势所做的努力对于所有机型都是适当和有效的。保持对设备状态的掌控,对问题做出快速、负责任的反应,这种态度对任何维修活动(甚至是你的汽车和其他地面设备)都有益处。从长远来看,这可以在预防或减少重大问题方面节省资金。

部分航空公司根据 ETOPS 配置了所有给定的机型,以便设备可以在 ETOPS 和非 ETOPS 服务之间快速交换,从而有利于时间安排和准时性。同时执行这两种航班的其他航空公司将根据 ETOPS 的给定机型配置所有发动机,以便简化发动机装配过程。这也能减少备用发动机需求,也就是说,不需要为每个构型都配备一台备用发动机。

飞机制造商可以根据运营人的要求提供 ETOPS 或非 ETOPS 构型的飞机,但发展趋势是在 ETOPS 准备就绪的情况下制造所有飞机。这可能是 ETOPS 发展的最后一步,即消除 ETOPS 和非 ETOPS 的运行差异。

E.6 极地运行(AC 120 - 42B)

AC 120 - 42B 是指 ETOPS 和极地运行。2001 年 2 月,航空规则制定咨询委员会(ARAC)建议将极地政策函中的指导方针纳入 ETOPS 条例,以响应美国航空公司实施北极运行的计划。极地政策函的目的是要求航空公司为所有飞机(不论发动机数量如何)制订必要的计划,开发必要的设备和构型。

E.7 极区

(1) 北极区:北纬 78°以北的整个地区。

(2) 南极区:南纬 60°以南的整个地区。

在极区,AC 120 - 42B 第 1 节和第 2 节要求证书持有人的运行规范必须包含以下内容:

（1）可用于途中改航的备降机场的名称，以及在改航时机场必须满足的要求。

（2）除补充运行外，纯货运运行必须在改航备降机场有乘客恢复计划。

（3）监测燃油冻结的飞机燃油冻结策略和程序。

（4）确保极地运行通信能力的计划。

（5）极地运行最低设备清单。

（6）极地运行培训计划。

（7）太阳耀斑期间减轻飞行机组辐射暴露的计划。

（8）在飞机上提供两套寒冷天气防暴露服的计划，用于在极端气候条件下的改航机场进行外部活动时保护飞行机组。

证书持有人必须遵守 AC 120-42B 中所述的与 ETOPS 和极地运行相关的第 121 部分的所有航班运行和维修要求。这包括 120 分钟规则的主最低设备清单供应品，证书持有人必须按照航空公司运行规范中包含的 ETOPS 极地权限运行。咨询通告第 3 章涉及 ETOPS 和极地运行的双重维修程序。

本附录前面讨论了 ETOPS 维修，但为了更好地理解咨询通告和维修大纲，还将讨论一些内容。

（1）构型、维修和程序（CMP）文件。它是 FAA 批准的一份文件，包含满足 ETOPS 型设计批准要求的飞机发动机组合所需的最低配置、操作和维修要求、硬件寿命和主最低设备清单（MMEL）约束条件。

（2）双重维修。双重维修是指"相同"ETOPS 重要系统的维修。双重维修是在定期或不定期的巡修期间，对相同但独立的 ETOPS 重要系统的相同元件执行的维修。"基本相似"的 ETOPS 重要系统的双重维修是指在同一次巡修中对两台发动机上的发动机驱动部件执行的维修。

（3）MEL 考虑因素。证书持有人必须修改其 MEL，以反映这些类型的维修中必须可维修的项目。需要对以下系统或设备的放行可用性执行 MEL 审查：

a. 燃料量指示系统。

b. 辅助动力系统。

c. 自动油门系统。

d. 通信系统。

e. 外部除颤仪（货运除外）。

ETOPS 和极地运行补充计划是一种实时的飞机维修方法，允许运营人随时了解所有设备的状况，支持 ETOPS 和极地运行以监控所有不利趋势，并对维修问题做出快速有效的响应。通过对维修行动开展确认检查，该程序可确保已经采取了足够的问题解决方案，因此航空公司可以确保飞行时间与维修停机时间的比值更好。从长远来看，这可以视为一种节省维修成本的措施，可以避免重大问题并最大限度地减少飞机停机时间。

附录 F 术 语

A&P：机身和动力装置。

FSDO：FAA 飞行标准地区办公室。

HF：人为因素。

HFM：维修中的人为因素。

IFSD：飞机发动机空中停车。

MTBUR：平均计划外拆卸间隔时间（可修复的设备）。

MTTF：平均失效时间（不可修复的设备）。

MTTR：平均修理时间（车间内的维修时间）。

NDT/NDI 或 NDT/I：无损试验和无损检验。

"A"检：大约每月（如每 300 个飞行小时）进行一次的维修检查。

报废：在规定的生命周期结束后，不再使用部件的行为。

必检项目(RII)：如果维修不正确或使用了错误的零件，则这些项目可能导致飞机无法安全运行。

标准偏差(SD)：一种统计参数，用于确定数据点相对于平均值的分散程度。

"C"检：大约每 12 至 18 个月（例如，每 4 000 个飞行小时）执行一次维修检查。

材料安全数据表(MSDS)：化学物质信息表，提供产品潜在危险的数据、使用的安全标准以及搬运产品所需的任何紧急措施。

残余失效：一种失效模式，如果提议的设备改造或提议的维修大纲变更被拒绝，则该失效模式仍然存在。在决定是否纳入改造时，必须考虑这些失效的成本。

拆卸和安装(R&I)：指定为 LRU 的飞机部件或系统的拆卸和安装程序。

程序模块：计算机程序的一部分，用于对存储或输入的数据执行特定的操作。

持续分析和监督体系(CASS)：运营人制订的一项或多项程序，以确保运营人运行规范的维修和检查程序有效。

持续适航维修大纲(CAMP)：FAA 批准的商用飞机运营人维修大纲。

大修厂：离机设备维修和修理大修车间的别称。

大修巡修(HMV)：涉及结构检查、重大改造和其他重大修理的维修检查。通常是长时间停机。

地面保障设备(GSE)：用于维修和维护飞机及其设备的设备。

第三方：航空公司外部为航空公司提供服务或维修活动的任何个人或组织。

定时维修(HT)：需要在特定的时间间隔（寿命期）内更换部件的主要维修过程。

短停检查：每次飞行前（即飞机停航时）进行的维修检查。

发动机快速更换(QEC)：在最短的停机时间内拆卸和更换飞机发动机的过程。所有发动机装配(EBU)活动都在 QEC 之前进行，以便于快速拆卸和安装。

发动机循环：飞机发动机从启动到停机的操作。

发动机装配(EBU)：将部件加装到发动机本体上，以将发动机配置为可安装在特定飞机和位置的过程，用于加快发动机的更换速度（见 QEC）。

飞机维修技术员(AMT)：飞机机械师的最新术语，包括在机体、动力装置、航空电子设备等方面受过培训的合格人员。

飞机维修手册(AMM)：机身制造商制作的手册，包含飞机及其已安装设备的相关信息。

飞行小时数(FH)：从起飞（起落架收起）到降落（着陆）计量的实际飞行时间（另见"轮挡飞行小时数"）。

飞行员报告(PIREP)：飞行机组关于飞机差异或故障的日志记录或其他报告（口头或电子形式）。

分区检查：在飞机的特定区域执行的多项目视检查任务。

服务通告(SB)：制造商发布的文件，用于改造或改进飞机组件或系统的运行。可能包括零件的更换、特殊检验或检查或者使用寿命的变更。航空公司可选择是否纳入。

服务信函(SL)：制造商发布的文件，用于确定维修提示或新程序。可选择是否纳入。

辅助动力系统(APU)：飞机发动机不工作时，用于在地面发电的涡轮发动机。有时用于飞行中,当一台发动机失效时(ETOPS),代替不工作的由发动机进行驱动的发电机。

工程师:解决问题的人,维修与工程部门的技术专家。

功能检查:一种定量检查,旨在确定一个项目的每种功能是否都在规定限制内执行。该检查可能需要使用辅助设备。

固有可靠性:组件或系统的设计可靠性。这种可靠性是设计和预防性维修的结合。

故障排除:研究和分析问题以查明原因并解决问题的过程。

国际标准化组织(ISO):负责在全世界建立标准的国际组织。

国际航空运输协会(IATA):一个国际航空贸易组织。

国家标准与技术研究院(NIST):负责制定各种测量标准,包括用于校准工具和测试设备的标准。

国家消防协会(NFPA):负责减轻火灾和其他危险负担的组织,提供以科学为基础的消防安全规范、标准、研究和教育。

航线可更换单元(LRU):一种飞机部件,用于快速拆卸和安装,以减少维修停机时间并最大限度地减少飞行中断。

环境恶化:与气候或环境的化学相互作用导致项目强度或抗失效能力的物理劣化,可能与时间有关。

恢复:按特定标准恢复一个项目所必需的工作。恢复可能包括设备清洁、更换单个零件甚至大修。

机长(PIC):飞机飞行机组的高级官员。

机上维修计划(OAMP)(麦克唐纳-道格拉斯公司):用于确定 MRB 以及给定机型的其他建议维修任务(另见 MPD)。

机械师:取得 FAA 认证的技术员或机械师。

计划内维修:旨在保持系统固有安全性和可靠性水平的简单维修和/或维护活动,以规定的时间间隔完成。

计划评价与审查技术(PERT):复杂项目的图形化规划和计划技术。确定要完成的每个项目、项目执行的顺序以及可能出现的任何冲突。

计划外维修:为了将失效或损坏程度超过可用水平的项目恢复到其固有(设计)可靠性和安全性水平而进行的维修。

监督职能部门:M&E 部门中负责监督其他 M&E 活动的人员。

检验:检查一个项目并将其与特定标准进行比较。

警告：由可靠性部门制订的失效率（或拆卸率等）的任意级别，以引起对可能的问题领域的注意。必须由分析师制订，以提供有用的指南。

可靠性：在指定的条件下，项目在规定的时间内执行所需功能而不失效的概率。

可靠性计划：管理维修和控制维修大纲的一套规则和做法。

可靠性控制委员会（RCB）：航空公司可靠性计划的管理机构，由所有受影响的工作中心经理组成。

空中交通管制（ATC）：FAA 的一项服务，旨在促进空中交通的安全、有序和快速流动。

控制上限（UCL）：用于建立可靠性警告级别的统计参数（平均值加上标准偏差的倍数）。

联邦航空条例（FAR）：用于明确美国联邦法规的航空术语。

联合航空管理局（JAA）：欧洲航空局的一个协会，致力于使整个欧洲的法规标准化。属于非监管当局。

轮挡飞行小时数：从飞机离开登机口（撤去轮挡）到飞机停在目的地登机口（安置轮挡）的时间（见飞行小时数）。

美国航空运输协会（ATA）：一家美国商业航空运营人贸易组织。

美国交通部（DOT）：为美国交通运输系统制定标准，FAA 的上级组织。

美国劳工部（DOL）：美国职业安全与健康管理局（OSHA）的上级组织。

美国联邦法规（CFR）：美国政府行政部门和机构公布的一般和永久规则的汇编。

美国联邦航空管理局（FAA）：美国交通部下属机构，负责航空和空运。

美国商务部（DOC）：为航空商业制定标准。

目标：目标是想要达成的时间点或空间点，以及想要达到的成就水平。

目的：为了帮助实现目标而采取的行动或活动。

目视检查：用于确定一个项目是否在实现其预期目的的观察行为。该任务旨在发现失效，不需要定量公差。

内置测试设备（BITE）：与某些系统相关的专用设备，用于监控这些系统的健康状况和运行情况，并协助故障定位工作。

疲劳损伤：由于循环载荷而引起的一条或多条裂纹以及裂纹的后续扩展。

缺件放行指南（DDG）：正确配置安全飞行所必需的维修指南，这些项目的维修因 MEL 而推迟。

确认：在实际成功执行测试程序后接受测试程序。

日常检查：每天或飞机在地面停留超过 4 小时的任何时间进行的维修检查。对于最新的飞机型号，间隔已经改为 48 小时。

冗余：并行使用两个或多个项目，或在主要/次要安排中使用，以确保在其中一个设备失效时提供全面支持。

润滑：补充润滑油、润滑脂或其他物质，减少摩擦和/或传导热量，以保持装置或系统固有设计能力的行为。

熵：无用能，理论体系与实践体系的区别。

生产计划与控制(PP&C)部门：M&E 部门下属机构，负责计划和安排航线上的所有维修活动。

生产许可证(PC)：FAA 颁发给已批准机型制造商的证书。

失效模式：系统或组件发生失效的方式。

失效影响：特定失效对系统运行的影响。

视情维修(OC)：主要维修过程，安排定期检查或测试，以确定部件或系统的剩余可使用性。

适航性：符合 FAA 制定的安全飞行标准，装备完善并保持随时可飞行的状态。

适航证(AC)：FAA 向制造的每架飞机颁发的证书，以确保其按照型号合格证标准制造，并在适航状态下交付给客户。

适航指令(AD)：当航空产品存在不安全状况时，FAA 发布的文件。适航指令可规定检查、改造、条件或限制，在这些条件下产品可以继续运行。纳入适航指令是强制性要求。

双发延程飞行(ETOPS)：允许双发飞机运营人在距离合适的备降机场 180 分钟(或更长时间)航程范围内飞行。

说明和操作(D&O)：飞机维修手册的一部分，描述飞机各种系统如何工作。

随机器材包(FAK)：飞机上携带的零件/供应品的集合，以便在没有此类零件/供应品的外站进行维修。

停飞待用飞机(AOG)：停止服务(即停飞)的飞机，等待一个或多个部件，然后才能恢复服务。

通用源数据字典(CSDD)：航空运输协会发布的文件，包含标准航空定义。

外形缺损清单(CDL)：型号合格证的修订件，确定了在放行时可能会丢失的机体零件和发动机零件,但前提是这些零件与安全无关,并且飞机的放行带有 CDL 针对该缺损而确定的限制。

维护:为维持固有的设计能力而注意组件和/或系统基本需求的行为。

维修:确保系统在设计的可靠性和安全水平上持续执行其预期功能的过程。

维修大纲审查委员会(MPRB):航空公司 CASS 计划的管理机构,由维修处和工作中心经理组成。

维修计划数据(MPD)文件:该文件(波音和空客)用于确定 MRB 以及给定机型的其他建议维修任务(另见 OAMP)。

维修控制中心(MCC):在役飞机航线上的维修活动枢纽。

维修区:飞机上确定的区域,在该区域内对所有元素进行目视检查。

维修审查委员会(MRB):FAA 的一个组织,负责监督根据 MSG 方法制订的飞机维修大纲的进展。

维修审查委员会报告(MRBR):FAA 批准的维修大纲,由航空业根据 MSG 方法制订,用于确定给定机型的维修需求。

维修与工程(M&E)部门:航空公司下属机构,负责飞机的所有维修和维护以及与该维修相关的任何工程活动。

维修指导小组(MSG):由制造商、运营人和监管人员组成的监督小组,负责制订新机型和衍生机型的维修大纲。

维修组织说明(MOE):航空公司技术政策和程序手册的别称。

未发现故障(NFF):故障排除操作的否定结果。不一定表示调查结束。

尾号(TN):飞机识别号,通常涂装在机尾。

委派检验员:同委托检验员。

委托检验员:为特定检验项目或特定工作中心指派的质控检验员的人员,兼职质控检验员。

无损检验(NDI):不影响被测设备的检验。

无损试验(NDT):不影响受试设备的试验。

系统:设计用于共同高效执行某个功能的组件的集合。

系统边界:对组件的研究、分析、观察或使用方面的考虑范围。

系统工程:工程原理在系统研究和开发中的应用。

系统化方法:一个逐步的过程;一个基本上线性的过程或程序,人们通过按顺序一次执行一个步骤来实现某个目标,直到达到期望的结果或目标。

系统接口：两个系统、元素、子系统连接或相互作用的点。这种交互可以是直接的，也可以是间接的；可以是电气的，也可以是机械的，可以通过硬接线、感知装置或传输装置实现。

系统研究法：一种复杂系统的研究方法，同时考虑所有并行的和相互作用的方面，与系统化方法相反，系统研究法是一个线性的过程。

系统元素：在系统已有定义的情况下，任何可以被赋予功能或属性的组件。

显性失效：飞机系统或部件的失效，对飞行机组来说显而易见。

详细检查：使用充足的照明和必要的检查辅助设备，如镜子、放大镜等，对特定的细节、组件或装置进行深入的目视检查。

行业工作小组(IWG)：航空工业专家组，为一架新机型或衍生机型制订维修大纲。

行业指导委员会(ISC)：经验丰富的制造商和运营人代表，负责监督维修指导小组制订飞机维修大纲中的活动。

型号合格证(TC)：FAA 颁发的一种证书，用于识别特定的、经过批准的飞机设计。

延期维修项目(DMI)：根据 MEL 或 CDL 规则推迟到之后完成的维修项目。

严重失效：涉及可能对运行安全产生不利影响的功能丧失或继发损坏的失效。

验证：基于对被测设备的了解和对测试程序的理解，接受测试程序（未实际执行测试程序）。

液晶显示器(LCD)：仪表显示装置的类型。

液压电动发电机(HMG)：由液压系统提供动力的交流发电机，为 ETOPS 运行提供额外的动力来源。

一般目视检查：一种目视检查，可以发现明显的、不符合要求的情况或差异。

一般维修手册(GMM)：航空公司技术政策和程序手册的别称。

意外损坏：与不属于飞机一部分的物体接触或碰撞，或受到飞机以外的影响导致的项目物理劣化；制造、飞机运行或维修过程中的人为差错造成的损坏。

阴极射线管(CRT)：一种使用真空管的电子显示设备，类似于传统的电视屏幕。

隐性失效：飞机系统或部件的失效，对飞行机组来说不明显。

营运证书(OC)：FAA 颁发的证书，允许持证人从事航空运营业务。

有效页面列表(LEP)：用于确定文件中包含最新版本的页面(有助于确定丢失或添加的页面)。

运行规范：航空公司特定机型的文件，详细说明航空公司的运行和维修大纲。必须经 FAA 批准。

运行检查：用于确定一个项目是否在实现其预期目的的任务。该任务旨在发现失效，不需要定量公差或除项目本身以外的任何设备。

运行周期：飞机的起飞、飞行和着陆。

在职培训(OJT)：在正常工作中进行的培训，而不是课堂培训。

整体传动发电机(IDG)：由飞机发动机驱动的发电机。

职业安全与健康管理局(OSHA)：美国劳工部下属组织，负责制定商业和工业健康与安全法规。

制造检验地区办公室(MIDO)：FAA 下属机构，负责检查机体、发动机和设备制造商的能力，并签发生产许可证。

质量保证(QA)部门：M&E 部门下属机构，负责制订运行标准，并监督运营人以确保符合这些标准。

质量控制(QC)部门：M&E 部门下属机构，负责检查维修工作(如需要)，并负责校准工具和测试设备。QC 检验员可以是专职或兼职(委派)的。

重要结构项目(SSI)：任何对飞机载荷有重大影响的细节、元件或组件，其失效可能影响保证飞机安全所需的结构完整性。

重要维修项目(MSI)：由制造商确定的项目，其失效将影响安全性，对飞行机组而言属于隐性失效，对运行或经济有影响。

主任航空电子设备监察员(PAI)：FAA 派驻航空公司的代表，负责航空电子系统相关事宜的联络和协助。

主任维修监察员(PMI)：FAA 派驻航空公司的代表，负责维修事宜的联络和协助。

主任运行监察员(POI)：FAA 派驻航空公司的代表，负责航班运行相关事宜的联络和协助。

主最低设备清单(MMEL)：最低设备清单项目的主清单。包括适用于该机型的所有相关项目，无论是否安装在运营人的飞机上。由机身制造商编制并获得 FAA 批准。

专项详细检查：对特定位置的深入检查，类似于详细检查，只是纳入了特殊方法。

专职检验员：指派的专职质量控制检验员。可能在质保、质控或工作中心工作。

状态监测(CM)：对项目实施的主要维修流程，此类项目不具备建立定时维修或视情维修间隔以确定可使用性的特性。根据失效情况操作状态监测项目。

咨询通告(AC)：FAA 发布的信息，用于确定运营人满足某些航空法规要求的方式。

字母检：部分维修工作的标准检查周期。可以称为"A"检、"B"检、"C"检等。航空公司可能会使用其他名称。变更频率因飞机和运营人而异。可以用飞行小时数、飞行周期或日历时间来衡量。

最低设备清单(MEL)：飞行机组同意接受的短期不工作的设备清单。时间间隔由 FAA 和主最低设备清单中的机体制造商设定。运营人根据其所选构型制订唯一的最低设备清单。

索　引